·同济建筑规划大家·

李 德 华 文 集

COLLECTED WORKS OF LI DEHUA

同济大学建筑与城市规划学院　编

同济大学出版社

图书在版编目（CIP）数据

　　李德华文集 / 同济大学建筑与城市规划学院编.
-- 上海：同济大学出版社，2016.5
　　ISBN 978-7-5608-6289-7

　　Ⅰ.①李… 　Ⅱ.①同… 　Ⅲ.①城市规划—中国—文
集　Ⅳ.① TU984.2-53

　　中国版本图书馆 CIP 数据核字（2016）第 071683 号

同济建筑规划大家

李德华文集

同济大学建筑与城市规划学院　编

责任编辑　由爱华　　　**责任校对**　徐春莲　　　**封面设计**　张　微

出版发行　同济大学出版社　www.tongjipress.com.cn
　　　　　（地址：上海市四平路 1239 号　邮编：200092　电话：021-65985622）
经　　销　全国各地新华书店
印　　刷　山东鸿君杰文化发展有限公司
开　　本　787mm×1092mm　1/16
印　　张　21.75
字　　数　543000
版　　次　2016 年 5 月第 1 版　　2016 年 5 月第 1 次印刷
书　　号　ISBN 978-7-5608-6289-7
定　　价　150.00 元

李德华教授（1995）

同济大学建筑与城市规划学院

本书编委会

序言

李振宇

同舟共济，源远流长

　　1952 年，同济大学建筑系成立，历经半个多世纪，逐渐发展为建筑学科最重要的学术中心之一。建系之初的诸多前辈几十年辛勤耕耘，居功至伟，成为我们景仰的大师名家。在同济这样一个集体中，他们以特有的智慧和热情、眼光和胸怀，为教书育人倾情奉献，为城市建筑殚精竭虑。顺利时，他们意气风发，努力实践；逆境时，他们忍辱负重，坚守理想。就这样，几十年几十人的一个学术群体，君子和而不同，薪火几代相传，铸成了今天同济大学建筑与城市规划学院难得的学术环境，奠定了同济建筑学、城乡规划学、风景园林学特有的风格基调。这种基调是包容、开放、多元的，是可以远眺和展望未来的，是充满了憧憬和希望的；也是高贵、含蓄、克制的，既饱含了入世的专业热情，又坚持着优雅的治学底线。

　　作为晚辈，我们要想掌握建筑系和建筑与城市规划学院历史发展的全貌，实非易事。但是我们可以从前辈大师的著作中，从他们的设计作品中，从他们学生弟子的讲述中，还有从我们学院的建筑空间中，感受到这种前辈留给我们的珍贵传统。这种传统对我们今天教学科研工作的深远的影响，是"同济风格"的根本。归纳起来，同济建筑学科的传统有四个突出的特点，并且一如既往地具有强大的生命力。

　　第一个特点，坚持学术民主。

　　早年的同济建筑系，是由之江大学建筑系、圣约翰大学建筑系、同济大学土木系的一部分及复旦大学、上海交通大学等学校的相关专业组成。创系之初的教师有不同的教育背景，分别有留学美国、德国、法国、奥地利、英国、日本、比利时等国的经历，并且与国内大学培养的中青年学术精英一起，汇成了多元丰富的教师结构，兼收并蓄，开风气之先，学术群体的横向维度宽广。他们的学术思想不尽相同，例如有的是现代主义建筑思想的推进者，有的是学院派建筑风格的守护者。但是在一个群体里可以并存发展，可以进行互补和交流，谁也没有压倒谁，彼此尊重对方的发言权；这为其后几十年的发展提供了很好的多元学术思想基础。

建系之初，黄作燊教授（留学英国 A.A.、美国哈佛设计研究生院）、吴景祥教授（留学法国，巴黎建筑专门学院）先后执掌建筑系。从 1956 年起，冯纪忠教授（留学奥地利，今维也纳工大）担任系主任直到 1981 年。随后的系主任依次为李德华教授（圣约翰大学毕业）和戴复东教授（中央大学毕业）担任。1986 年学院成立，李德华教授出任院长，直至 1989 年。在多年形成的教师构成中，除了同济大学的毕业生，还有很多其他国内知名大学如清华大学、南京工学院（今东南大学）、天津大学、华南工学院（今华南理工大学）、重庆建筑工程学院（今属重庆大学）、哈尔滨建筑工程学院（今属哈尔滨工业大学）、西安冶金建筑学院（今西安建筑科技大学）等大学的毕业生。其中有相当一部分先后担任了院系领导职务或负责重要的教学科研岗位。几代人同舟共济，流派纷呈，气氛活跃，没有门户之见，没有独尊某宗某派。宽容的气度造就了非常难得的学术民主精神。

系领导和老教授们不仅珍惜多元的学术环境，而且重视培养年轻人，形成了纵向的学术民主，老、中、青三代的合作非常和谐。例如 1953 年建造的文远楼（又称学院 A 楼），就是由当时最年轻的教师之一黄毓麟老师担任主要设计。无独有偶，五十年后的 2003 年学院建造的 C 楼，青年教师张斌在内部竞赛中获得优胜，李德华先生亲自改图，甘当无名英雄，扶持年轻人。到今天，呈现出更加多元、开放的态势，青年学者总是有许多脱颖而出的机会，因此大家也深爱着这样一个学术集体。

特点之二，关注学术前沿。

同济在学术发展上坚持学科交叉，重视技术，重视建筑学科的理性思维。这里成立了中国第一个城市规划专业（1955—1956）、第一个风景园林专业（1979）、第一个建筑声学实验室（1957）等许多国内的第一。早年冯纪忠先生提出"花瓶式教学模式"（1956）、"空间原理"讲授提纲（1956—1966），在全国的建筑学教学体系中特色鲜明。在二十世纪五十年代和六十年代，建筑系的教师学生非常关注现代主义建筑的发展，把技术和艺术结合、形式与功能相结合的"包豪斯"思想作为专业发展的参照系之一，对一度出现的复古主义思潮保持着冷静的思考。虽然外部环境时好时坏，但始终坚持对世界近现代建筑发展趋势的研究。

改革开放后，同济大学建筑系的学术空气尤其活跃，学术繁荣盛况空前。在城市规划的理论和方法、当代建筑理论和设计方法、中国传统建筑与园林及建筑技术等研究方面，产生了非常重要的影响，对中国的城市发展作出了直接贡献。在基础教学上逐步形成以平面构成、空间限定等为特色的训练模式，在专业教学的全过程中重视以环境观来指导设计。进入 21 世纪，学院提出以"生态城市环境、绿色节能建筑、数字设计建造、遗产保护更新"

为新的学术发展方向，得到了冯纪忠、李德华、罗小未、董鉴泓、戴复东等老先生们的热情支持。只有保持对学术前沿动态的关注，才能向着世界学术先进行列看齐。

学院的两本重要学术期刊，都是在前辈大师们的直接主导下创刊和发展的。1957年编印的不定期刊物《城市建设资料集编》（后改名《城乡建设资料汇编》），1984年复刊公开发行，更名《城市规划汇刊》，现名《城市规划学刊》。金经昌先生发挥了重要影响，而董鉴泓先生至今还在担任期刊主编。1981年创刊的《建筑文化》由冯纪忠、李德华先生等倡导，1984年更名为《时代建筑》，由罗小未先生担任主编，后改任编委会主任至今。现在，这两本期刊分别成为国内城乡规划学和建筑学科最重要的前沿学术期刊之一，在国际上也有相应的影响。

特点之三，理论结合实践。

现代高水平大学，提倡在研究中培养人才；具体到建筑学科，研究必须结合专业实践。同济的前辈们正是这样做的。城市规划和建筑设计教学多采用真题，实地参观调研是普遍方式。二十世纪五十年代起，金经昌先生就坚持城市规划设计要"真题真做，真刀真枪"。师生的足迹近及华东各省，远到东北西南。师生积极参加国际（苏联、波兰、古巴等）和国内设计竞赛，吴景祥、谭垣、冯纪忠、李德华等先生多次率师生参赛获奖。改革开放以后，教师和学生获得了更多的面向实践的机会，也获得很多荣誉。1989年同济大学规划专业"坚持社会实践，毕业设计出成果、出人才"获得国家优秀教学成果特等奖；设计获奖不胜枚举。

六十年的岁月中，还留下了曹杨新村、同济大学南北楼、东湖客舍和松江方塔园、同济工会俱乐部、同济大礼堂、豫园修复、学院明成楼（B楼）等设计作品范例；金经昌、吴景祥、冯纪忠、李德华、黄家骅、陈从周、戴复东等各位前辈先生们，用自己的设计实践给同学们上了最好的一课。正是因为有这样的样板示范，同济教师在后来许多大大小小的设计实践中非常活跃，屡创佳绩。比如南京东路和外滩历史风貌区保护改造、2010世博会规划和各项有关设计、汶川地震灾后重建等一系列的重大设计实践，都取得了很好的社会效益和专业声誉。

为了支持教师学生的专业实践，1958年成立了同济建筑设计院，吴景祥先生任院长，建筑系教师可在设计院轮流兼职。今天，设计院已经发展为有数千专职设计人员的集团；下设的都市设计分院由学院和集团双重领导。1995年，在原城市规划研究所的基础上，建立了上海同济城市规划设计研究院，今天已经发展到数百人的规模，由学院领导。这两个设计院是专业教师实践创作、学生实习锻炼的重要平台。同济的毕业生很受用人单位的欢迎，也许跟实践的条件优越很有关系吧。

特点四：国际交流合作。

同济大学建筑学科的国际交流合作基础在国内堪称领先。在1956年前后，同济迎来了国际合作的第一个序曲。在冯纪忠、金经昌等先生主持下，苏联建筑专家科涅亚席夫、德国教授雷台尔来校讲学；黄作燊、吴景祥等先生举办讲座介绍格罗皮乌斯、密斯、柯布西耶的思想和作品；罗小未先生在教师中组织英语学习，在帮助教师提高英语能力的同时，介绍现代建筑思想。在1959年建设部组织的建筑艺术创作座谈会期间，吴景祥、罗小未先生介绍西方现代建筑思想。这些为许多年以后国际合作的开展做好了铺垫。

改革开放之后，同济建筑系迎来了国际合作交流的一波热潮：贝聿铭、槙文彦、黑川纪章等大师先后来学校讲学并受聘为名誉教授（1980年起）；金经昌、冯纪忠等先生访问德国（1980）；国际竞赛屡屡获奖（1980年起）；德国教授贝歇尔等前来讲学（1981）；李德华、陈从周等先生出国讲学（1982年起）；罗小未、戴复东先生等出国进修（1982年起）；冯纪忠先生成为美国建筑师协会荣誉会士（HAIA，1983）；向阿尔及利亚派出以李德华、董鉴泓先生为首的专家组（1984）；开始主办国际会议（1987年起）；戴复东、罗小未、郑时龄等先生担任多项国际学术组织的职务（1987年起）；开展国际合作研究项目（1991年起）；与普林斯顿、香港大学、耶鲁大学开展每年一次的联合城市设计教学（1995）。这一时期，尝试了改革开放之后几乎所有的国际交流合作可能形式，把停滞了十几年的国际合作恢复了，并且推向一个新的高度，建立了非常好的国际合作网络，让世界了解了中国和同济。

进入21世纪，国际合作借助良好的基础和难得的契机进一步发展，实现了多种形式并举的态势。召开世界规划院校大会（2001）等大型重要国际会议；联合课程设计每年达到40个项目左右；邀请国际学术讲座每年超过120场；提供近60门全英语课程；与16所国际伙伴大学建立了硕士双学位合作项目，每年送出双学位学生90多人，接受国外双学位学生50多人。多次获得以国际合作为核心的教学成果奖励；学生出国境比例大幅度提高。一批教授在国际学术组织任职。学院得到了国际上普遍的重视和认可，在2015年QS的"建筑与建成环境"学科排名中，同济位列全球第16名。

抚今追昔，饮水思源。我们学院今天的发展，首先归功于前辈大师们打下了坚实的基础。在学术民主、关注前沿、联系实践、国际视野等四个方面身体力行和长期垂范，为我们定下了基调，创造了声誉。这也更加激励我们，保持优良的传统，作出与时代发展相应的贡献。这就是我们怀着敬畏之心，编辑出版这套《同济建筑规划大家》系列丛书的目的。在过去的15年中，学院先后组织或支持编辑出版了《冯纪忠建筑人生》《金经昌纪念文集》《陈从周纪念文集》《黄作燊纪念文集》《吴景祥纪念文集》《谭垣纪念文集》《董鉴泓文集》《历史与精神》等多部（套）文集，这是非常有意义的工作。

同舟共济，源远流长。希望这套文集，成为集体记忆的载体，成为我们大家的珍藏。

二〇一五年十月一日凌晨

前言

吴志强

李德华先生是一位具有国际影响力的建筑规划设计思想大家与教育大家。在跨越四分之三世纪的学术生涯中，李先生笃信人类文明，以其创新思想的光芒，学贯中西的博学，才华横溢的创作，理性缜密的坚守，谦谦君子的优雅，建构起现代中国城乡规划原理的完整体系，点亮了各校规划设计学科办学者的思想，指正了各地城市决策者的建设思路，提携了几代年轻学者的思想方法，培育了一届届的建筑师、规划师和设计师，熏陶了无数与他有过交集的人的思想情操和行为举止。

原理体系的建构与奠基

李先生将他生命的精华岁月投入到城市规划原理的体系架构与规划教学体系的建构中。1952 年，圣约翰大学并入同济大学，他作为青年教师编入同济建筑系，开始了在城市规划一线的教学工作。从城市规划各课程的教学大纲编制、学生作业的出题设计到教学案例的系统梳理，李先生广泛地收集当时可以阅览到的所有书籍文献，从图书馆的原著博览到上海四马路老书店的淘觅，一切可获得的资料都整整齐齐地誊写成册。1982 年在读研究生时，我发现同济图书馆的规划原著阅读登记的第一位借阅者，几乎都是李德华先生。

正是这种博览的坚持，李先生在 20 世纪 50 年代逐步积累形成了《城市规划原理》的完整手稿，经过多年的整理与刻制，新中国的第一本《城乡规划》油印本终于在 1960 年诞生，并于 1961 年正式出版。"文化大革命"之前，虽然有过"三年不搞城市规划"的中央调整指令，但是在同济，李先生和他的团队对于这本核心教材的内部更新却从未间断。李先生一方面更广泛地收集来自于西欧、东欧、苏联和北美的规划文献，汲取其规划理论的动态；另一方面，为了使规划教育与人才培养更接中国城乡建设的地气，开始广泛收集新中国城市规划的实践案例，尤其是 50 年代工矿城市和农村建设的最新实践。让人惋惜的是,"文化大革命"使城市规划教学受到历史性的冲击,李先生和教研室的老师们都被安排到宝山罗店和安徽歙县的"五七"干校劳动,为编写城乡规划教材所收集的资料散落于教研室的各个角落。

改革开放后,由李先生领衔全国多所高校教师编撰了《城市规划原理》第一版,于1981年出版,此后又对教材进行了持续的修订,现出版至第四版,第五版还在更新和修订中。《城市规划原理》作为我国高校城乡规划专业教学的经典教材,至今已印刷60余次,影响了一代又一代的城市规划人。2006年,李先生荣获我国城市规划领域最高荣誉"中国城市规划学会突出贡献奖"。

大学精神的传承与探索

同济大学1960年开始招收城市规划研究生,作为建筑系主管教育的副系主任,李先生认真思考了研究生教育的特点和培养方案。"文化大革命"后学院恢复招生,李先生作为建筑系的系主任,负责制定和完善整个建筑规划研究生教学体系。80年代,李先生为建设国内第一个城市规划与设计博士点、博士后流动站发挥了核心作用。作为李先生的弟子,我有幸参与了申报材料的编辑全程。其中,为李先生申城市规划学科带头人与第一博导而收集的材料《李德华作品集》的原稿六册,成了博士点申请材料中重要部分。30年后的今天在编辑此文集时失而复得,成了宝贵的历史资料。

记得李先生当时在谈到建筑、城市规划、园林、设计专业的"本、硕、博"不同阶段培养时,提出了"三竹节"人才培养的纵向模式。第一个"竹节"是本科生培养,目标是培养职业规划师和设计师。他们能够直接面对城市日常问题,克服物质空间障碍,创造性地满足物质和空间的形态需求,创新性地构建未来土地和空间的模式,完成规划设计的一线任务。因此创新能力的培养成为重要环节,好的学校要培养出规划大师和设计大师,本科教学中既需要加强技术素养也需要艺术熏陶。第二个"竹节"是硕士培养,目标是培养能够带领一组规划师、设计师共同工作的项目组织和管理者。他们能够面对城乡建设管理中的复杂问题,面向城乡未来更理想模式,提出跨专业解决复杂问题的系统组织与实施方案。因此研究生应该培养跨专业、跨行业的研学和倾听能力,听得懂相关专业的好建议和好方案,在实践问题中练历整合多学科的素质。第三个"竹节"是博士培养,目标是培养能够解决学科建构、学科思想和理论创新的高端人才。他们需要博览群书,把握国内外的思想动态,提出新的理论概念、思想方法和工作方法,他们应该成为学科内生性的思想创新动力。因此培养方案中需要突出自主理论研究能力的培育、国内外学术思想前沿动态的滋养。

李先生不仅提出了人才培养的纵向模式,还强调城市规划、建筑、园林、设计专业的共性与交融。所谓共性，第一层面指规划设计的哲学，其根本问题是为什么做规划设计。李先生早在 50 年代就把这个点落在"为人的生活而创作"：所有城市规划、建筑创作、园林设计和产品设计，都应该围绕人本身的需求来创作。在这一哲学命题下，各类规划设计之间是互动的、相互促进的，而不是职业分割的，应该更好地借鉴、支撑和启发。第二层面是指创作方法论，其根本问题是怎么做规划设计。李先生说："创作就是要通过头脑中对问题的分析，产生对未来生活环境的愿景，再通过双手把它变成现实。"因此，李先生的教育思想强调创作整体过程的培养：由观察到大脑，经过肩臂再到手的环境塑造。学院设立陶艺制作坊和模型工坊的目的就是培养学生从概念到造物的完整过程。

基于各专业"为人的生活而创作"的共性与物化交融的教育思想，李先生在设计学科的发展上极具远见卓识。早在 50 年代就开始着手设计专业的筹办，收集整理了国外设计学院的教学大纲，直到"文革"后的 1986 年，李先生作为同济大学建筑与城市规划学院的首任院长，才实质性地启动了设计系的建立和设计专业的开办，开创了学院中建筑学、城市规划学、风景园林学和设计学协同发展的局面。

2006 年，中国建筑学会授予李先生"中国建筑学会建筑教育奖"。

学术研究的思想与创新

学贯中西。李先生认为占今中外的优秀文明皆是我们的学术养分，李先生一生研读最新专业著作与学术前沿动态，从不排除任何地域性的思想创新。优秀文明的传承并不局限于东方或西方，从昆曲到河南梆子唱腔，从芬兰颂的旋律到阿尔及利亚传统聚落，李先生皆能与学生谈论其中对人类城乡空间的学术意义。

本质创新。李先生认为学术的探究是对本源的探寻。我们可能被很多形式概念所框定，但李先生教导，不是圣人或伟人说了什么话我们就去做，而是圣人说的话对了，我们才去做。学术思想的创新在于本质的发现，任何被词语概念固化的教条，都不能完成学术上的本质创新。

动态前瞻。我统计过，李先生指导的研究生论文题目涵盖了当时国内外城市规划研究的前沿方向。80 年代初，其指导的研究生论文探讨的是浦东开发的土地经济与运行成本，提前十年为"开发浦东"做学术准备。这种学术创新精神乃整个城市规划学界的宝贵财富。

理性严谨。李先生在学术研究中特别强调理性和严谨。他在《中国大百科全书》《辞海》等有关城市规划、建筑和风景园林的词条编撰中，与学生一起一个个词条逐字逐句的推敲研究讨论，通过每个逗号、每个句号的修正，培养年轻学子的理性与严谨。

规划创作的理念与实践

创作不分富贵贫贱。记得李先生在80年代末说过这样一句话：泥巴可以创作精品，纯金也可以创作精品。我们对规划设计审美取向常会自定义于某种特定崇尚，但李先生的教导使我们突然打开了设计视野，打破了创作材料的禁锢，让设计融入人类生活的各个方面。李先生说，设计创新是提升生活品质的原生动力。这是一种摆脱自我羁绊的解放，更触动我们去发现整个社会的各个方面对于创新的需求、对于精品创作的追求。从佛像到日常生活，从生产工艺到时尚电器，设计的关键在于能否提升设计对象，在于创新，在于品质。泥土和黄金都可以被做成赝品，也都可以用来创作最精美的上品，设计只有品质的上下之别，不存在材料的高低之分。只有理解了这种设计创新思想，才能读懂李先生在20世纪40年代的Artscope唱片咖啡馆的设计。在这个设计中，李先生把当时最时尚的唱片与社交的饮品雅座植入到静安寺庙弄的环境中，传统与时尚、场所精神与人生感悟融为一体。

创作联通左右专业。李先生强调专业间的协同创作，为了人的美好生活，可以也应打破创作专业间的界线。李先生在创作过程中，从不把自己定义于某一个专业，融汇了城市规划设计、建筑设计、室内设计、家具设计与生活用品设计，贯通所有设计的主调就是创造一种新的更美好的生活。在这个主调下，规划设计中有园林设计，建筑设计中有家具设计，道路设计中有产品设计。这种整体设计的创作态度被卢永毅教授称为"大设计"，我称之为"城乡生活整体设计"。李先生与创作组在莫斯科西南区规划国际竞赛方案中，从规划设计、建筑设计一直到人的生活方式的设计，充分反映了这一创作理念与特点。

创作融汇人工与自然。李先生在同济大学教工俱乐部与武汉东湖宾馆二期工程的创作实践中，大量运用自然要素，使其融入人工创作空间之中，屋外有前院，屋中有内园，摇曳的竹影映入舞厅的地板。在李先生创作的西郊宾馆中，庭院中的流水穿越玻璃幕墙引入大堂，落在大堂水面上的阳光折射到天花，波光粼粼，成为整个大堂中一帧巨幅的自然流动景观，让所有的看过这大堂景观的人都无法忘怀这曲自然与人工交汇的景观交响。

正是基于这些创作理念，李先生的城市规划与建筑设计虽然作品不多，但每一个都成为我们学习规划设计的经典教材。也因为这样的创作思想和特点，李先生主持或参与的一系列重要城市规划建筑设计项目，包括同济大学教工俱乐部、上海市大连西路实验居住区规划、波兰华沙人民英雄纪念碑、莫斯科西南区规划国际竞赛方案、阿尔及利亚新城规划等，都获得了国内外的奖项和赞誉。

人生导师的言传与身教

李先生先后培养了几十位研究生，而受益于李先生教育的学生却是不计其数，他的影响力不仅局限在同济大学，受到过李先生恩泽和教诲的专业新生力量分布于国内外，在城市规划、建筑、园林和设计领域发挥着重要的作用。

李先生在研究生的培养上很注重传授知识的方法，他知道如何发挥研究生的特长和主观能动性，特别强调研究生教育思想和学术的自由。这个自由不是我们今天所理解的概念上的自由，而是由学生自己来决定研究方向，进行思考和创新，去思考中国城市发展的未来走向。李先生复招博士生后，我曾向他请教如何给博士生考生出题，李先生说，关键是看能否开出一个好题，研究大纲是否严谨，就知道有没有做好读博士的准备了。这样就有了我们博士面试题目的传统，让考生坐下来独立思考，写出一份开题报告及其研究大纲，呈上笔试报告后，再与导师见面详解研究计划。

李先生的研究生培养一直有很好的气氛，他定期召集研究生进行研讨，鼓励不同年级、不同层次的研究生之间进行交流，相互取长补短，学生们经常都是通过与导师的平时接触学习到他严谨细致的治学作风。直到今天，这个传统还影响着很多现在已经当了老师的弟子们。李先生在指导研究生的过程中，经常能发现一些错别字，他认为这不仅是几个错别字或简单的用词不当，而是反映出对概念的理解。他总是非常细致地向学生指出那些容易被忽视、看似简单的概念问题，并通过这些"简单"的概念向学生传授深奥的道理。我们在李先生培养下，学会了只要讨论，就翻字典，一定把每个词义、每个细小的差异都查准。这种细节影响了我们所有学生的学术生涯，也让我们这些学生在从纯创意的设计工作到学科理论的建构中，用李先生曾经改过的每一个逗号和句号不断地鞭策自己。

博学修养的品格与精神

除了在教育和设计领域的种种成就，李先生的为人为学品格是最为让人感动的。他让我们知道了什么叫厚积薄发，什么叫修养。李先生在文化的积淀上一直保持着开放的心态，一直在汲取着最新的思潮，无论是哲学、心理学，还是中国的民俗或者西方的高雅艺术，多方面的学识艺术积淀创造了一个规划师的成就。先生不只是强调专业本身的修为，而是作为一个学者永远的积累沉淀。

李先生虽然为人为官淡泊名利，但是对待生活终身积极向上。先生一辈子都在创新，唱片咖啡馆的设计、结婚做的整套家具设计、送给罗先生的围巾设计，都刻画了其对生活创新的人生品质。1983 年春，罗先生给研究生上完课后，我们十几位研究生同学和罗先生从文远楼 215 教室一路说到门厅，突然发现楼外细雨蒙蒙，李先生正在门厅特意等候罗先生下课回家。李先生打开手中雨伞，两位先生对视一笑，罗先生挽着李先生手臂，走进了春雨中……先生教了我们什么是知识分子的爱情与浪漫。

最近我在整理李先生文集时，偶然发现了李先生完成的 19 本西班牙语小说英译本的手稿，懂得了什么才是一个中国学者的积极向上的人生态度。我刚回国时，看到先生书桌上放满西班牙语的文章、书籍，他每天坚持看，每月坚持写。我还以为是先生兴趣广泛，这足以激励我们年轻人去博学。可今天，我才知道先生是在 70 多岁时癌症手术后，在病床上开始了他的西班牙语学习，开启了他新的征程，我的心灵受到极度的震撼。多少人在因病痛而呻吟的时候，李先生却开始了一门新的外语攻关，我心里在问，是西班牙语的学习和译著帮助李先生克服了病痛，还是一种高尚的人生境界超越了所有的生命坎坷？李先生给我们发现了他的学术成果，而我们却感到了他奉献给我们的生命成果。我一直在想，如何把李先生的这些西班牙小说译著让更多的学生看到，这会让更多的未来学者悟到，什么才是一个中国学者真正的品德与才华！

李先生已经 92 岁高龄，这本《李德华文集》对李先生七十余年专业生涯进行了回顾，是对李先生的献礼，也是对城市规划专业发展历程的一次回顾。相信随着本书的出版，李先生作为思想大家的学术光芒，将会点亮一代代的规划建筑设计学人，薪火相传；李先生作为教育大家的精神风采，将会让所有的读者受益终生，淡泊致远。

2016 年 5 月 4 日

目　录

城市规划学科建构与奠基

《城市规划原理》

　　编者按：《城市规划原理》作为教科书，经历 50 余年岁月，编写工作可以追溯到 1960 年同济大学印制的油印本教材《城乡规划》。20 世纪 60 年代，由建设部组织在该教材的基础上编写了统编教材《城乡规划》。改革开放后，来自全国各高校几十位教师参与了《城市规划原理》第一版的编撰工作，由李德华先生领衔，于 1981 年正式在中国建筑工业出版社出版了第一版的《城市规划原理》。此后又以李德华先生为主，同济大学的教授们对教材进行了修订，并于 1991 年出版了新一版《城市规划原理》，2000 年开始第三版的修订工作，除第二版的老一代教授全部参加外，还加入部分中年教师，并于 2001 年完成了第三版《城市规划原理》的出版。2007 年开始进行第四版的修编，采用两代城市规划教授共同协作的联合修编模式，于 2010 年出版。

　　《城市规划原理》自 1981 年第一版出版以来，已经印刷 59 次（截至 2015 年 3 月）。根据全国高等院校城市规划专业指导委员会的调查，全国已有 180 余所高等院校开设了城市规划专业，所有院校的城市规划专业都把这本《城市规划原理》列为核心教材。同时它还被评定为国家级"九五"重点教材，普通高等教育"十五""十一五"和"十二五"国家级规划教材。

　　《城市规划原理》曾经培养和影响了我国几代城乡规划师，为我国城乡规划专业奠定了核心基础，为我国城市科学理性的发展做出过历史性的重要贡献。今天全国城市规划专业队伍中的许多专家学者和管理干部，都是在这本专业教科书的启蒙下成长起来的。该书对城市规划基本框架和原理的阐述被引为经典，成为深受广大师生信赖的融科学性、实用性、先进性于一体的精品教材，先后获得国家优秀教学成果奖、建设部优秀教材一等奖和上海市优秀教材一等奖。

　　文集在此收录的是由李德华先生撰写的《城市规划原理》前三版前言，以及第三版《城市规划原理》中由李德华先生与其弟子吴志强教授合著章节的内容节选。

《城市规划原理》获国家级教学成果奖（1997 年）　　《城市规划原理》获上海普通高等学校优秀教材一等奖（1995 年）

《城乡规划》（1961 年）上下册　　　　　　　　　《城市规划原理》（1981 年）

《城市规划原理》手稿

《城市规划原理》(新一版)(1991年) 《城市规划原理》(第三版)(2001年) 《城市规划原理》(第四版)(2010)

李德华先生针对《城市规划原理》(第三版)内容修订的书信（朱锡金先生提供）

第一版前言

　　《城市规划原理》对于城市规划专业教学是一本主要的教材。城市规划涉及政治、经济、建筑、技术、艺术等多方面的内容，是一门在发展中的学科。长时期来我国城市规划工作所受干扰甚大，目前这方面工作正处于积极调整发展的阶段，对我国社会主义的城市规划、建设的经验与理论，还有待于进一步总结。本书主要是为了适应当前高等院校城市规划课程教学的急迫需要而编写的一本试用教材，无疑是很不成熟的。

　　本教材是在1961年出版的高等学校教学用书《城乡规划》的基础上，结合我国实际情况补充了一些较新的材料，力求反映我国解放以来城市规划、建设的实践和问题。为了贯彻少而精的原则，突出城市规划原理主要部分，教材中涉及的城市建设史、区域规划、工业、道路、交通、给排水、园林绿化、环境保护等方面的详细内容另有单独的教材。

　　本教材适用于高等院校城市规划专业，也可供作建筑学专业的教学用书。

　　本书由同济大学、重庆建筑工程学院、武汉建材学院三院校编写，同济大学主编，清华大学主审。参加编写的人员有：李德华、董鉴泓、陶松龄、朱锡金、王仲谷、宗林（同济大学）、白深宁、黄光宇、赵长庚、朱大庸、熊德生（重庆建筑工程学院）、田瑞英（武汉建材学院）等同志。主审的人员有：吴良镛、赵炳时、李康等同志。

　　本教材编写过程中得到兄弟院校、科研单位、城市建设部门的大力支持，在此一并致谢。

　　由于编写人员水平有限、时间仓促，书中缺点、错误在所难免，望读者批评指正，以便今后进一步修改补充。

《城市规划原理》教材编写小组

1980年6月

第二版附言

　　本教材自1981年出版以来，已多次印刷。这些年来，城市建设突飞猛进，形势在不断发展，问题和挑战也不少，有必要加以适当的修订，为了简化一些组织工作，修订由同济大学担任，参加的人员有李德华、董鉴泓、邓述平、陶松龄、朱锡金、王仲谷、宗林。由清华大学吴良镛主审。

　　修订本中难免还有问题和不足之处，万望读者指正。

李德华

1989年9月

第三版前言

本教材最初是在 1979 年着手编写的。出版后使用了 9 年，曾作了一次修订，到如今差不多又十个年头了。

在这以往的十来年间，在改革开放正确的政策下，我国的城市有了突飞猛进的发展，其规模之大、速度之快，在世界的城市发展史上是未曾有过的。在这样的形势之下，城市规划的实践面临不少新的问题，领域的扩展也得到体验。顺应这一客观要求，教材再一次作了修订。增添了发展战略、城市更新、行政法制等章，其余各章也都有不同程度的调整。有的章如城市和学科的发展、总体布局、规划实施等有较大的变动，同时增加了新的编写人员。各章分工执笔如下：

董鉴泓　第一、第八章；

吴志强　第二、第三章；

朱锡金、吴志强　第四章；

陈秉钊　第五章；

陶松龄　第六章；

宗　林　第七章；

王仲谷　第九章；

邓述平　第十章；

周　俭　第十一章；

唐子来　第十二章；

赵　民　第十三章。

恳切希望读者对本教材多提宝贵意见，不胜感谢。

李德华

2001 年 2 月 20 日

第二章　城市规划学科的产生和发展

第一节　古代的城市规划思想

经过了漫长的历史，人类在为生存奋斗的实践中，逐步认识如何改善自我的生存环境，使之满足生存安全、生活及生产的需要。从现有资料可以看到，世界各地原始群居地点的选择和居民点的选址，普遍利用有利地形，建在近水、向阳和避风的地段。而居民点内部的空间结构，则充分体现了原始社会人类的社会关系、生产关系及与自然环境的共存关系。

一、中国古代的城市规划思想

中国古代文明中有关城镇修建和房屋建造的论述，总结了大量生活实践的经验，其中经常以阴阳五行和堪舆学的方式出现。虽然至今尚未发现有专门论述规划和建设城市的中国古代书籍，但有许多理论和学说散见于《周礼》《商君书》《管子》和《墨子》等政治、伦理和经史书中。

夏代（公元前21世纪起）对"国土"进行全面的勘测，国民开始迁居到安全处定居，居民点开始集聚，向城镇方向发展。夏代留下的一些城市遗迹表明，当时已经具有了一定的工程技术水平，如陶制的排水管的使用及夯打土坯筑台技术的采用等，但总体上，在居民点的布局结构方面都尚原始。夏代的天文学、水利学和居民点建设技术为以后中国的城市建设规划思想的形成积累了物质基础。

商代开始出现了我国的城市雏形。商代早期建设的河南偃师商城，中期建设的位于今天郑州的商城和位于今天湖北的盘龙城，以及位于今天安阳的殷墟等都城，都已有发掘的大量材料。商代盛行迷信占卜，崇尚鬼神，这直接影响了当时的城镇空间布局。

中国中原地区在周代已经结束了游牧生活，经济、政治、科学技术和文化艺术都得到了较大的发展，这期间兴建了丰、镐两座京城。在修复建设洛邑城时，"如武王之意"完全按照周礼的设想规划城市布局。召公和周公曾去相土勘测定址，进行了有目的、有计划、有步骤的城市建设，这是中国历史上第一次有明确记载的城市规划事件。

成书于春秋战国之际的《周礼·考工记》记述了关于周代王城建设的空间布局："匠人营国，方九里，旁三门。国中九经九纬，经涂九轨。左祖右社，面朝后市。市朝一夫。"（图2-1-1）[1] 同时，《周礼》书中还记述了按照封建等级，不同级别的城市，如"都""王城"和"诸侯城"在用地面积、道路宽度、城门数目、城墙高度等方面的级别差异；还有关于城外的郊、田、林、牧地的相关关系的论述。《周礼·考工记》记述的周代城市建设的空间布局制度对中国古代城市规划实践活动产生了深远的影响。《周礼》反映了中国

　　1　本书图表序号皆为原著序号，下文不再一一加注。——编者

古代哲学思想开始进入都城建设规划，这是中国古代城市规划思想最早形成的时代。

战国时代，《周礼》的城市规划思想受到各方挑战，向着多种城市规划布局模式发展，丰富了中国古代城市规划布局模式。除鲁国国都曲阜完全按周制建造外，吴国国都规划时，伍子胥提出了"相土尝水，象天法地"的规划思想，他主持建造的阖闾城，充分考虑江南水乡的特点，水网密布，交通便利，排水通畅，展示了水乡城市规划的高超技巧。越国的范蠡则按照《孙子兵法》为国都规划选址。临淄城的规划锐意革新、因地制宜，根据自

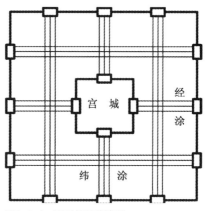

图 2-1-1　周王城平面想象图

然地形布局，南北向取直，东西向沿河道蜿蜒曲折，防洪排涝设施精巧实用，并与防御功能完美结合。即使在鲁国，济南城也打破了严格的对称格局，与水体和谐布局，城门的分布并不对称。赵国的国都建设则充分考虑北方的特点，高台建设，壮丽的视觉效果与城市的防御功能相得益彰。而江南淹国国都淹城，城与河浑然一体，自然蜿蜒，利于防御。

战国时代丰富的城市规划布局创造，首先得益于不受一个集权帝王统治的制式规定，另外更重要的是出现了《管子》和《孙子兵法》等论著，在思想上丰富了城市规划的创造。《管子·度地篇》中，已有关于居民点选址要求的记载："高勿近阜而水用足，低勿近水而沟防省。"《管子》认为"因天材，就地利，故城廓不必中规矩，道路不必中准绳"，从思想上完全打破了《周礼》单一模式的束缚。《管子》还认为，必须将土地开垦和城市建设统一协调起来，农业生产的发展是城市发展的前提。对于城市内部的空间布局，《管子》认为应采用功能分区的制度，以发展城市的商业和手工业。《管子》是中国古代城市规划思想发展史上一本革命性的也是极为重要的著作，它的意义在于打破了城市单一的周制布局模式，从城市功能出发，理性思维和以自然环境和谐的准则确立起来了，其影响极为深远。

另一本战国时代的重要著作《商君书》则更多地从城乡关系、区域经济和交通布局的角度，对城市的发展以及城市管理制度等问题进行了阐述。《商君书》中论述了都邑道路、农田分配及山陵丘谷之间比例的合理分配问题，分析了粮食供给、人口增长与城市发展规模之间的关系，开创了我国古代区域城镇关系研究的先例。

战国时期形成了大小套城的都城布局模式，即城市居民居住在称之为"郭"的大城，统治者居住在称为"王城"的小城。列国都城基本上都采取了这种布局模式，反映了当时"筑城以卫君，造郭以守民"的社会要求。

秦统一中国后，在城市规划思想上也曾尝试过进行统一，并发展了"相天法地"的理念，即强调方位，以天体星象坐标为依据，布局灵活具体。秦国都城咸阳虽然宏大，

却无统一规划和管理，贪大求快引起国力衰竭。由于秦王朝信神，其城市规划中的神秘主义色彩对中国古代城市规划思想影响深远。同时，秦代城市的建设规划实践中出现了不少复道、甬道等多重的城市交通系统，这在中国古代城市规划史中具有开创性的意义。

汉代国都长安的遗址发掘表明，其城市布局并不规则，没有贯穿全城的对称轴线，宫殿与居民区相互穿插，说明周礼制布局在汉朝并没有在国都规划实践中得到实现。王莽代汉取得政权后，受儒教的影响，在城市空间布局中导入祭坛、明堂、辟雍等大规模的礼制建筑，在国都洛邑的规划建设中有充分的表现。洛邑城空间规划布局为长方形，宫殿与市民居住生活区在空间上分隔，整个城市的南北中轴上分布了宫殿，强调了皇权，周礼制的规划思想理念得到全面的体现。

三国时期，魏王曹操公元213年营建的邺城规划布局中，已经采用城市功能分区的布局方法。邺城的规划继承了战国时期以宫城为中心的规划思想，改进了汉长安布局松散，宫城与坊里混杂的状况。邺城功能分区明确，结构严谨，城市交通干道轴线与城门对齐，道路分级明确（图 2-1-2）。邺城的规划布局对此后的隋唐长安城的规划，以及对以后的中国古代城市规划思想发展产生了重要影响。

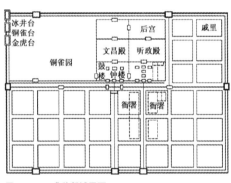

图 2-1-2　曹魏邺城平面

三国期间，吴国国都原位于今天的镇江，后按诸葛亮军事战略建议迁都，选址于金陵。金陵城市用地依自然地势发展，以石头山、长江险要为界，依托玄武湖防御，皇宫位于城市南北的中轴上，重要建筑以此对称布局。"形胜"是对周礼制城市空间规划思想的重要发展，金陵是周礼制城市规划思想与自然结合理念思想综合的典范。

南北朝时期，东汉传入中国的佛教和春秋时代创立的道教空前发展，开始影响中国古代城市规划思想，突破了儒教礼制城市空间规划布局理论一统天下的格局。具体有两方面的影响：一方面城市布局中出现了大量宗庙和道观，城市的外围出现了石窟，拓展和丰富了城市空间理念；另一方面城市的空间布局强调整体环境观念，强调形胜观念，强调城市人工和自然环境的整体和谐，强调城市的信仰和文化功能。

隋初建造的大兴城（长安）汲取了曹魏邺城的经验并有所发展。除了城市空间规划的严谨外，还规划了城市建设的时序：先建城墙，后辟干道，再造居民区的坊里。

建于公元7世纪的隋唐长安城（图 2-1-3），是由宇文恺负责制定规划的。长安城的建造按照规划利用了两个冬闲时间由长安地区的农民修筑完成。先测量定位，后筑城墙、埋管道、修道路、划定坊里。整个城市布局严整，分区明确，充分体现了以宫城为中心、"官民不相参"和便于管制的指导思想。城市干道系统有明确分工，设集中的东

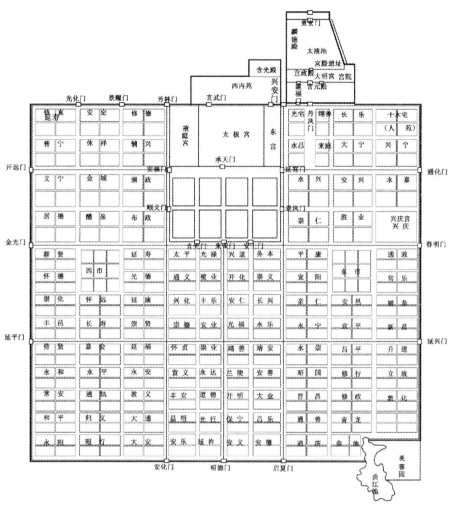

图 2-1-3　唐长安复原图

西两市。整个城市的道路系统、坊里、市肆的位置体现了中轴线对称的布局。有些方面如旁三门、左祖右社等也体现了周代王城的体制。里坊制在唐长安得到进一步发展，坊中巷的布局模式以及与城市道路的连接方式都相当成熟。而 108 个坊中都考虑了城市居民丰富的社会活动和寺庙用地。在长安城建成后不久，新建的另一都城东都洛阳，也由宇文恺制定规划，其规划思想与长安相似，但汲取了长安城建设的经验，如东都洛阳的干道宽度较长安缩小。

五代后周世宗柴荣在显德二年（公元 955 年）关于改建、扩建东京（汴梁）而发布的诏书是中国古代关于城市建设的一份杰出文件。它分析了城市在发展中出现的矛盾，论述了城市改建和扩建要解决的问题：城市人口及商旅不断增加，旅店货栈出现不足，居住拥挤，道路狭窄泥泞，城市环境不卫生，易发生火灾等。它提出了改建、扩建的规

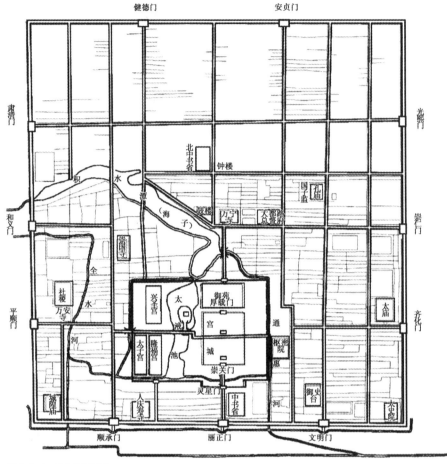

图 2-1-4　元大都复原图

划措施，如扩建外城，将城市用地扩大 4 倍，规定道路宽度，设立消防设施，还提出了规划的实施步骤等等。此诏书为中国古代"城市规划和管理问题"的研究提供了代表性文献。

　　宋代开封城的扩建，按照五代后周世宗柴荣的诏书，进行了有规划的城市扩建，为认识中国古代城市扩建问题研究提供了代表性案例。随着商品经济的发展，从宋代开始，中国城市建设中延绵了千年的里坊制度逐渐被废除，在北宋中叶的开封城中开始出现了开放的街巷制。这种街巷制成为中国古代后期城市规划布局与前期城市规划布局区别的基本特征，反映了中国古代城市规划思想重要的新发展。

　　元代出现了中国历史上另一个全部按城市规划修建的都城——大都（图 2-1-4）。城市布局更强调中轴线对称，在几何中心建中心阁，在很多方面体现了《周礼·考工记》上记载的王城的空间布局制度。同时，城市规划中又结合了当时的经济、政治和文化发展的要求，并反映了元大都选址的地形地貌特点。

中国古代民居多以家族聚居，并多采用木结构的低层院落式住宅，这对城市的布局形态影响极大。由于院落组群要分清主次尊卑，从而产生了中轴线对称的布局手法。这种南北向中轴对称的空间布局方法由住宅组合扩大到大型的公共建筑，再扩大到整个城市。这表明中国古代的城市规划思想受到占统治地位的儒家思想的深刻影响。除了以上代表中国古代城市规划的、受儒家社会等级和社会秩序而产生的严谨、中心轴线对称规划布局外，中国古代文明的城市规划和建设中，大量可见的是反映"天人合一"思想的规划理念，体现的是人与自然和谐共存的观念。大量的城市规划布局中，充分考虑当地地质、地理、地貌的特点，城墙不一定是方的，轴线不一定是一条直线，自由的外在形式下面是富于哲理的内在联系。

中国古代城市规划强调整体观念和长远发展，强调人工环境与自然环境的和谐，强调严格有序的城市等级制度。这些理念在中国古代的城市规划和建设实践中得到了充分的体现，同时也影响了日本、朝鲜等东亚国家的城市建设实践。

二、西方古代的城市规划思想

公元前 500 年的古希腊城邦时期，提出了城市建设的希波丹姆（Hippodamus）模式，这种城市布局模式以方格网的道路系统为骨架，以城市广场为中心。广场是市民集聚的空间，城市以广场为中心的核心思想反映了古希腊时期的市民民主文化。因此，古希腊的方格网道路城市从指导思想方面与古埃及和古印度的方格网道路城市存在明显差异。希波丹姆模式寻求几何图像与数之间的和谐与秩序的美，这一模式在希波丹姆规划的米列都（Milet）城得到了完整的体现（图 2-1-5）。

公元前的 300 年间，罗马几乎征服了全部地中海地区，在被征服的地方建造了大量的营寨城。营寨城有一定的规划模式，平面呈方形或长方形，中间十字形街道，通向东、南、西、北四个城门，南北街称 Cardos，东西道路称 Decamanus，交点附近为露天剧场或斗兽场与官邸建筑群形成的中心广场（Forum）。古罗马营寨城的规划思想深受军事控制目的影响，以在被占领地区的市民心中确立向着罗马当臣民的认同。

公元前 1 世纪的古罗马建筑师维特鲁威（Vitruvius）的著作《建筑十书》（*De Architectura Libri Decem*），是西

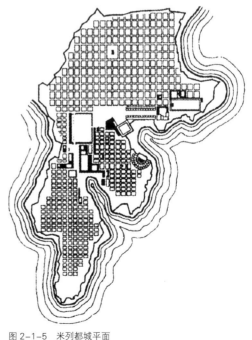

图 2-1-5 米列都城平面

方古代保留至今唯一最完整的古典建筑典籍。该书分为十卷，在第一卷建筑师的教育，城市规划与建筑设计的基本原理、第五卷其他公共建筑物中提出了不少关于城市规划、建筑工程、市政建设等方面的论述。

欧洲中世纪城市多为自发成长，很少有按规划建造的。由于战争频繁，城市的设防要求提到很高的地位，产生了一些以城市防御为出发点的规划模式。

14～16世纪，封建社会内部产生了资本主义萌芽，新生的城市资产阶级势力不断壮大，在有的城市中占了统治地位，这种阶级力量的变化反映在文化上就是文艺复兴。许多中世纪的城市，不能适应这种生产及生活发展变化的要求而进行了改建，改建往往集中在一些局部地段，如广场建筑群方面。当时意大利的社会变化较早，因而城市建设也较其他地区发达，威尼斯的圣马可广场是有代表性的，它成功地运用不同体形和大小的建筑物和场地，巧妙地配合地形，组成具有高度建筑艺术水平的建筑组群。

16～17世纪，国王与资产阶级新贵族联合反对封建割据及教会势力，在欧洲先后建立了君权专制的国家，它们的首都，如巴黎、伦敦、柏林、维也纳等，均发展成为政治、经济、文化中心型的大城市。新的资产阶级的雄厚势力，使这些城市的改建扩建的规模超过以前任何时期。其中以巴黎的改建规划影响较大。巴黎是当时欧洲的生活中心，路易十四在巴黎城郊建造凡尔赛宫，而且改建了附近整个地区。凡尔赛的总平面采用轴线对称放射的形式，这种形式对建筑艺术、城市设计及园林均有很大的影响，成为当时城市建设模仿的对象。其设计思想及理论内涵还是从属于古典建筑艺术，未形成近代的规划学。

1889年出版的西特（Camillo Sitte）的著作《按照艺术原则进行城市设计》（Der Stadtebau nach seinen knnstlischen Grundsgtzen）是一本较早的城市设计论著。该书1902被译成法文，1926年被译成西班牙文，1945年被译成英文，1982年被译成意大利文，引起了人们对城市美学问题的兴趣，产生了较大的影响。西特的书力求从城市美学和艺术的角度来解决当时大都市的环境问题、卫生问题和社会问题，所以说，他还停留在建筑学的角度，但是把工作对象扩大到了整个城市，这种扩大的建筑学与现代意义上的城市规划还存在着差距。

三、其他古代文明的城市规划思想

除了中国和西方以外，世界其他地方古代文明也有各自的城市规划思想和实践。

大约公元前3000年，在小亚西亚已经存在耶立科（Jericho），在古埃及有赫拉考波立斯（Hierakonpolis），在波斯有苏达（Suda）等古文明地区的城市。在公元前4000年至公元前2500年的1500年间，世界人口数量增加了一倍，城市数量也成倍增长。已掌握的考古资料表明，这些城市主要分布在北纬20°～40°之间，且绝大部分选址于海边或大河两岸。从全球范围，这个时期的城市分布西起今天的西班牙南部，东至中国的黄海和东海（表2-1-1）。

表 2-1-1　　　　　　　　　　　　　　现有发掘的其他古代文明城市数

年代	公元前 3000 年	公元前 2500 年	公元前 2000 年	公元前 1500 年
古埃及	4	6	10	12
美索不达米亚	5	12	22	22
西　亚	4	6	13	20
波　斯	2	3	3	5
小亚西亚	—	3	6	9
克里特岛	—	—	—	4
古希腊	—	—	—	10
南西班牙	—	—	—	2
古印度	—	—	—	10

古代两河流域文明发源于幼发拉底河与底格里斯河之间的美索不达米亚平原，当地的居民信奉多神教，建立了奴隶制政权，创造出灿烂的古代文明。古代两河流域的城市建设充分体现了其城市规划思想，比较著名的有波尔西巴（Borsippa）、乌尔（Ur）及新巴比伦城。

波尔西巴建于公元前 3500 年，空间特点是南北向布局，主要考虑当地南北向良好的通风；城市四周有城墙和护城河，城市中心有一个"神圣城区"，王宫布置在北端，三面临水，住宅庭院则杂混布置在居住区（图 2-1-6）。

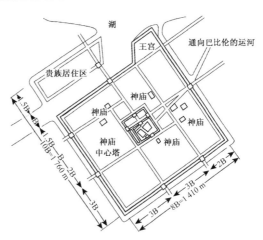

图 2-1-6　波尔西巴城复原图

乌尔的建城时间约在公元前 2500 年到公元前 2100 年。该城有城墙和城壕，面积约 88hm^2，人口约 30 000～35 000 人。乌尔城平面呈卵形，王宫、庙宇以及贵族僧侣的府邸位于城市北部的夯土高台上，与普通平民和奴隶的居住区间有高墙分隔。夯土高台共 7 层，中心最高处为神堂，之下有宫殿、衙署、商铺和作坊。乌尔城内有大量耕地（图 2-1-7）。

波尔西巴和乌尔具有非常相似的土地用途分类以及由于土地利用形成的道路系统，但两城市的建设时间相差近 1 000 年，这期间社会经济有了很大的发展变化，波尔西巴城有独立的贵族区，而乌尔城由于农业文明的发展，城市用地出现了农田与居民点的混合分布。

巴比伦城始建于公元前 3000 年，作为巴比伦王国的首都，公元前 689 年被亚述王国所毁，亚述王国也随后于公元前 650 年灭亡。新巴比伦王国重建了巴比伦城，并成为当时西亚的商业和文化中心。新巴比伦城（图 1-2-1）横跨幼发拉底河东西两岸，平面

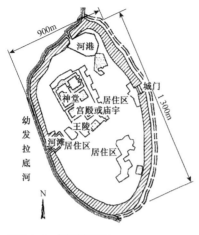

图 2-1-7 乌尔城复原图

呈长方形，东西约 3 000m，南北约 2 000m，设9 个城门。城内有均匀分布的大道，主大道为南北向，宽约 7.5m，其西侧布置了圣地。圣地位于城市的中心，筑有观象台，其门的东侧和北侧布置了朝圣者居住的方形庭院。圣地的南面是神庙，神像在中轴线的尽端，神庙面向的是夏至日的日出方向。城内的其他大道相对较窄，约 1.5～2.0m。新巴比伦城的城墙两重相套，以加强防御功能。城中为国王和王后修建的"空中花园"位于 20 多米的高处，通过特殊装置用幼发拉底河水浇灌，被后人称为世界七大奇迹之一。

在古埃及，英霍特（Imhote）可以被称作是第一位城市规划师。据载在公元前 2800 年，他受埃及法老 Djoser 之命规划了孟菲斯（Memphis）城市的总图。据说他以死城撒卡拉（Sakkarah）的印象／映像规划了作为生命载体的孟菲斯城的布局，这反映了古埃及文明时期，城市规划思想受到对死神、对自然力神秘崇拜的影响。英霍特以古埃及文明中对于人的灵魂永生，千年后复活，而人只是短暂在世的信仰，将陵墓、庙宇及狮身人面像等规划选址于城市的主要节点。孟菲斯内城与陵墓区的用地规模基本相等，均坐北朝南，遥相呼应。

建于公元前 2000 年的卡洪（Kahun）城（图 1-2-4）是代表古埃及文明的重要城市。它位于通往绿洲的要道上，是开发绿洲人的必经之路，也是修建金字塔的大本营。卡洪城平面呈矩形，正南北方向。城市内部由厚墙分为东西两部分：墙西为奴隶居住区，迎向西面沙漠吹来的热风；墙东侧北部的东西向大道又将东城分为南北两部分，路北为贵族区，排列着大的庄园，面向北来的凉风，路南主要是商人、小吏和手工业者等中等阶层的居住区，建筑物零散分布呈曲尺形，在城市的东南角为墓地。整个卡洪城布局严谨，社会空间严格区分。

第二节　现代城市规划学科的产生与发展

一、现代城市规划的理论渊源

近代工业革命给城市带来了巨大的变化，创造了前所未有的财富，同时也给城市带来了种种矛盾。城市中的多种矛盾也日益尖锐。诸如居住拥挤、环境质量恶化、交通拥挤等，首先危害了劳动人民的生活，也妨碍了资产阶级自身的利益。因此从全社会的需要出发，提出了如何解决这些矛盾的城市规划理论。资本主义早期的空想社会主义者、各种社会改良主义者及一些从事城市建设的实际工作者和学者提出了种种设想。这样到19 世纪末 20 世纪初形成了有特定的研究对象、范围和系统的现代城市规划学。

（1）空想社会主义的乌托邦（Utopia）是托马斯·莫尔（Thomas More，1477—1535）在16世纪时提出的。当时资本主义尚处于萌芽时期，针对资本主义城市与乡村的脱离和对立，私有制和土地投机等所造成的种种矛盾，莫尔设计的乌托邦中有50个城市，城市与城市之间最远一天能到达。城市规模受到控制，以免城市与乡村脱离。每户有一半人在乡村工作，住满两年轮换。街道宽度定为200英尺[2]（比当时的街道要宽），城市通风良好。住户门不上锁，以废弃财产私有的观念。生产的东西放在公共仓库中，每户按需要领取，设公共食堂、公共医院。以莫尔为代表的空想社会主义在一定程度上揭露了资本主义城市矛盾的实质，但他们实际代表了封建社会小生产者，由于新兴资本主义对他们的威胁，引起畏惧心理及反抗，所以企图倒退到小生产的旧路上去。乌托邦对后来的城市规划理论有一定影响。

（2）康帕内拉（Tommaso Campanella，1568—1639）的"太阳城"方案中财产为公有制。居民从事畜牧、农业、航海、防卫等。城市空间结构由7个同心圆组成。康帕内拉的主要著作有1593年的《论基督王国》、1602年的《太阳城》、1638年的《形而上学》，以及1613—1614年发表的30卷的《神学》。

（3）当资本主义制度已经形成，开始暴露其种种矛盾时，有一些空想社会主义者，针对当时已产生的社会弊病，提出了种种社会改良的设想，罗伯特·欧文（Robert Owen，1771—1858）是英国19世纪初有影响的空想社会主义者，10岁起当学徒，后来成为一名大工厂的经理和股东。他提出解决生产的私有性与消费的社会性之间的矛盾的方式是"劳动交换银行"及"农业合作社"。他所主张建立的"新协和村"（New Harmony），居住人口500～1 500人，有公用厨房及幼儿园。住房附近有用机器生产的作坊，村外有耕地及牧场。为了做到自给自足，必需品由本村生产，集中于公共仓库，统一分配。他宣传的这些设想，遭到了当时政府的拒绝。1852年他在美国印第安纳州买下3万英亩土地，带了900名志同道合者去实现"新协和村"。随后还有不少欧文的追随者建立了多个新协和村形式的公社（Community）。

（4）资本主义由巩固到发展的时期，城市的矛盾更加突出。这时的空想社会主义者提出种种社会改革方案。与上述主张不同的是，他们并不反对资本主义方式，也不想倒退到小生产去，而是提出一些超阶级的主观空想。傅立叶（Charles Fourier，1772—1837）对资本主义的种种罪恶和矛盾进行了尖锐而深刻的揭露和批判。他的理想社会是以名为法郎吉（Phalange）的生产者联合会为单位，由1 500～2 000人组成的公社，生产与消费结合，不是家庭小生产，而是有组织的大生产。通过公共生活的组织，减少非生产性家务劳动，以提高社会生产力。公社的住所是很大的建筑物，有公共房屋也有单独房屋。他曾设计了这些公社新村的布置图，将生产与生活组织在一起。傅立叶的主要著作有1808年的《四种运动和人的命运》、1822年的《关于家庭农业联合》和1830年的《新的工业世纪》。傅立叶强调社会要适应人的需要，警惕竞争的资本主义制度造

2　1英尺=0.3048m。

成的浪费。他在法国和美国建立起协助移民区，其中最著名的是 1840—1846 年在美国马萨诸塞州和新泽西州建立的法郎吉。

这些空想社会主义的设想和理论学说中，把城市当作一个社会经济的范畴，而且看作为适应新的生活而变化，这显然比那些把城市和建筑停留在造型艺术的观点要全面一些，也更深刻。他们的一些理论，也成为以后的"田园城市"、"卫星城市"等规划理论的渊源。而他们的追随者也不断地提出新观点和新思想，在各大洲建立的各种形式的"公社"至今仍还有存在和发展的。

二、田园城市（Garden city）理论

1898 年英国人霍华德（Ebenezer Howard）提出了"田园城市"的理论。他经过调查，写了一本书：《明天——一条引向真正改革的和平道路》（*Tomorrow：a Peaceful Path towards Real Reform*），希望彻底改良资本主义的城市形式，指出了在工业化条件下，城市与适宜的居住条件之间的矛盾，大城市与自然隔离的矛盾。霍华德认为，城市无限制发展与城市土地投机是资本主义城市灾难的根源，建议限制城市的自发膨胀，并使城市土地属于这一城市的统一机构；城市人口过于集中是由于城市吸引人口的"磁性"所致，如果把这些磁性进行有意识的移植和控制，城市就不会盲目膨胀；如果将城市土地统一归城市机构，就会消灭土地投机，而土地升值所获得的利润，应该归城市机构支配。他为了吸引资本实现其理论，还声称，城市土地也可以由一个产业资本家或大地主所有。霍华德指出"城市应与乡村结合"。他以一个"田园城市"的规划图解方案更具体地阐述其理论（图 2-2-1）：城市人口 30 000 人，占地 404.7hm^2，城市外围有 2 023.4hm^2 土地为永久性绿地，供农牧业生产。城市部分由一系列同心圆组成，有 6 条大道由圆心放射出去，中央是一个占地 20hm^2 的公园。沿公园也可建公共建筑物，其中包括市政厅、音乐厅兼会堂、剧院、图书馆、医院等，它们的外面是一圈占地 58hm^2 的公园，公园外圈是一些商店、商品展览馆，再外一圈为住宅，再外面为宽 128m 的林荫道，大道当中

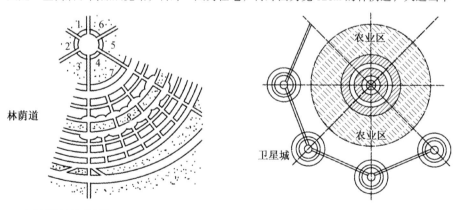

（a）田园城市平面的局部　　　　　　　　　　　（b）各田园城市之间以农牧区相隔

1- 图书馆；2- 医院；3- 博物馆；4- 市政厅；5- 音乐厅；6- 剧院；7- 水晶宫；8- 学校运动场

　图 2-2-1 霍华德"田园城市"方案图

为学校、儿童游戏场及教堂，大道另一面又是一圈花园住宅。霍华德除了在城市空间布局上进行了大量的探讨外，还用了书中的大量篇幅研究了城市经济问题，提出了一整套城市经济财政改革方案。他认为城市经费可从房租中获得。他还认为城市是会发展的，当其发展到规定人口时，便可在离它不远的地方，另建一个相同的城市。他强调要在城市周围永久保留一定绿地的原则。霍华德的书在 1898 年出版时并没有引起社会的广泛关注。1902 年他又以《明日的田园城市》(*Garden City of Tomorrow*) 为名再版该书，迅速引起了欧美各国的普遍注意，影响极为广泛。

霍华德的理论比傅立叶、欧文等人的空想进了一步。他把城市当作一个整体来研究，联系城乡的关系，提出适应现代工业的城市规划问题，对人口密度、城市经济、城市绿化的重要性问题等都提出了见解，对城市规划学科的建立起了重要的作用，今天的规划界一般都把霍华德的"田园城市"方案的提出作为现代城市规划的开端。

霍华德提出的"田园城市"与一般意义上的花园城市有着本质上区别。一般的花园城市是指在城市中增添了一些花坛和绿地，而霍华德所说的"Garden"是指城市周边的农田和园地，通过这些田园控制城市用地的无限扩张。

由于时代的局限，他不可能认识资本主义社会城市种种矛盾的真正原因——阶级及社会制度的根源，而只能提出转移工人阶级斗争目标的、保存资产阶级统治的、和平改革的道路。他在书中公开提出他的目的是"非政治的社会主义"。即使这样，他的理论仍受到广泛的注意。于是在英国出现两种以"田园城市"为名的建设试验，一种是房地产公司经营的、位于市郊的、以"花园城市"为名以中小资产阶级为对象的大型住区；另一种为根据霍华德的"田园城市"思想进行的试点，例如始建于 1902 年的列契沃斯(Letchworth)，它位于伦敦东北，距伦敦 64km，但到 1917 年时，人口才 18 000 人，与霍华德的理想相距甚远。

三、卫星城镇规划的理论和实践

20 世纪初，大城市的恶性膨胀，使如何控制及疏散大城市人口成为突出的问题。霍华德的"田园城市"理论由他的追随者恩维(Unwin)进一步发展成为在大城市的外围建立卫星城市，以疏散人口控制大城市规模的理论，并在 1922 年提出一种理论方案。同时期，美国规划建筑师惠依顿也提出在大城市周围用绿地围起来，限制其发展，在绿地之外建立卫星城镇，设有工业企业，和大城市保持一定联系。

1912—1920 年，巴黎制定了郊区的居住建筑规划，打算在离巴黎 16km 的范围内建立 28 座居住城市，这些城市除了居住建筑外，没有生活服务设施，居民的生产工作及文化生活上的需要尚需去巴黎解决，一般称这种城镇为"卧城"。1918 年，芬兰建筑师沙里宁(Eliel Saarinen)与荣格(Bertel Jung)受一私人开发商的委托，在赫尔辛基新区明克尼米－哈格(Munkkiniemi-Haaga)提出一个 l7 万人口的扩展方案。虽然该方案由于远远超出了当时财政经济和政治处理能力，缺乏政治经济的背景分析和考虑，只有一小部得以实施，但由此建筑师沙里宁在二战以前被看成为一个规划师。在沙里宁的方案中主张在赫尔辛基附近建立一些半独立城镇，以控制其进一步扩张。这类卫星城镇不同于"卧城"，除了居住建筑外，还设有一定数量的工厂、企业和服务设施，使一部分居民就地工作，另一部分居民仍去母城工作。

不论是"卧城"还是半独立的卫星城镇，对疏散大城市的人口方面并无显著效果，所以不少人又进一步探讨大城市合理的发展方式。1928年编制的大伦敦规划方案中，采用在外围建立卫星城镇的方式，并且提出大城市的人口疏散应该从大城市地区的工业及人口分布的规划着手。这样，建立卫星城镇的思想开始和地区的区域规划联系在一起。

第二次世界大战中，欧洲不少城市受到程度不同的破坏。在城市的重建规划时，郊区普遍地新建了一些卫星城市。英国在这方面做了很多工作，由阿伯克隆比（Patrick Aber-crombie）主持的大伦敦规划，主要是采取在外围建设卫星城镇的方式，计划将伦敦中心区人口减少60%。这些卫星城镇独立性较强，城内有必要的生活服务设施，而且还有一定的工业，居民的工作及日常生活基本上可以就地解决，这类卫星城镇是基本独立的。第一批先建造了哈罗（Harlow）、斯特文内儿（Stevenage）等8个卫星城镇，吸收了伦敦市区500多家工厂和40万居民。目前英国这样的卫星城镇已有40多个。

哈罗是1947年规划设计的，1949年开始建造，距伦敦37km，规划人口7.8万人，用地约2 590hm²。由伦敦迁出一部分工业和人口来此。生活居住区由多个邻里单位组成，每个邻里单位有小学及商业中心。几个邻里单位组成一个区。城市主要道路在区与区之间的绿地穿过，联系着市中心、车站和工业区。

英国的各新城开发公司，为了吸引工厂迁入卫星城镇创造了种种条件：修好道路，划好工业区，修建了长期出租的厂房。也采取许多措施吸引居民迁入：如居住条件好，每人平均绿化面积达50多平方米，房租及地税也比较低。

在瑞典首都斯德哥尔摩附近建立的卫星城市魏林比（Vallinby）是半独立的，对母城有较大的依赖性，距母城16km，以一条电气化铁路和一条高速干道与母城联系。人口为24 000人，用地170km²。车站是居民必经之处，采用地下通过。在车站上面建立商业中心，靠近中心为多层居住建筑，外围为低层住宅。这种规划方式也反映了这类对母城有较大依赖性的卫星城镇的特点。

苏联在20世纪30年代曾规定在莫斯科、列宁格勒（今圣彼得堡）等大城市不再建设大的工业项目，把在外围建立卫星城镇作为控制大城市人口的一种手段。在莫斯科等大城市的总体规划中考虑了卫星城市的布点，将它作为大城市发展的一种形式。莫斯科规划人口为700万，500万人分布在市区，100万人分布在15个卫星城镇中，另外100万人分布在其他城镇中。

第三代的卫星城实质上是独立的新城。以英国在20世纪60年代建造的米尔顿·凯恩斯（Milton—Keynes）为代表。其特点是城市规模比第一、第二代卫星城扩大，并进一步完善了城市公共交通及公共福利设施。该城位于伦敦西北与利物浦之间，与两城各相距80km，占地9 000km²，规划人口25万人。该城于1967年开始规划，1970年开始建设，1977年底已有居民8万人。规划的特点是城镇具有多种就业机会，社会就业平衡，交通便捷，生活接近自然，规划方案具有灵活性和经济性。城市平面为方形，纵横各约8km，高速干道横贯中心。方格形道路网的道路间距为1km。邻里单位内设有与机动车道完全分开的自行车道与人行道。城市中心设大型商业中心；邻里单位设小型商业点，位于交通干道的边缘。

从卫星城镇的发展过程中可以看出，由"卧城"到半独立的卫星城，到基本上完全独立的新城，其规模逐渐趋向由小到大。英国在20世纪40年代的卫星城，人口在5万~8万之间，60年代后的卫星城，规模已扩大到25万~40万人。日本的多摩新城.规模也由原计划的30万扩大到40万人。规模大些就可以提供多种就业机会，也有条件设置较大型完整的公共文化生活服务设施，可以吸引较多的居民，减少对母城的依赖。

四、现代建筑运动对城市规划的影响与《雅典宪章》（*Charter of Athens*）

法国人勒·柯布西埃（Le Corbusier）在1925年发表了《城市规划设计》一书，将工业化思想大胆地带入城市规划。早在1922年他就曾提出一个称为"300万人口的当代城市"的巴黎改建设想方案来阐述他的观点。

柯布西埃的理论面对大城市发展的现实，承认现代化的技术力量。他认为，大城市的主要问题是城市中心区人口密度过大；城市中机动交通日益发达，数量增多，速度提高，但是现有的城市道路系统及规划方式与这种要求产生矛盾；城市中绿地空地太少，日照通风、游憩、运动条件太差。因此要从规划着眼，以技术为手段，改善城市的有限空间，以适应这种情况。他主张提高城市中心区的建筑高度，向高层发展，增加人口密度。

柯布西埃认为，交通问题的产生是由于车辆增多，而道路面积有限，交通愈近市中心愈集中，而城市因为是由内向外发展，愈近市中心道路愈窄。他主张市中心空地、绿化要多，并增加道路宽度和停车场，以及车辆与住宅的直接联系，减少街道交叉口或组织分层的立体交通。按照这些理论，他在1922年提出的巴黎建筑规划方案中，将城市总平面规划为由直线道路组成的道路网，城市路网由方格对称构成，几何形体的天际线，标准的行列式空间的城市。城市分为三区，市中心区为商业区及行政中心，全部建成60层的高楼，工业区与居住区有方便的联系，街道按交通性质分类。改变沿街建造的密集式街道，增加街道宽度及建筑的间距，增加空地、绿地，改善居住建筑形式，增加居民与绿地的直接联系。

柯布西埃以建筑美学的角度，从根本上向旧的建筑和规划理论发起了冲击。这意味着20世纪初期"新建筑运动"向学院派及古典主义的冲击扩大到城市规划的领域。

在这一位提出了空间集中的规划理论的时候，另一位却相反地提出反集中的空间分散的规划理论。赖特（Frank Lloyd Wright）在1935年发表的《广亩城市：一个新的社区规划》（*Broadacre City : A New Community Plan*）充分地反映了他倡导的美国化的规划思想，强调城市中的人的个性，反对集体主义。赖特在20世纪20~30年代成为一名社会革命者，但他并未参加社会主义的左翼阵营。相反地他呼吁城市回到过去的时代。而他的社会思想的物质载体就是"广亩城市"。他相信电话和小汽车的力量，认为大都市将死亡，美国人将走向乡村，家庭和家庭之间要有足够的距离，以减少接触来保持家庭内部的稳定。

在对比柯布西埃和赖特的两个极端的规划理论时，我们也可以发现他们的共性，即：都有大量的绿化空间在他们"理想的城市"中；都已经开始思考当时所出现的新技术——电话和汽车对城市产生的影响。

1933年国际现代建筑协会（C.I.A.M.）在雅典开会，中心议题是城市规划，并制定了一个《城市规划大纲》，这个《大纲》后来被称为《雅典宪章》。《大纲》集中地反映了当时"现代建筑"学派的观点。《大纲》首先提出，城市要与其周围影响地区作为一个整体来研究，指出城市规划的目的是解决居住、工作、游憩与交通四大城市功能的正常进行。

《大纲》认为，居住的主要问题是：人口密度过大，缺乏敞地及绿化；太近工业区，生活环境不卫生；房屋沿街建造影响居住安静，日照不良，噪声干扰；公共服务设施太少而且分布不合理。因而建议居住区要用城市中最好的地段，规定城市中不同地段采用不同的人口密度。

《大纲》认为，工作的主要问题是：工作地点在城市中无计划地布置，与居住区距离过远："从居住地点到工作的场所距离很远，造成交通拥挤，有害身心，时间和经济都受损失。"因为工业在城郊建设，引起城市的无限制扩展，又增加了工作与居住的距离，形成过分拥挤而集中的人流交通。因此《大纲》中建议有计划地确定工业与居住的关系。

《大纲》认为，游憩的主要问题是：大城市缺乏敞地。指出城市绿地面积少，而且位置不适中，无益于市区居住条件的改善；市中心区人口密度本来就已经很高，难得拆出一小块空地，应将它辟为绿地，改善居住卫生条件。因此建议新建居住区要多保留空地，旧区已坏的建筑物拆除后应辟为绿地，要降低旧区的人口密度，在市郊要保留良好的风景地带。

《大纲》认为，城市道路完全是旧时代留下来的，宽度不够，交叉口过多，未能按功能进行分类。并指出，过去学院派那种追求"姿态伟大""排场"及"城市面貌"的做法，只可能使交通更加恶化。《大纲》认为，局部的放宽、改造道路并不能解决问题，应从整个道路系统的规划人手；街道要进行功能分类，车辆的行驶速度是道路功能分类的依据；要按照调查统计的交通资料来确定道路的宽度。《大纲》认为，大城市中办公楼、商业服务、文化娱乐设施过分集中在城市中心地区，也是造成市中心交通过分拥挤的重要原因。

《大纲》还提出，城市发展中应保留名胜古迹及历史建筑。

《大纲》最后指出，城市的种种矛盾，是由大工业生产方式的变化和土地私有引起。城市应按全市人民的意志进行规划，要有区域规划为依据。城市按居住、工作、游憩进行分区及平衡后，再建立三者联系的交通网。居住为城市主要因素，要多从居住者的要求出发，应以住宅为细胞组成邻里单位，应按照人的尺度（人的视域、视角、步行距离等）来估量城市各部分的大小范围。城市规划是一个三度空间的科学，不仅是长宽两方向，应考虑立体空间。要以国家法律形式保证规划的实现。

《大纲》中提出的种种城市发展中的问题、论点和建议，很有价值，对于局部地解决城市中一些矛盾也起过一定的作用。这个《大纲》中的一些理论，由于基本想法上是要适应生产及科学技术发展给城市带来的变化，而敢于向一些学院派的理论、陈旧的传统观念提出挑战，因此也具有一定的生命力。《大纲》中的一些基本论点，也成为资本主义近代规划学科的重要内容，至今还发生深远的影响。但《大纲》回避了城市社会中的阶级矛盾问题，仅集中在形态层面，所以很难完全实现其理论。

五、马丘比丘宪章（Charter of Machu Picchu）

1978 年 12 月，一批建筑师在秘鲁的利马集会，对《雅典宪章》40 多年的实践作了评价，认为实践证明《雅典宪章》提出的某些原则是正确的，而且将继续起作用，如把交通看成为城市基本功能之一，道路应按功能性质进行分类，改进交叉口设计等。但是也指出，把小汽车作为主要交通工具和制定交通流量的依据的政策。应改为使私人车辆服从于公共客运系统的发展，要注意在发展交通与"能源危机"之间取得平衡。《雅典宪章》中认为，城市规划的目的是在于综合城市四项基本功能——生活、工作、游憩和交通而规划，就是解决城市划分成区的办法。但是实践证明，追求功能分区却牺牲了城市的有机组织，忽略了城市中人与人之间多方面的联系，而应努力去创造一个综合的多功能的生活环境。这次集会后发表的《马丘比丘宪章》，还提出了城市急剧发展中如何更有效地使用人力、土地和资源，如何解决城市与周围地区的关系，提出生活环境与自然环境的和谐问题。

六、邻里单位、小区规划与社区规划

20 世纪 30 年代，开始在美国，不久又在欧洲，出现一种"邻里单位"（Neighborhood Unit）的居住区规划思想。它与过去将住宅区的结构从属于道路划分方格的那种形式不同。旧的方式，路格很小，方格内居住人口不多，难于设置足够的公共设施。儿童上学及居民购买日常的必需品，必须穿越城市道路。在以往机动交通不太发达的情况下，尚未感到过大的不方便。到 20 世纪 20 年代后，城市道路上的机动交通日益增长，交通量和速度都增大，车祸经常发生，对老弱及儿童穿越道路的威胁更加严重，而且过小的路格，过多的交叉口，也降低了城市道路的通行能力。旧的住宅布置方式，大都是围绕道路形成周边和内天井的形式，结果住宅的朝向不好，建筑密集。机动交通发达后，沿街居住非常不安宁。

"邻里单位"思想要求在较大的范围内统一规划居住区，使每一个"邻里单位"成为组成居住区的"细胞"。开始时，首先考虑的是幼儿上学不要穿越交通道路，"邻里单位"内要设置小学，以此决定并控制"邻里单位"的规模。后来也考虑在"邻里单位"内部设置一些为居民服务的、日常使用的公共建筑及设施，使"邻里单位"内部和外部的道路有一定的分工，防止外部交通在"邻里单位"内部穿越。

"邻里单位"思想还提出在同一邻里单位内安排不同阶层的居民居住,设置一定的公共建筑,这些也与当时资产阶级搞阶级调和和社会改良主义的意图相呼应。"邻里单位"理论在英国及欧美一些国家盛行,而且也按这种方式建造了一些居住区。

这种思想因为适应了现代城市由于机动交通发展带来的规划结构上的变化,把居住的安静、朝向、卫生、安全放在重要的地位,因此对以后居住区规划影响很大。

第二次世界大战后,在欧洲一些城市的重建和卫星城市的规划建设中,"邻里单位"思想更进一步得到应用、推广,并且在它的基础上发展成为"小区规划"的理论。试图把小区作为一个居住区构成的"细胞",将其规模扩大,不限于以一个小学的规模来控制,也不仅是由一般的城市道路来划分,而趋向于由交通干道或其他天然或人工的界线(如铁路、河流等)为界。在这个范围内,把居住建筑、公共建筑、绿地等予以综合解决,使小区内部的道路系统与四周的城市干道有明显的划分。公共建筑的项目及规模也可以扩大,不仅是日常必需品的供应,一般的生活服务都可以在小区内解决。

20世纪60年代后,城市规划领域中对城市的社会问题的认识逐步提高,居住区规划设计不再局限于住宅和设施等物质环境,而是将解决居住区内的社会问题提高到重要位置。社区规划的概念逐步取代了小区规划的提法,规划师的责任重心更趋多元化,给予了社会问题,尤其是社区中的弱者以更多关怀。

七、有机疏散思想

针对大城市过分膨胀所带来的各种"弊病",沙里宁(Eliel Saarinen)在1934年发表了《城市——它的成长、衰败与未来》(*The city — Its Growth, Its Decay, Its Future*)一书,书中提出了有机疏散的思想。

有机疏散的思想,并不是一个具体的或技术性的指导方案,而是对城市的发展带有哲理性的思考,是在吸取了前些时期和同时代城市规划学者的理论和实践经验的基础上,在对欧洲、美国一些城市发展中的问题进行调查研究与思考后得出的结果。在上文"卫星镇规划的理论与实践"中提到的1918年沙里宁与荣格受一私人开发商的委托,在赫尔辛基新区明克尼米-哈格提出一个17万人口的扩展方案是其城市疏散的思想的延续。

沙里宁认为,一些大城市一边向周围迅速扩展,同时内部又出现他称之为"瘤"的贫民窟,而且贫民窟也不断蔓延,这说明城市是一个不断成长和变化的机体。城市建设是一个长期的缓慢的过程,城市规划是动态的。他认为对待城市的各种"病"就像对人体的各种疾病一样。根治城市有些病靠吃药、动点小手术是不行的,要动大手术,就是要从改变城市的结构和形态做起。

他用对生物和人体的认识来研究城市,认为城市由许多"细胞"组成,细胞间有一定的空隙,有机体通过不断地细胞繁殖而逐步生长,它的每一个细胞都向邻近的空间扩展,这种空间是预先留出来供细胞繁殖之用,这种空间使有机体的生长具有灵活性,同时又能保护有机体。

他从生物的这种成长现象中受到启示,认为有机疏散就是把扩大的城市范围划分为不同的集中点所使用的区域，这种区域内又可分成不同活动所需要的地段。他认为，由于城市的功能产生某种力量，而使城市具有一种膨胀的趋势，当分散的离心力大于集中的向心力时就会出现分散的现象。他认为，有机分散的过程如同缓慢、持续地进行的化学过程一样。存在正反应与逆反应，通过这两种作用，能逐渐把城市的紊乱状态转变为有序状态。这两种作用将在城市内部的潜在力量中产生出对日常活动进行功能性的集中，对这些集中点又产生有机的分散。他认为，街道交通拥挤对城市的影响与血液不畅对人体的影响一样，主动脉、大静脉等组成输送大量物质的主要线路，毛细血管则起着局部的输送作用。输送的原则是简单明了的，输送物直接送达目的地，并不通过与它无关的其他器官，而且流通渠道的大小是根据运量的多少而定。按照这种原则，他认为应该把联系城市主要部分的快车道设在带状绿地系统中，也就是说把高速交通集中在单独的干线上，使其避免穿越和干扰住宅区等需要安静的场所。他认为，以往的城市是把有秩序的疏散变成无秩序的集中，而他的思想可以把无秩序的集中变为有秩序的分散。在他的著作中还从土地产权、价格、城市立法等方面论述了有机疏散的必要和可能。有机疏散的思想在战后许多城市规划工作中得到应用。但是 1960 年代以后，也有许多学者对这种把其他学科里的规律套用到城市规划中的简单做法提出了尖锐的质疑。

八、理性主义规划理论及其批判

1960 年到 1970 年的西方城市规划操作的指导理论可以用三个词来概括：系统、理性和控制论。

第二次世界大战结束以后，刘易斯·凯博（Lewis Keeble）1952 年出版的《城乡规划的原则与实践》（*Principles and Practice of Town and Country Planning*）全面阐述了当时被普遍接受的规划思想。经过十几年的实践，1961 年凯博再版了这本书。凯博的这本书中集中反映了城市规划中的理性程序，城市规划的对象还主要局限在物质方面，规划编制程序步步相扣，从现状调查、数据收集统计、方案提出与比较评价、方案选定、各工程系统的规划的编制都在理论上达到了至善至美的严密逻辑。在规划实践中这本书成为当时城市规划编制工作的操作指导手册，其思想方法代表了理性主义的标准理论。

与理性主义规划相辅的是 1960 年代末，1970 年代初，在城市规划中系统工程的导入和数理分析的大量推广，大型计算机的出现是其技术基础。系统工程的导入使得把城市更多地看成一个巨型系统，而规划则更多地从运筹学和系统结构方面着手。城市规划的前期调查发现变得越来越严密，工作量也就越来越大，大型计算机的出现使得大量调查数据的处理成为可能。城市规划工作中运用了大量的数理模型，包括用纯粹数理公式表达的城市发展模型和城市规划控制模型。在此现象之下，城市规划编制的理论程序也就更加理性，理性主义成为主导的规划思想。

理性主义规划理论认为，规划方案是对城市现状问题的理性分析和推导的必然结果。但是在理性主义使规划变得越来越严密的时候，城市规划专业也变得越来越让人看不懂，大堆复杂的数理模型对城市发展的实际意义让人无法理解。除了对理性主义理论的工作方法的批判外，还有针对理性主义理论在规划过程中多局限于物质形态，对城市中的社会问题关心太少的。对理性主义理论的批判还来自行政管理过程，理性主义理论对决策者的立场观点缺乏充分的认识。查尔斯·林德伯伦姆（Charles Lindblom）在1959年发表《紊乱的科学》（The Science of "Muddling Through"）一文，针对战后各国编制的几乎是清一色的越来越繁琐的城市综合规划（Comprehensive Planning），林德伯伦姆尖锐地指出，这类城市综合规划要求太多的数据和过高综合分析水平，都远远超出了一名规划师的领悟能力，实际上，一名规划师在实践中真的太累了，太综合了，而这些忙于细部处理的综合性总体规划却往往放弃了最重要的城市发展战略。林德伯伦姆在文中呼吁，必须冲破综合性总体规划的繁文缛节，重新定义规划自己的能力作用，去达到真正能达到的规划目的。

九、城市设计研究

第二次世界大战之后，西方社会沉浸在一种和平恢复和社会经济高速发展的气氛之下。从总体上看，主导的社会意识是乐观的，绝大多数的规划师正忙于工程，像凯博这样的规划师则在制定操作色彩很浓的理性的系统规划。在规划物质环境方面，规划师一方面忙于工程实践，另一方面亟需形态设计的理论指导和一套操作性很强的分析方法。大家关心的是如何设计得更漂亮、更美观，更能让人们满足、信服。于是吉伯特（F.Gibberd）的《市镇设计》（Town Design）和凯文·林奇（Kevin Lynch）的《城市意象》（The Image of the City）分别在1952年和1960年应运而生，并立刻成为市场上的畅销书和规划师、设计师的工作手册。

当时城市设计研究的重点集中于城市空间景观的形态构成要素方面，林奇在做了大量第一手的问卷调查分析后，认为城市空间景观中界面、路径、节点、场地、地标是最重要的构成要素，并有基本规律可以把握，在塑造城市空间景观的时候，应从这些要素的形态把握入手。历史上城市设计被看作为纯粹的艺术灵感创作，20世纪60年代，城市设计研究的贡献就在于对城市设计进行了全面的理性分析，发现其中是有科学规律可循的，这不仅大大加强了对城市空间景观形象的理性认识，更重要的是把城市空间景观的创作过程理性化了。

70年代，西方社会经济出现了大动荡，战后物质建设的高潮也已过去，吉伯特、林奇有关物质形态的分析不仅被冷落，而且受到众多规划师的批判，主要被攻击的目标是，城市设计分析理论在关心美的创造时，却忽视了为谁创造美这一规划师的根本立场问题。规划设计师通过城市设计将城市当作了表现个人才华的舞台，变得更加孤芳自赏，在挥霍政府和百姓钱财的同时填满了自己的腰包，城市设计沦落为规划师名利双收的工具和职业精神退化的鸦片。

80年代中期，城市设计又一次在规划理论的论坛中被提起，重新出现关于城市物质形态设计的研究成果。例如，1985年布罗西（J.Brothie）等编著的《论新技术对城市形态的未来的影响》（The Future of Urban Form：The Impact of New Technology）

和格里斯（Walter L. Greese）的《美国景观的桂冠》（*The Crowning of the American Landscape*）。而 1987 年，雅各布斯（Allen Jacobs）与阿普亚德（Donald Appleyard）的《走向城市设计的宣言》（*Towards an Urban Design Manifesto*）影响很大，这本书不是单纯地采取对城市环境的批判态度，而是以积极的态度确定城市设计的新目标：良好的都市生活，创造和保持城市肌理、再现城市的生命力。1990 年以后，城市设计在新的层面上被看作是解决城市社会问题的工具之一。

十、城市规划的社会学批判、决策理论和新马克思主义

简•雅各布斯（Jane Jacobs）于 1961 年发表的《美国大城市的生与死》（*The Death and Life of Great American Cities*）被有的学者毫不夸张地称作当时规划界的一次大地震。雅各布斯在书中对规划界一直奉行的最高原则进行了无情的批判。她把城市中大面积绿地与犯罪率的上升联系到一起，把现代主义和柯布西埃推崇的现代城市的大尺度指责为对城市传统文化的多样性的破坏。她批判大规模的城市更新是国家投入大量的资金让政客和房地产商获利，让建筑师得意，而平民百姓都是旧城改造的牺牲品。在市中心的贫民窟被一片片地推平时，大量的城市无产者却被驱赶到了近郊区，在那里造起了一片片新的住宅区实际上是一片片未来的贫民窟。

无论雅各布斯的观点正确与否，这是现代城市规划几十年来第一次被赤裸裸地暴露在社会公众面前，包括现代城市规划的一条条理念及其工作方法，也包括规划师的灵魂与钱袋。雅各布斯是个嫁给了建筑师的新闻记者，作为一个"外行"，对城市规划理论的发展起到了一个里程碑式的作用。更重要的是，从专业理论的发展角度，规划师们过去集中讨论的是如何做好规划，而雅各布斯让规划师开始注意到是在为谁做规划。

整个 20 世纪 60 ～ 70 年代的城市规划理论界对规划的社会学问题的关注超越了过去任何一个时期，其中影响较大的有 1965 年大卫多夫（Paul Davidoff）发表的《规划中的倡导与多元主义》（*Advocacy and Pluralism in Planning*），及其在此之前的 1962 年与雷纳（T.Reiner）合著的，发表于 JAIP 上的《规划选择理论》（*A Choice Theory of Planning*）。大卫多夫的这两篇论文在当时的城市规划理论界取得了很高的荣誉。他对规划决策过程和文化模式的理论探讨，以及对规划中通过过程机制保证不同社会集团的利益，尤其是弱势团体的利益的探索，都在规划理论的发展史上留下了重要的一笔。

而罗尔斯（J.Rawls）在 1972 年发表了《公正理论》（*Theory of Justice*）在规划界第一次把规划公正的理论问题提到了论坛上。半年之后，作为重要的新马克思主义理论家的大卫•哈维（David Harvey）写了《社会公正与城市》（*Social Justice and the City*）一书，把这个时代的规划社会学理论推向高潮，成为以后的城市规划师的必读之书。

70 年代后期，城市学中新马克思主义的另一位掌门人卡斯泰尔斯（Manuel Castells）于 1977 年发表了《城市问题的马克思主义探索》（*The Urban Question：A Marxist Approach*）正面打出了马克思主义的旗号。1978 年，他又发表了专著《城市，阶级与权力》（*City，Class and Power*）反映出 20 世纪 60 年代培养的一代马克思主义青

年在规划理论界开始占据了城市学理论的制高点。这一方面是因为这些热血青年开始走向大学教授的岗位；另一方面，规划理论界开始摆脱雅各布斯对城市表象景观的市民式的抨击，进入了针对这些表象之下的社会、经济和政治制度本质的深入的分析和批判。

1992 年前后，国际规划界中出现了大量关于妇女在城市规划中的地位、作用和特征的讨论，约翰·弗雷德曼（John Friedmann）也加入其中，发表了《女权主义与规划理论：认识论的联系》（*Feminist and Plannmg Theories：The Epistemologi-cal Connections*）。他认为至少有两点是女权主义对规划理论的重要贡献：一是性别问题相对于社会关系中的个人职业精神（Ethics），更强调社会的联系和竞争的公平；二是女权主义的方法论中强调差异性和共识性，挑战了传统规划中的客观决定论，使规划实践中的权力更加平等。

十一、从环境保护到可持续发展的规划思想

20 世纪 70 年代初，石油危机对西方社会意识形成了强烈的冲击，战后重建时期的以破坏环境为代价的乐观主义人类发展模式彻底打破，保护环境从一般的社会呼吁逐步在城市规划界成为思想共识和一种操作模式。西方各国相继在城市规划中增加了环境保护规划部分，对城市建设项目要求进行环境影响评估（Environmental Impact Assessment）。

20 世纪 80 年代，环境保护的规划思想又逐步发展成为可持续发展的思想。其实，人类对于可持续发展问题的认识可以追溯到 200 多年前，英国经济学家马尔萨斯（T.R.Malthus）的《人口原理》已经指出了人口增长、经济增长与环境资源之间的关系。100 年前，当工业化引起城市环境恶化，霍华德提出了"田园城市"的概念。50 年代，人居生态环境开始引起人类的重视。60 年代，人们开始关注考虑长远发展的有限资源的支撑问题，罗马俱乐部《增长的极限》代表了这种思想。1972 年联合国在斯德哥尔摩召开的人类环境会议通过的《人类环境宣言》，第一次提出"只有一个地球"的口号。1976 年人居大会（Habitat）首次在全球范围内提出了"人居环境"（Human Settlement）的概念。1978 年联合国环境与发展大会第一次在国际社会正式提出"可持续的发展"（Sustainable Development）的观念。1980 年由世界自然保护同盟等组织、许多国家政府和专家参与制定了《世界自然保护大纲》，认为应该将资源保护与人类发展结合起来考虑，而不是像以往那样简单对立。1981 年，布朗的《建设一个可持续发展的社会》，首次对可持续发展观念作了系统的阐述，分析了经济发展遇到的一系列的人居环境问题，提出了控制人口增长、保护自然基础、开发再生资源的三大可持续发展途径，他的思想在最近又得到了新的发展。1987 年，世界环境与发展委员会向联合国提出了题为《我们共同的未来》的报告，对可持续发展的内涵作了界定和详尽的立论阐述，指出我们应该致力于资源环境保护与经济社会发展兼顾的可持续发展的道路。1992 年，第二次环境与发展大会通过的《环境与发展宣言》和《全球 21 世纪议程》的中心思想是：环境应作为发展过程中不可缺少的组成部分，必须对环境和发展进行综合决策。大会报告的第七

章专门针对人居环境的可持续发展问题进行论述，这次会议正式地确立了可持续发展是当代人类发展的主题。1996 年的人居二大会（Htabitat Ⅱ），又被称为城市高峰会议（The City Summit），总结了第二次环境与发展会议以来人居环境发展的经验，审议了大会的两大主题："人人享有适当的住房"和"城市化进程中人类住区的可持续发展"，通过了《伊斯坦布尔人居宣言》。1998 年 1 月，联合国可持续发展署在巴西圣保罗召开地区间专家组会议，1998 年 4 月召开可持续发展委员会第六次季会，讨论研究各国可持续发展新的经验。

20 世纪 90 年代，在国际城市规划界出现了大量反映可持续发展思想和理论的文献。1992 年，布雷赫尼（M.Breheny）编著了《可持续发展与城市形态》（*Sustainable Development and Urban Form*）。1993 年布劳尔斯（A.Bloowers）编著了《为了可持续发展的环境而规划》（*Planning for a Sustainable Environment*）。同年瑞德雷（Matt Ridley）和罗（Bobbi S.Low）的《自私能拯救环境吗？》（*Can Selfishness Save the Environment？*）将可持续发展的环境问题与资本主义本质的社会意识联系起来，显示了其思想的力度，这样的环境学与社会学的切入远比一般泛泛地谈环境的可持续性的理论框架高明得多，也深刻得多。除此之外较有影响的文献还有：1995 年巴顿（H.Barton）等著的《可持续的人居：为规划师、设计师和开发商所写的导引》（*Sustainable Settlements：A Guide for Planners，Designers and Developers*），同年里杰特（H.Liggett）和派兹（D.C.Pezzy）合编的《专家与环境规划》（*Experts and Environmental Planning*），1996 年 S.Buckingham 和 B.Evans 的《环境规划与可持续性》（*Environmental Planning and Sustainability*），同年詹克斯（M.Jenks）等合写的《集约型城市：一种可持续的都市形式？》（*The Compact City：A Sustainable Urban Form？*）。这些文献从城市的总体空间布局、道路与工程系统规划等各个层面进行了以可持续发展为目标的分析，提出了城市可持续发展规划模式和操作方法。

十二、全球城（Global City）和全球化理论

进入 20 世纪 90 年代后，规划理论的探讨出现了全新的局面。20 世纪 80 年代讨论的现代主义之后迅速隐去，取而代之的是大量对城市发展新趋势的研讨。

大城市全球化方面最早的有影响的课题是约翰·弗雷德曼组织的世界大都市比较，这项研究形成的成果发表于 *Development and Change* 杂志的 1986 年第 117 期上，题为《世界城的假想》（*The World City Hypothesis*）。早期发表的文献还有法艾斯坦（S.S.Fainstein）1990 年的《世界经济的变化与城市重构》（*The Changing World Economy and Urban Restructuring*）和同年金（Anthony King）发表的专著《全球城》（*Global Cities*）。1991 年萨森（Saski Sassen）也随后写了一本几乎同名的书《全球城》（*The Global city*）。

20 世纪 90 年代后半期，关于大都市全球化的研究成果迅速增加，这些研究既与规划理论结合，也与政策和城市形象结合，但尚显单薄。

与全球化直接相关的研究是城市的信息化和网络化研究，国际范围中有影响的文献

有卡斯泰尔斯（Manual Castells）于 1989 年发表的《信息化的城市》（*The Informational City*）和 1994 年他与霍尔（Peter Hall）合著的《世界技术极》（*Technopoles of the World*）。

近年的城市规划理论的发展除了全球化和信息化的高屋建瓴的研究外，规划理论也没有放弃对规划本身核心问题的研究，其中值得推荐的文献有曼德鲍姆（S.J.Mandelbaum）等 1996 年编写的《规划理论的探索》（*Exploration in Planning Theory*），1997 年海蒂（N.Hadmdi）和歌德特（Goethert）的《城市的行动规划：社区项目导论》（*Action Planning for Cities：A Guide to Community Practice*），同年海利（Patsy Healey）等编的《空间战略规划的编制：欧洲的革新》（*Making Strategic Spatial Plans：Innovation in Europe*），1998 年，海利又出版了一本《合作规划：在破碎的社会中创造空间》（*Collaborative Planning：Shaping Places in Fragmented Societies*）。而格雷德（C.Greed）和罗伯兹（M.Roberts）合著的《导入城市设计：调停与反映》（*Introducing Urban Design：Intervention and Responses*）则把古老传统的城市设计引入了一个新境地。

第三节　当代城市规划思想方法的变革

任何思想方法的变革都是相对过去传统的思想方法而言的，任何思想方法意义上的进步都是对于过去传统思想方法中的不合理的东西的抛弃以及创新。而思想方法的变革总是依托社会活动的发展进行的，所以理解城市规划思想方法的变革，首先是认识城市规划工作发展的社会、经济和文化背景，它们是思想方法的附着物，是进行思想方法变革的基础。

一、当代城市规划思想方法的变革

（一）由单向的封闭型思想方法转向复合发散型的思想方法

所谓单向的封闭型思想方法包含了两层含义：其一，思维的单向性，这与现代思想方法的双向联系和多环联系的思想方法相违，是一种最简单的思维方法，否定了思维过程中思维的后一阶段成果对前一阶段成果的作用；其二，封闭型，就是指思想过程中单系统的思维方式，它否定了该系统外的环境对系统的作用。通俗地说，单向性否定了思维过程中的反馈作用，封闭型否定了系统外的作用。

在城市规划存在的问题中，有许多是属于这种思想方法造成的结果。例如规划与管理的关系中，我们往往把管理看作是被动的，规划是主动的。规划设计工作向管理部门提供编制完成的总体规划或近期建设图纸，管理部门按总体规划或近期规划图纸和说明书执行规划实施规划。而实践告诉我们，一个城市的开发或改造的成效如何很大程度上取决于管理部门的组织。而且管理工作对规划设计工作有很大的作用，这就是反馈。规划设计工作必须与管理工作协调起来，规划设计成果的内容和形式都必须与管理工作的方法相适应，才能使规划设计工作的成果得以实现。正是由于这种单一性的思想方法，使得我们在规划设计工作中忽视了管理工作对规划工作本身的作用，造成规划成果与实际状态脱离，规划成果难以实现。管理工作与规划设计是同等重要的，它们是分析问题解决问题的整个过程中的两个不同阶段，不但存在规划成果是管理工作的依据的正关系，还应看到管理工作对规划设计工作的反馈和反作用，从这个角度看，管理实施规划也是一种"再创造"。

又如在规划实施过程中，城市的建设与发展受到社会经济诸因素的共同作用。然而我们在编制城市总体规划、确定城市规模问题上往往缺乏必要的弹性，按照城市人口和用地规模的统计资料和指标体系得到的规划规模，往往与实际发展的结果相差甚远，所以出现了有些城市在申报规划时，城市的实际规模已超过规划规模的笑话。这就是一种封闭型的思想方法造成的结果，只考虑规划在系统内的发展规律和因素，忽视了该系统之外的作用。

所谓复合与单向是在思维途径上相对而言的，在复合性思维的过程中要求有多条思维途径，这里包括反馈思维、平行思维等。平行思维否定过去工作中一些被理解为前后关系的环节，而将它们视为共同作用的环节。在编制规划时应同时考虑该方案的实施方案、管理方案、集资方案，以及实现方案后维持方案。

发散与封闭也相对存在，就是要求在考虑某一问题时，不但要有该分析系统中复合性思维，还要求思维有一定广度，要考虑系统外因素的作用，利用与分析对象的特征联系与相关的其他因素。这样，规划编制工作过程就会广泛地听取社会学、心理学、经济学、管理学等方面的建议视为必然。

（二）由最终理想状态的静态思想方法转向动态过程的思想方法

所谓最终理想状态的静态思想方法特征就是指否定动态发展的思想方法，追求最终的理想状态，忽视发展过程中的协调，缺乏运行概念。这种思想方法曾经造就了空想社会主义大师，产生了乌托邦的理想。但在规划界中过去还是经常受到这种最终理想状态的迷惑，静态的思想方法干扰着规划的发展，使规划脱离城市建设发展的实际。

比如在编制总体规划时，我们往往重视规划最终方案实现时城市的各系统之间的比例是否协调，空间布局结构是否合理，但是却忽视了在实现这种状态过程中若干年内城市各系统内及各系统之间的关系是否运行得协调、合理，运行的效益（经济效益、社会效益和环境效益）是否高。然而，城市是一个不断发展中的大系统，运行过程的效益是否高，城市各系统间的是否协调发展远远比最终状态的合理性来得重要，更何况最终的合理性还要受到更长远发展的检验。

动态过程的思想方法要求把城市规划工作的对象确定为动态过程，城市规划工作的成果是一种动态的过程的控制和引导方法，城市规划管理的控制手段也是一种动态过程。

城市规划的目的就是要使城市在发展的各个阶段上其整个系统运行保持良性运转，因此绝对不应该只是强调最终的理想状态，依靠一张总体规划就能完成工作，而是需要说明在城市发展过程中，每阶段内如何使城市良性运行，如何使城市发展过程中的各个阶段良好地衔接起来。

（三）由刚性规划的思想方法转向弹性规划的思想方法

所谓刚性规划思想方法特征即缺乏多种选择性。在城市规划工作中表现为欲求唯一的最佳方案，但这种最佳方案往往只是编制者自身价值观的集中表现，这种缺乏选择性的唯一的规划成果是极难适应城市这个综合复杂的社会团体发展需要的，这种刚性思想是不严肃的，不科学的。以这种思想方法编制规划本身已经孕育了城市实际发展对规划的否定。

造成刚性规划思想方法的原因之一是机械的社会观，以机械性代替社会的综合性。原因之二是把规划与设计混为一谈，以设计工作的思想方法代替规划工作的思想方法。规划工作不是为城市设计最好的一幅蓝图，而是为城市的发展提供优化的、可行的选择。

弹性规划思想方法要求抛弃刚性规划思想方法。首先需要明确城市的发展是一个社会发展过程。在社会发展进程中，构成社会的各系统之间是互相作用的，其中由社会经济水平决定的社会意识形态具有最重要的决定性意义。在城市发展进程中，城市规划作为其中一个作用力与诸作用力共同发挥效果，规划的作用力的大小与规划本身的合理性有关，但根本上取决于整个社会意识形态和社会经济水平。所以说，城市规划只是以政府意愿形式出现的反映社会经济水平的普遍市民愿望，它是维护城市社会发展过程平衡中的诸力量之一。

由此可见，城市发展的结果如何受到诸如城市社会意识、城市社会经济水平和政策体制等诸因素的影响，城市用地布局形态和物质（physical）构成都是服从于它们的。城市社会意识和社会经济水平构成的多样性、发展时间上的摆动决定了为其服务的城市规划必须是提供多种的可能性和选择性，即弹性的规划思想方法。弹性规划的思想方法在城市规划工作中表现为规模的必要弹性、时效期的必要弹性、用地形态上的必要弹性等等。

（四）由指令性的思想方法转向引导性的思想方法

指令性的思想方法首先假设了城市诸系统的发展是由某一中心的枢纽控制的，而城市规划编制及管理就是这个伟大的枢纽，它控制了整个城市中的任何系统的发展。这种思想方法的危害性极大，使城市规划工作从城市诸系统孤立了出来。

规划绝不是在实际城市发展中起指令性控制作用的中心枢纽。从城市规划工作阶段上分析，在规划编制阶段，在技术设计阶段应该集思广益，广泛综合各方面的分析研究成果；在管理实施规划阶段，每一个城市用地开发案例或建设项目也是需要投资方、接受投资方和管理部门协同努力，如果城市中有组织开发的机构，则更是依靠经济规律等诸因素共同作用进行工作。

在指令性思想方法指导下编制总体规划时，使规划者脱离城市实际受多方作用的事实，随心所欲地更动城市用地现状，不顾客观能力，缺乏依据地划定开发用地的性质和规模，这是造成规划成果肤浅、脱离实际、无法深入的一个重要的思想方法根源。理论和实践都已经告诉我们，找错位置的城市规划是不能发挥其应有的作用的。

引导性的思想方法也是一种控制论思想，它强调各系统发挥自身的选择性，强调规划在城市发展进程的引导性控制作用，城市规划是向各系统提供正确的发展选择的引导者。

例如在城市开发过程中，城市发展方向的选择就受到城市的经济效益的检验，而在实施城市规划过程中，城市开发者的经济效益和社会效益如何也起着重大作用。因此引导性的思想方法首先要了解城市发展的需求，城市开发者的价值观，其次根据布局结构关系拟定出城市发展的引导性措施，充分利用经济规律的作用，政策的影响等诸因素，将城市的发展引入良性的运行轨道。

二、思想方法的变革对工作的冲击和影响

新的城市规划思想体系针对传统的城市规划思想方法中存在的问题在实践中酝酿产生，以适应新形势的要求，使得城市规划工作向更深入、更严谨、更切合实际的方向发展，在城市规划工作中，新的思想方法的发展会带来一系列的影响和冲击。

（一）对工作方法的冲击和影响

城市规划工作将向分析的广泛性、论证的严谨性、成果的弹性方面发展。

分析的广泛性包括收集数据资料的广泛性，以及分析角度和分析对象的多样性，其中规划前提的分析工作将受到更大的重视。复合发散性思维，使得我们考虑更多的对规划工作产生作用的因素。这些因素首先是规划系统内部的因素，如规划工作方法必须与管理工作方法结合起来，必须与组织开发实施的工作方法结合起来。其次是规划系统外部的经济规律的作用因素、政策影响因素等等。

论证的严谨性主要指规划论证工作中思想方法的严谨、论证手段的严谨，包括应用数理统计论证、利用计算机辅助论证等。

城市规划工作成果的弹性是指规划成果形式的弹性和规划成果内容的弹性。成果形式的弹性反映的规划成果不再仅仅是一套规定的图纸，规划成果通过非图纸表达的方式会有新发展；针对不同的城市特性，不同的城市发展阶段规划图纸会有新变化，增加必要的图纸，除去为形式而做的图纸；针对城市规划管理实施的要求，规划图纸应有专供管理参考依据使用的管理控制规划图等等。成果内容的弹性反映的规划成果不再是一个最终状态的理想布局，而是有多种可能性的、各个发展阶段的规划成果出现。

（二）对工作中的传递方式的影响

这里的传递方式是指城市规划工作在参加规划的单位之间的相互间的传递关系或程序。城市规划编制工作、城市技术设计工作和管理实施工作中将按照工作的性质，分为技术设计论证工作、政府立法执行工作和组织开发经营活动，这是新的改革形势的要求，是城市建设的客观规律的要求，是规划向纵深发展的要求，也是新的规划思想方法体系在工作过程中的体现。

（1）规划技术设计论证工作是一项科学技术性工作，其内部的工作传递关系是横向的、复合的。随着规划力量的发展，某一项规划中的技术设计论证工作不再是完成行

政指令性的任务，而是由各方面的技术力量共同研究分析、合作来完成的，这是一种发展趋势。

（2）政府立法执行工作是指确认规划的法律效果。在该工作中的传递关系应该是纵向的为主，即指令性的控制为主，同时运用经济规律和其他社会规律进行引导性和指导性的控制。这对传统的工作方法也是一次变革。

（3）组织开发经营活动的传递关系是相互配合性的，强调社会总效益和参加开发经营单位集体效益的结合，所以这种传递关系也是横向为主的传递关系。

第四节　新中国城市规划的实践与展望

一、实践的回顾与总结

1949 年后，我国城市的建设取得了很大发展。城市规划工作也有了相应的发展，对配合国家的现代化建设、指导城市建设发挥了积极的作用。但是，20 世纪 60 年代至 70 年代，城市规划工作几经周折，道路很不平坦，有不少的经验和教训。

（一）经济恢复时期的城市规划工作（1949—1952）

1949 年 3 月，中国共产党的七届二中全会提出了"党的工作重心由乡村移到城市"，并号召全党"必须用极大的努力去学会管理城市和建设城市"。1949 年 10 月中华人民共和国成立后，中央人民政府又提出了"城市建设为生产服务，为劳动人民生活服务"的方针。

1949 年以前的城市充分反映了半封建半殖民地社会中城市的特点。一方面，内地大多数城市，工业基础十分薄弱，居住条件恶劣，还停留在封建落后的状态，城镇中根本没有现代工业，也没有现代的市政工程和公共设施。另一方面，沿海殖民地大城市商业极度繁华，局部地段市政设施相当先进，城市社会集团的分割对立严重，贫民窟和洋楼区反差明显。

在经济恢复时期，由于长期的战争创伤，城市工作的重点放在恢复和发展生产方面，迅速地恢复被破坏的工厂企业。同时重点扩建和新建了一些工业，如鞍山钢铁联合企业等。在城市建设方面由于经济能力限制，在一些大城市内，集中力量，重点地改建了一些劳动人民集居的棚户区，如北京的龙须沟、上海的肇嘉浜、天津的墙子河等。上海还在靠近曹家渡工厂区附近建立了有完整的生活服务设施的曹杨新村。这些都体现了新建立的人民共和国政府对城市劳动阶层的关怀。

为了配合大规模的经济建设工作，1952 年 9 月，中央人民政府召开了全国城市建设座谈会，正式提出了要重视城市规划工作，并开始建立城市建设机构，加强对城市建设的领导。

（二）第一个五年计划时期的城市规划工作（1953—1957）

在"一五"时期，城市规划工作受到很大重视，但规划工作的开展是有重点的，集中在为工业发展服务，尤其是在大企业的选址上。1953 年 9 月，中央发出了《关于城市建设中几个问题的指示》，提出要在重点工业城市及工业区加强城市规划工作。在第一个五年计划中规定："为了改变原来工业地区分布的不合理状态，必须建设新的工业基地，而首先利用、改造和扩建原来工业基地是创造新的基地的一种必要条件。"根据这个原则，把重点建设项目中的许多项目分布在华北、西北、西南等过去缺乏工业的城市，并对一些重点城市进行了规划，如兰州、西安、洛阳、太原、大同、成都等城市。这些城市原有的工业基础很差，城市规划力量很薄弱，规划由国家的城市规划主管部门组织各方面专家编制。这种集中力量进行重点项目及重点城市建设的做法是符合我国当时的实际情况及经济建设规律的。

在规划工作中开始由单独选厂到联合选厂，到组成各有关建设部门参加的、联合的规划专家组，制定综合性的城市总体规划。后来又进一步发展到进行一些重点工业区的区域规划工作，使规划与建设工作建立了较好的配合。几个重点城市规划都由当时主管计划及建设的国务院负责同志亲自参加制定，使计划工作与规划工作能够在统一领导下紧密结合，也使城市规划工作具有相当的权威性。这些从实践中摸索出来的经验是宝贵的，也是符合计划经济建设规律的。

在中央领导的重视下，成立了国家的城市规划主管机构及专业的城市设计院，在各省及一些大中城市中也建立了规划机构，在同济大学等高等学校设置了中国历史上第一个现代意义上的城市规划专业，培养出一支城市规划的专业队伍。

在这一时期，由于缺乏社会主义城市建设的经验，调查研究不够，在城市规划工作中出现了一些问题。例如，有的城市规划方案中，照搬了苏联唯美主义、形式主义城市规划的经验，生硬地追求轴线对称放射路的平面构图形式；有的考虑实用功能及经济性不够；有的城市规划指标和某些建筑标准方面有偏高的倾向；有的考虑远景过多，考虑近期建设不够等现象。在1955年城市工程部召开的设计施工会议及1956年召开的第一次城市建设工作会议上，批评了形式主义，过高的非生产性建筑标准及脱离国情、背离勤俭建国方针的倾向。

但是，"一五"期间重点城市的规划总的说是成功的，也为我国全面开展城市规划工作奠定了较好的基础。在第一个五年计划期间，共完成了150多个城市的规划工作，使得这些城市的工业及其他建筑项目得到合理的安排。新建的城市有39个，扩建改造规模较大的城市有54个，建造了大量的住宅及公共建筑，修建了城市道路、上下水道等市政设施，使我国的城市建设初步走上了按规划进行建设的轨道。

（三）1958—1960年的城市规划工作

在第二个五年计划的前三年，即1958—1960年，各地广泛地开展了城市规划工作。全国多数城市和一部分县城都着手编制城市规划。有的规划图虽然线条比较粗，但对城市的布局及工业发展起到了一定的控制作用，并且对全国广泛开展城市规划起到了重要的推动作用。由于受"左"的思想影响，在城市规划工作中也出现脱离实际、急于求成、追求高指标、盲目扩大城市规模等方面的问题。

（四）1961—1965年的城市规划工作

1960年前后国民经济发生了很大的困难，中央采取了"调整、巩固、充实、提高"

的方针,对工农业生产及基本建设计划进行了压缩调整。城市规划工作受到较大的削弱,但大多数城市仍然坚持按规划进行建设。

此后,在"三线"建设中,由于过分强调"靠山、分散、隐蔽"的战备要求,忽视了城市在组织生产、组织生活中的重要作用,将东部地区的一些工厂企业及一部分新建项目迁建和新建在偏僻的山区,既不依托现有城市,又不按有利生产、方便生活的原则进行相应的城市建设,增大了建设费用,在整个国民经济建设中没有形成应有的经济效益和社会效益,形成大量的遗留问题。这个忽视城市在经济建设中的地位和作用的教训是十分深刻的,与"一五"时期按规划进行城市和工业建设的良好效益形成很强烈的对比。

经过三年调整,国民经济及各项建设事业又开始稳步前进。1963年中央召开第二次城市工作会议,会上提出配合"三五"计划编制城市近期规划,并且修改现有总体规划,但在没有来得及系统地贯彻执行情况下,"文化大革命"的动乱开始了。

(五)1966—1976年的城市规划工作

1966年"文化大革命"开始后,城市规划工作受到严重的干扰和破坏,工作被迫停顿、机构被撤销、专业队伍被解散、高校城市规划专业停办、图纸资料被销毁,使本来就不强的城市规划专业队伍受到严重的削弱。城市建设停滞不前,城市规划工作长期废弛,城市管理工作混乱,城市职工住宅及公用设施长期落后,环境污染严重,园林绿化及文物古迹被侵占及破坏,交通秩序紊乱,严重影响生产及人民生活。

正反两方面的历史经验证明了一个简单的道理:"城市建设必须要有规划。"1974年原国家建委恢复为中央政府的城市规划主管机构,各地也陆续重建机构,并进行城市规划工作。

(六)1977—1980年的城市规划工作

1976年底"文化大革命"正式结束,1978年春召开了第三次城市工作会议,总结了30年来正反两方面的经验和教训,提出了恢复和加强城市规划工作问题。1980年召开了全国城市规划工作会议,讨论了城市规划工作如何适应四个现代化的经济和社会发展目标,总结了城市规划在国家建设工作中的地位和作用,明确提出"市长的职责是把城市规划建设管理好",并且对在全国范围内恢复和开展城市规划工作作了部署。会议还讨论了加强城市规划法制,修订城市规划编制办法,并建议开始拟定城市规划法,充分肯定了城市规划在国家现代化建设中的地位和作用,城市规划开始走上健康发展的轨道。

(七)改革、开放新形势下的城市规划工作(1981年至今)

20世纪80年代初,城市规划工作的进程大大加快,短期几年内,90%以上的设市城市已完成了总体规划的制定和报批工作,大部分的省、自治区也完成了县城的总体规划,不少省市还对集镇、村镇进行了规划。有些制定总体规划较早的城市,由于改革开放形势带来了城市建设新的动力,已开始了调整和修正规划的工作,使城市规划工作进一步向深度和广度发展。

在绝大部分的城市和镇已制定总体规划后，规划工作的重点向两方面转移，一方面转向区域（包括市域、县域）规划，另一方面转向分区规划、近期建设规划及专业规划。上海经济区内各省进行了省域的城镇体系布局规划。国家计委国土局还组织各方面专家拟定国土规划大纲。这些宏观规划的研究和制定，对市、县域由经济、社会发展各主要方面进行了综合部署，在空间地域上进行了统筹安排，使各城市今后修改调整总体规划更有依据。分区规划与详细规划的制定是根据土地有偿使用的原则和合理的功能要求，确定土地使用分区、使用性质、适用范围和环境容量，使城市规划与实施规划、城市设计、城市管理工作更紧密地衔接起来。

1986 年全国城市规划工作座谈会以来，我国的城市规划工作适应改革、开放和发展有计划的商品经济的新形势，在深化城市总体规划、提高规划设计水平、加强规划管理方面都取得了成效。特别是在推动城市规划与经济、社会发展密切结合，积极为各项建设提供超前服务，促进土地有偿使用，住宅商品化和城市用地统一开发等方面进行了有益的探索，使城市建设更有活力。

农村改革及乡镇工业的兴起，使小城镇有了很大发展，也为农村多余劳动力向非农业转化开辟了一条道路。关于小城镇的建设及我国城市化的道路也引起了国内外的关注。广泛开展小城镇的城市规划，促进小城镇的经济发展和合理建设是我们面临的一个新课题。

沿海经济特区的规划和建设也取得了很大成绩，14 个沿海开放城市技术经济开发区的规划和建设创造了许多新的经验，适应了对外开放和国家开发东部沿海地区的战略要求。

为了适应改革开放的形势，城市规划工作本身也必然要进行相应的改革，包括观念更新、理论的革新、编制内容方法的改革、工作方法的创新及新技术的运用、规划法制体系的建立、专业干部的培养与素质的提高，整个城市规划工作正面临着历史的新局面。

1989 年 12 月 26 日，七届全国人大常委会通过了《中华人民共和国城市规划法》，用法律形式肯定了城市规划在国家建设中的地位和作用，理顺了规划编制和管理过程中各方面关系，明确了规划的内容和方法，强调了管理的程序和权限，使城市规划具有法律赋予的权威性和严肃性，为城市规划的编制和实施提供了法律保障。这是我国城市规划建设管理进程中的一座重要里程碑，标志着我国的城市规划与建设工作已进入了以法治城的轨道。

二、城市规划面临城市发展趋势的挑战

（一）城市全球化

世界经济结构格局的变化，全球性地影响到城市空间结构的深刻变化。资本和劳动力全球性流动，产业的全球性迁移，经济活动中心的全球性集聚，促使全球城市体系的多级化。中心城市将更加发展，以实现其对全球经济的控制和运作。城市中心区的结构、建筑的综合体的组织以实现更高的效率，全球化时代的城市建筑风格将在城市规划师和建筑师不断创造性劳动中诞生。

发达国家城市中传统制造业的衰落，大量旧厂房、旧仓库、码头闲置，急切需要注入新的经济活力，以求复兴，重新开发和利用。

而发展中国家快速的工业化，新型工业城市将加入"全球装配线"，并且推动着城市化。

一些以跨国集团总部为标志的控制全球领域经济的"全球城"（Global City）开始出现。地方建筑传统受到全球化的挑战。

（二）空间市场化

在世界范围内的城市更新中，由于市场经济的地域在 20 世纪末大规模扩大，在土地级差的作用下，城市用地出现重构和置换，原有建筑的功能将得以改变和改造，如仓库变为购物中心，码头改为娱乐中心等现象越来越频繁的出现。新建筑的创作和原有建筑的更新，将更加丰富城市的生活和景观。传统城市在保护继承中得到新生，旧城建筑和传统文化的保护，会变得越来越重要，同时也会面临越来越严峻的挑战。

同时，旧市区也在功能转换和更新。这就使社会经济的发展和文化传统的保护面临空前挑战。而在发展中国家，普遍受到经济力量和城市规划管理、建筑设计力量不足的困扰，尤其在决策层常被急功近利的心态所支配，造成决策不当，城市的文化传统遭到破坏。另一方面，城市在全球化过程中加剧了世界各种文化在城市中面对面的冲突，建筑师面临着都市多元文化的融合和创新的新课题。

高层次管理功能的集聚与低层次生产功能的分散，使城市系统的复杂层次从巨大城市到小城镇都不断发生着变化。

（三）信息网络化

交通与通讯的进步使得城镇在地理上的分散成为可能，因而更接近自然。但在另一方面，对环境构成新的损害。

在 18 世纪，蒸汽机使得以家庭为基础的生产单位分解，而 1964 年计算机的发明引起了更为深远的变革，即信息革命。这场革命仅半个世纪，电脑网络已覆盖全球，电子货币、电子图像、电子声音、信息高速公路出现，生产自动化、办公自动化、家庭自动化迟早会在家庭中重新定义公共空间和私有空间。

工业革命使人们向城市集聚而疏远大自然，信息革命则使人们居住和工作空间扩散并亲近大自然；工业革命使人们从郊外到市中心工作，信息革命则使人们在郊外工作而到市中心娱乐、消费、社交等等。

人类将步入信息社会，信息化社会将使城市建设的时空关系发生革命性变革。"全球村庄""城市解体"引起人类的生活工作模式重大变化，通过现代信息网络，家庭将重新与工作场所相结合。电子社区、虚拟银行等将出现，但人们更盼望共享空间、交往场所、更多新类型建筑的涌现。因此，新的城市建筑形式将成为新城市景观的一部分。

（四）全球城市化

发达国家大致在 20 世纪 70 年代相继完成了城市化进程（城市化水平≥70%），步入后城市化阶段。发达国家的城市规划师和建筑师主要面临的是大量的城市更新换代的改造任务。

而对于大多数发展中国家，当前还处于城市化从起步到快速发展的过渡期（城市化水平转折点为 30%）。近年来，对城市化有了积极的认识，城市化被纳入国家发展政策中。

中国城市化从 20 世纪 80 年代的 14%，提高到 1999 年的 45% 多，已经开始进入城市化快速发展期。交通与通讯技术的发展使发展中国家在城市化过程中，避免重复发达国家城市先集中后分散的老路，探索更为合理的城市化道路。这对于发展中国家的城市规划师和建筑师显然是一个挑战。

伴随着全球城市化的推进，人类在过去 100 年对自然资源和能源的消耗，达到人类历史上空前的程度，造成全球环境的恶化。城市的环境问题，已经不再是城市本身，而是牵涉到整个地区，跨国界的乃至全球范围的环境恶化和整治。

从 20 世纪 70 年代起，可持续发展的战略思想逐步形成，并已得到全世界的共识。但可持续发展战略的实施，必须在区域开发、城市建设和建筑营造各个层面得到全面贯彻。

全球的城市化和中国的城市化的发展，都已经达到或即将超越 50% 的历史性的关键点。发展中国家、新兴工业国家的快速城市化，以及发达工业国家城市化的衰退，提出了整个人类的居住环境和生活方式重大变革的问题。相对较低的城市化水平可能会给中国提供结合国情发展城市政策的机会。

第三章　城市规划的工作内容和编制程序

第一节　城市规划的任务和原则

一、城市规划的任务

城市规划是人类为了在城市的发展中维持公共生活的空间秩序而作的未来空间安排的意志。这种对未来空间发展的安排意图，在更大的范围内，可以扩大到区域规划和国土规划，而在更小的空间范围内，可以延伸到建筑群体之间的空间设计。因此，从更本质的意义上，城市规划是人居环境各层面上的、以城市层次为主导工作对象的空间规划。在实际工作中，城市规划的工作对象不仅仅是在行政级别意义上的城市，也包括在行政管理设置、在市级以上的地区、区域，也包括够不上城市行政设置的镇、乡和村等人居空间环境，因此，有些国家采用城乡规划的名称。所有这些对未来空间发展不同层面上的规划统称为"空间规划体系"。

城市规划的根本社会作用是作为建设城市和管理城市的基本依据，是保证城市合理地进行建设和城市土地合理开发利用及正常经营活动的前提和基础，是实现城市社会经济发展目标的综合性手段。

在计划经济体制下，城市规划的任务是根据已有的国民经济计划和城市既定的社会经济发展战略，确定城市的性质和规模，落实国民经济计划项目，进行各项建设投资的综合部署和全面安排。

在市场经济体制下，城市规划的本质任务是合理地、有效地和公正地创造有序的城市生活空间环境。这项任务包括实现社会政治经济的决策意志及实现这种意志的法律法规和管理体制，同时也包括实现这种意志的工程技术、生态保护、文化传统保护和空间美学设计，以指导城市空间的和谐发展，满足社会经济文化发展和生态保护的需要。

关于城市规划的任务，各国由于其社会、经济体制和经济发展水平的不同而有所差异和侧重，但其基本内容是大致相同的。日本一些文献中提出，"城市规划是城市空间布局，建设城市的技术手段，旨在合理地、有效地创造出良好的生活与活动的环境"。德国把城市规划理解为整个空间规划体系中的一个环节，"城市规划的核心任务是根据不同的目的进行空间安排，探索和实现城市不同功能的用地之间的互相管理关系，并以政治决策为保障。这种决策必须是公共导向的，一方面以解决居民安全、健康和舒适的生活环境，另一方面实现城市社会经济文化的发展"。《不列颠百科全书》中关于城市规划与建设的条目指出："城市规划与改建的目的，不仅仅在于安排好城市形体——城市中的建筑、街道、公园、公用设施及其他的各种要求，而且，最重要的在于实现社会与经济目标。城市规划的实现要靠政府的运筹，并需运用调查、分析、预测和设计等专门技术。"所以，可以把城市规划看成是一种社会运动、政府职能，更是一项专门职业。现在，在许多国家里，城市规划的范围扩大了，包括大片土地面积，因为人们认识到，整个自然环境必须有秩序地加以开发。在一些较小的国家里，可使用的土地有限，规划可能包括全部国土。在英国这种广义的规划叫"城乡规划"（town and country planning），在美国则通称为"城市与区域规划"（city and regional planning）。美国国家资源委员会认为："城市规划是一种科学、一种艺术、一种政策活动，它设计并指导空间的和谐发展，以满足社会与经济的需要。"前苏联长期实行计划经济体制，认为城市规划是经济社会发展计划的继续和具体化，是从更大空间的经济社会发展计划层次讨论确定城市的功能性质和发展规模。由此可见，各国城市规划的共同和基本的任务是通过空间发展的合理组织，满足社会经济发展和生态保护的需要。

中国现阶段城市规划的基本任务是保护和修复人居环境，尤其是城乡空间环境的生态系统，为城乡经济、社会和文化协调、稳定地持续发展服务，保障和创造城市居民安全、健康、舒适的空间环境和公正的社会环境。

二、编制城市规划应遵循的原则

（一）人工环境与自然环境相和谐的原则

人类城市人工环境的建设，必然要对自然环境进行改造，这种改造对人类赖以生存的自然环境造成破坏，已经到了不能再继续下去的程度。在强调经济发展的时候，不应忘记经济发展目标就是要为人类服务，而良好的生态环境就是实现这一目标的根本保证。城市规划师必须充分认识到面临的自然生态环境的压力，明确保护和修复生态环境是所有城市规划师崇高的职责。

城市的发展，尤其是工业建设，对于生态环境的保护是有一定的影响，但其间的关系，绝不是对立的、不可调和的，城市的合理功能布局是保护城市环境的基础，城市自然生态环境和各项特定的环境要求，都可以通过适用的规划技巧，把建设开发和环境保护有机地结合起来，力求取得经济效益和环境效益的统一。

我国人口多，土地资源不足，合理使用土地、节约用地是我国的基本国策，也是我国长远利益所在。城市规划对于每项城市用地必须精打细算，在服从城市功能上的合理性、建设运行上的经济性的前提下，各项发展用地的选定要尽量使用荒地、劣地，少占或不占良田沃土。

在规划设计城市时，还应注意建设工程中和建成后的城市运行中节约能源及其他资源的问题。可持续发展是经济发展和生态环境保护两者达到和谐的必经之路。

（二）历史环境与未来环境相和谐的原则

保持城市发展过程的历史延续性，保护文化遗产和传统生活方式，促进新技术在城市发展中的应用，并使之为大众服务，努力追求城市文化遗产保护和新科学技术运用之间的协调等，这些都是城市规划师的历史责任。

城市规划师在接受任何新技术的时候，必须以城市居民的利益为标准来决定新技术在城市中的运用。我们更要警惕那种认为只要依靠技术的不断进步，就可以解决一切城市问题的幻想。城市发展的历史表明，新技术在解决原有问题的同时往往也带来许多新问题。把科技进步和对传统文化遗产的继承统一起来，不能把经济发展和文化继承相对立。让城市成为历史、现在和未来的和谐载体，是城市规划师努力追求的目标之一。

技术进步，尤其是信息技术和网络技术，正在对全球的城市网络体系建立、城市空间结构、城市生活方式、城市经济模式和城市景观带来深刻的影响，而且这种影响还将继续下去。

工业社会向信息社会的转变将成为 21 世纪最显著的变革。经济发展与环境保护，技术进步与社会价值的平衡，将不断成为城市规划的社会责任，并且基于公正和可持续发展基础上的效率会成为一项全球策略。

城市规划还必须从实际出发，重视当时当地的客观条件、历史传统，针对不同的规划设计对象提出切实可行的规划方案，避免盲目抄袭。

（三）城市环境中各社会集团之间社会生活和谐的原则

城市是时代文明的集中体现。城市规划不仅要考虑城市设施的逐步现代化，同时要满足日益增长的城市居民文化生活的需求，要为建设高度的精神文明创造条件。

在全球化时代的今天，城市规划更应为城市中所有的居民，不分种族、性别、年龄、职业以及收入状况，不分其文化背景、宗教信仰等，创造健康的城市社会生活。坚持为全体城市居民服务，并且为弱势集团提供优先权，这是城市规划师的根本立场。

强调城市中不同文化背景和不同社会集团之间的社会和谐，重视区域中各城市之间居民生活的和谐，避免城市范围内社会空间的强烈分割和对抗。

城市中的老年化问题，城市中不同文化背景、不同阶层的居民在城市空间上的分布问题，城市中残疾人和社会弱者的照顾问题，都应成为重要的课题，这些问题必须融入城市规划师的设计中，并给予充分的重视。

第二节 城市规划的工作内容和工作特点

一、城市规划工作的基本内容

城市规划工作的基本内容是依据城市的经济社会发展目标和环境保护的要求，根据区域规划等上层次的空间规划的要求，在充分研究城市的自然、经济、社会和技术发展条件的基础上，制定城市发展战略，预测城市发展规模，选择城市用地的布局和发展方向，按照工程技术和环境的要求，综合安排城市各项工程设施，并提出近期控制引导措施。具体主要有以下几个方面：

（1）收集和调查基础资料，研究满足城市经济社会发展目标的条件和措施；

（2）研究确定城市发展战略，预测发展规模，拟定城市分期建设的技术经济指标；

（3）确定城市功能的空间布局，合理选择城市各项用地，并考虑城市空间的长远发展方向；

（4）提出市域城镇体系规划，确定区域性基础设施的规划原则；

（5）拟定新区开发和原有市区利用、改造的原则、步骤和方法；

（6）确定城市各项市政设施和工程措施的原则和技术方案；

（7）拟定城市建设艺术布局的原则和要求；

（8）根据城市基本建设的计划，安排城市各项重要的近期建设项目，为各单项工程设计提供依据；

（9）根据建设的需要和可能，提出实施规划的措施和步骤。

由于每个城市的自然条件、现状条件、发展战略、规模和建设速度各不相同，规划工作的内容应随具体情况而变化。新建城市第一期的建设任务较大，同时当地的原有物质建设基础较差，就应在满足工业建设需要的同时特别要妥善解决城市基础设施和生活服务设施的建设。而对于现有城市，在规划时要充分利用城市原有基础，依托老区，发展新区，有计划地改造老区，使新、老城区协调发展。不论新区或老区都在不断地发生着新陈代谢，城市的发展目标和建设条件也不断地发展，所以城市规划的修订、调整是周期性的工作。

性质不同的城市，其规划的内容都有各自的特点和重点。如在工业为主的城市规划中，要着重于原材料、劳动力的来源，能源、交通运输、水文地质、工程地质的情况，工业布局对城市环境的影响，以及生产与生活之间矛盾的分析研究。而在风景旅游城市中，风景区和风景点的布局、城市的景观规划、风景资源的保护和开发、生态环境的保护、旅游设施的布置及旅游路线的组织等都是规划工作要特别予以注意的。历史文化名城更要充分考虑有价值的建筑、街区的保护和地方特色的体现。尤其应当特别重视影响城市发展的制约性因素的研究，每个城市由于客观条件的不同存在着不同的制约城市发展的因素，妥善解决城市发展的主要矛盾是搞好城市规划的关键。社会因素也是城市规划应当考虑的重要问题，少数民族地区的城市要充分考虑并体现少数民族的风俗习惯，就业岗位的安排、老年人问题的解决以及城市中不同职业、不同收入水平、不同文化背景的社会团体之间的协调等社会发展条件也应在城市规划中予以高度的重视。

总之，必须从实际出发，既要满足城市发展普遍规律的要求，又要针对各种城市不同性质、特点和问题，确定规划主要内容和处理方法。

二、城市规划工作的特点

由于生产力和人口的高度集中，城市问题十分复杂，城市规划涉及政治、经济、社会、技术与艺术，以及人民生活的广泛领域。为了对城市规划工作的性质有比较确切的了解，必须进一步认识其特点。

（一）城市规划是综合性的工作

城市的社会、经济、环境和技术发展等各项要素，既互为依据，又相互制约，城市规划需要对城市的各项要素进行统筹安排，使之各得其所、协调发展。综合性是城市规划工作的重要特点，它涉及许多方面的问题：如当考虑城市的建设条件时，涉及气象、水文、工程地质和水文地质等范畴的问题；当考虑城市发展战略和发展规模时，又涉及大量社会经济和技术的工作；当具体布置各项建设项目、研究各种建设方案时，又涉及大量工程技术方面的工作；至于城市空间的组合、建筑的布局形式、城市的风貌、园林绿化的安排等，则又是从建筑艺术的角度来研究处理的。而这些问题，都密切相关，不能孤立对待。城市规划不仅反映单项工程设计的要求和发展计划，而且还综合各项工程设计相互之间的关系。它既为各单项工程设计提供建设方案和设计依据，又须统一解决各单项工程设计相互之间技术和经济等方面的种种矛盾，因而城市规划部门和各专业设计部门有较密切的联系。城市规划工作者应具有广泛的知识，树立全面观点，具有综合工作的能力，在工作中主动和有关单位协作配合。

（二）城市规划是法治性、政策性很强的工作

城市规划既是城市各种建设的战略部署，又是组织合理的生产、生活环境的手段，涉及国家的经济、社会、环境、文化等众多部门。特别是在城市总体规划中，一些重大问题的解决都必须以有关法律法规和方针政策为依据。例如城市的发展战略和发展规模、居住面积的规划指标、各项建设的用地指标等等，都不单纯是技术和经济的问题，而是关系到生产力发展水平、人民生活水平、城乡关系、可持续发展等重大问题。因此，城市规划工作者必须加强法治观点，努力学习各项法律法规和政策管理知识，在工作中严格执行。

（三）城市规划工作具有地方性

城市的规划、建设和管理是城市政府的主要职能，其目的是促进城市经济、社会的协调发展和环境保护。城市规划要根据地方特点，因地制宜地编制；同时，规划的实施要依靠城市政府的筹划和广大城市居民的共同努力。因此，在工作过程中，既要遵循城市规划的科学规律，又要符合当地条件，尊重当地人民的意愿，和当地有关部门密切配合，使规划工作成为市民参与规划制定的过程和动员全民实施规划的过程，使城市规划真正成为城市政府实施宏观调控，保障社会经济协调发展，保护地方环境和人民利益的有力武器。

（四）城市规划是长期性和经常性的工作

城市规划既要解决当前建设问题，又要预计今后一定时期的发展和充分估计长远的发展要求；它既要有现实性，又要有预计性。但是，社会是在不断发展变化的，影响城市发展的因素也在变化，在城市发展过程中会不断产生新情况，出现新问题，提出新要求。因此，作为城市建设指导的城市规划不可能是一成不变的，应当根据实践的发展和外界因素的变化，适时地加以调整或补充，不断地适应发展需要，使城市规划逐步更趋近于全面、正确反映城市发展的客观实际。所以说城市规划是城市发展的动态规划，它是一项长期性和经常性的工作。

虽然规划要不断地调整和补充，但是每一时期的城市规划是建立在当时的经济社会发展条件和生态环境承载力的基础上，经过调查研究而制定的，是一定时期指导建设的依据，所以城市规划一经批准，必须保持其相对的稳定性和严肃性，只有通过法定程序才能对其进行调整和修改，任何个人或社会利益集团都不能随意使之变更。

（五）城市规划具有实践性

城市规划的实践性，首先在于它的基本目的是为城市建设服务，规划方案要充分反映建设实践中的问题和要求，有很强的现实性。其次是按规划进行建设是实现规划的唯一途径，规划管理在城市规划工作中占有重要地位。规划实践的难度不仅在于要对各项建设在时空方面做出符合规划的安排，而且要积极地协调各项建设的要求和矛盾，组织协同建设，使之既符合城市规划总体意图，又能满足各项建设的合理要求。因此要求规划工作者不仅要有深厚的专业理论和政策修养，有丰富的社会科学和自然科学知识，还必须有较好的心理素质、社会实践经验和积极主动的工作态度。当然，任何一个规划方案对实施过程中问题的预计和解决不可能十分周全，也不可能一成不变。这就需要在实践中进行丰富、补充和完善。城市建设实践也是检验规划是否符合客观要求的唯一标准。

第三节　城市规划的调查研究与基础资料

调查研究是城市规划的必要的前期工作，必须要弄清城市发展的自然、社会、历史、文化的背景及经济发展的状况和生态条件，找出城市建设发展中拟解决的主要矛盾和问题。没有扎实的调查研究工作，缺乏大量的第一手资料，就不可能正确认识对象，也不可制定合乎实际、具有科学性的规划方案。实际上，调查研究的过程也是城市规划方案的孕育过程，必须引起高度的重视。

调查研究也是对城市从感性认识上升到理性认识的必要过程，调查研究所获得的基资料是城市规划定性、定量分析的主要依据。城市的情况十分复杂，进行调查研究既要有实事求是和深入实际的精神，又要讲究合理的工作方法，要有针对性，切忌盲目繁琐。

城市规划的调查研究工作一般有三个方面：

（1）现场踏勘。城市规划工作者必须对城市的概貌、新发展地区和原有地区要有明确的形象概念，重要的工程也必须进行认真的现场踏勘。

（2）基础资料的收集与整理。主要应取自当地城市规划部门积累的资料和有关主管部门提供的专业性资料。

（3）分析研究。这是调查研究工作的关键，将收集到的各类资料和现场踏勘中反映出来的问题，加以系统地分析整理，去伪存真、由表及里，从定性到定量研究城市发展的内在决定性因素，从而提出解决这些问题的对策，这是制定城市规划方案的核心部分。

当现有资料不足以满足规划需要时，可以进行专项性的补充调查，必要时可以采取典型调查的方法或进行抽样调查。

城市建设是一个不断变化的动态过程，调查研究工作要经常进行，对原有资料要不断地进行修正补充。

城市规划所需的资料数量大，范围广，变化多，为了提高规划工作的质量和效率，要采取各种先进的科学技术手段进行调查、数据处理、检索、分析判断工作，如运用遥感技术、航测照片，可以准确地判断出地面及其地下的资源，可以准确地测绘出城市建筑的现状、绿化覆盖率、环境污染程度；又如与计算机相连，可以判读出准确的数据。运用计算机贮存数据、进行分析判断的技术已广泛应用于估算人口的增长、交通的发展、用地的综合评价等，进一步提高了城市规划方法的科学性。

根据城市规模和城市具体情况的不同，基础资料的收集应有所侧重，不同阶段的城市规划对资料的工作深度也有不同的要求。一般地说，城市规划应具备的基础资料包括下列部分：

（1）城市勘察资料（指与城市规划和建设有关的地质资料）：主要包括工程地质，即城市所在地区的地质构造，地面土层物理状况，城市规划区内不同地段的地基承载力及滑坡、崩塌等基础资料；地震地质，即城市所在地区断裂带的分布及活动情况，城市规划区内地震烈度区划等基础资料；水文地质，即城市所在地区地下水的存在形式、储量、水质、开采及补给条件等基础资料。

（2）城市测量资料：主要包括城市平面控制网和高程控制网、城市地下工程及地下管网等专业测量图以及编制城市规划必备的各种比例尺的地形图等。

（3）气象资料：主要包括温度、湿度、降水、蒸发、风向、风速、日照、冰冻等基础资料。

（4）水文资料：主要包括江河湖海水位、流量、流速、水量、洪水淹没界线等。

大河两岸城市应收集流域情况、流域规划、河道整治规划、现有防洪设施。山区城市应收集山洪、泥石流等基础资料。

（5）城市历史资料：主要包括城市的历史沿革、城址变迁、市区扩展及城市规划历史等基础资料。

（6）经济与社会发展资料：主要包括城市国民经济和社会发展现状及长远规划、国土规划、区域规划等有关资料。

（7）城市人口资料：主要包括现状及历年城乡常住人口、暂住人口、人口的年龄构成、劳动力构成、自然增长、机械增长、职工带眷系数等。

（8）市域自然资源资料：主要包括矿产资源、水资源、燃料动力资源、农副产品资源的分布、数量、开采利用价值等。

（9）城市土地利用资料：主要包括现状及历年城市土地利用分类统计、城市用地增长状况、规划区内各类用地分布状况等。

（10）工矿企事业单位的现状及规划资料：主要包括用地面积、建筑面积、产品产量、产值、职工人数、用水量、用电量、运输量及污染情况等。

（11）交通运输资料：主要包括对外交通运输和市内交通的现状和发展预测（用地、职工人数、客货运量、流向、对周围地区环境的影响及城市道路、交通设施等）。

（12）各类仓储资料：主要包括用地、货物状况及使用要求的现状和发展预测。

（13）城市行政、经济、社会、科技、文教、卫生、商业、金融、涉外等机构，以及人民团体的现状和规划资料：主要包括发展规划、用地面积和职工人数等。

（14）建筑物现状资料：主要包括现有主要公共建筑的分布状况、用地面积、建筑面积、建筑质量等，现有居住区的情况及住房建筑面积、居住面积、建筑层数、建筑密度、建筑质量等。

（15）工程设施资料（指市政工程、公用设胞的现状资料）：主要包括场站及其设施的位置与规模、管网系统及其容量、防洪工程等。

（16）城市园林、绿地、风景区、文物古迹、优秀近代建筑等资料。

（17）城市人防设施及其他地下建筑物、构筑物等资料。

（18）城市环境资料：主要包括环境监测成果，各厂矿、单位排放污染物的数量及危害情况，城市垃圾的数量及分布，其他影响城市环境质量有害因素的分布状况及危害情况，地方病及其他有害居民健康的环境资料。

第四节　城市规划的层面及其主要内容

城市规划是城市政府为达到城市发展目标而对城市建设进行的安排，尽管由于各国社会经济体制、城市发展水平、城市规划的实践和经验各不相同，城市规划的工作步骤、阶段划分与编制方法也不尽相同，但基本上都按照由抽象到具体，从发展战略到操作管理的层次决策原则进行。一般城市规划分为城市发展战略和建设控制引导两个层面。

城市发展战略层面的规划主要是研究确定城市发展目标、原则、战略部署等重大问题，表达的是城市政府对城市空间发展战略方向的意志，当然在一个民主法制社会，这一战略必须建立在市民参与和法律法规的基础之上。我国的城市总体规划以及土地利用总体规划都属于这一层面。

建设控制引导层面的规划是对具体每一地块未来开发利用做出法律规定，它必须尊重并服从城市发展战略对其所在空间的安排。由于直接涉及土地的所有权和使用权，所以建设控制引导层面的规划必须通过立法机关以法律的形式确定下来。但这一层面的规划也可以依法对上一层面的规划进行调整。我国的详细规划属于这一层面的工作。

在实际工作中，为了便于工作的开展，在正式编制城市发展战略规划前，可以由城市人民政府组织制定城市规划纲要，对确定城市发展的主要目标、方向和内容提出原则性意见，作为规划编制的依据。根据城市的实际情况和工作需要，大城市和中等城市可以在城市土地使用发展战略规划基础上编制分区规划，进一步控制和确定不同地段的土地的用途、范围和容量，协调各项基础设施和公共设施的建设，并为下一层面的规划提供依据。建设控制引导性的规划根据不同的需要、任务、目标和深度要求，可分为控制性详细规划和修建性详细规划两种类型。

根据我国 1989 年通过的《城市规划法》和 1991 年颁布的《城市规划编制办法》，现将我国城市规划工作中具体各个阶段的有关内容介绍如下：

一、城市规划纲要的主要内容

城市总体规划纲要的主要任务是：研究确定城市总体规划的重大原则，并作为编制城市总体规划的依据。其主要内容如下：

（1）论证城市国民经济和社会发展条件，原则确定规划期内城市发展目标；

（2）论证城市在区域发展中的地位，原则确定市（县）域城镇体系的结构与布局；

（3）原则确定城市性质、规模、总体布局，选择城市发展用地，提出城市规划区范围的初步意见；

（4）研究分析确定城市能源、交通、供水等城市基础设施开发建设的重大原则问题，以及实施城市规划的重要措施。

城市总体规划纲要的成果包括文字说明和必要的示意性图纸。

二、城市总体规划的主要内容

城市总体规划的主要任务是：综合研究和确定城市性质、规模和空间发展状态，统筹安排城市各项建设用地，合理配置城市各项基础设施，处理好远期发展与近期建设的关系，指导城市合理发展。

城市总体规划的期限一般为 20 年，同时应当对城市远景发展作出轮廓性的规划安排。近期建设规划是总体规划的一个组成部分，应当对城市近期的发展布局和主要建设项目做出安排。近期建设规划期限一般为 5 年。建制镇总体规划的期限可以为 10～20 年，近期建设规划可以为 3～5 年。

城市总体规划应当包括下列内容：

（1）设市城市应当编制市域城镇体系规划，县（自治县、旗）人民政府所在地的镇应当编制县域城镇体系规划。市域和县域城镇体系规划的内容包括：分析区域发展条件和制约因素，提出区域城镇发展战略，确定资源开发、产业配置和保护生态环境、历史文化遗产的综合目标；预测区域城镇化水平，调整现有城镇体系的规模结构、职能分工和空间布局，确定重点发展的城镇；原则确定区域交通、通讯、能源、供水、排水、防洪等设施的布局；提出实施规划的措施和有关技术经济政策的建议。

（2）确定城市性质和发展方向，划定城市规划区范围。

（3）提出规划期内城市人口及用地发展规模，确定城市建设与发展用地的空间布局、功能分区，以及市中心、区中心位置。

（4）确定城市对外交通系统的布局及车站、铁路枢纽、港口、机场等主要交通设施的规模、位置，确定城市主、次干道系统的走向、断面、主要交叉口形式，确定主要广场、停车场的位置、容量。

（5）综合协调并确定城市供水、排水、防洪、供电、通讯、燃气、供热、消防、环卫等设施的发展目标和总体布局。

（6）确定城市河湖水系的治理目标和总体布局，分配沿海、沿江岸线。

（7）确定城市园林绿地系统的发展目标及总体布局。

（8）确定城市环境保护目标，提出防治污染措施。

（9）根据城市防灾要求，提出人防建设、抗震防灾规划目标和总体布局。

（10）确定需要保护的风景名胜、文物古迹、传统街区，划定保护和控制范围，提出保护措施，历史文化名城要编制专门的保护规划。

（11）确定旧区改建、用地调整的原则、方法和步骤，提出改善旧城区生产、生活环境的要求和措施。

（12）综合协调市区与近郊区村庄、集镇的各项建设，统筹安排近郊区村庄、集镇的居住用地、公共服务设施、乡镇企业、基础设施和菜地、园地、牧草地、副食品基地，划定需要保留和控制的绿色空间。

（13）进行综合技术经济论证，提出规划实施步骤、措施和方法的建议。

（14）编制近期建设规划，确定近期建设目标、内容和实施部署。建制镇总体规划的内容可以根据其规模和实际需要适当简化。

城市总体规划的文件及主要图纸：

（1）总体规划文件包括规划文本和附件，规划说明及基础资料收入附件。规划文本是对规划的各项目标和内容提出规定性要求的文件，规划说明是对规划文本的具体解释（以下有关条款同）。

（2）总体规划图纸包括：市（县）域城镇布局现状图、城市现状图、用地评定图、市（县）域城镇体系规划图、城市总体规划图、道路交通规划图、各项专业规划图及近期建设规划图。图纸比例：大、中城市为 1/10 000～1/25 000，小城市为

1/5 000 ～ 1/10 000，其中建制镇为 1/5 000 ； 市（县）域城镇体系规划图的比例由编制部门根据实际需要确定。

三、分区规划的主要内容

编制分区规划的主要任务是： 在总体规划的基础上，对城市土地利用、人口分布和公共设施、城市基础设施的配置做出进一步的安排，以便与详细规划更好地衔接。分区规划应当包括下列内容：

（1）原则规定分区内土地使用性质、居住人口分布、建筑及用地的容量控制指标。

（2）确定市、区、居住区级公共设施的分布及其用地范围。

（3）确定城市主、次干道的红线位置、断面、控制点坐标和标高，确定支路的走向、宽度以及主要交叉口、广场、停车场位置和控制范围。

（4）确定绿地系统、河湖水面、供电高压线走廊、对外交通设施、风景名胜的用地界线和文物古迹、传统街区的保护范围，提出空间形态的保护要求。

（5）确定工程干管的位置、走向、管径、服务范围以及主要工程设施的位置和用地范围。

分区规划文件及主要图纸：

（1）分区规划文件包括规划文本和附件，规划说明及基础资料收入附件。

（2）分区规划图纸包括： 规划分区位置图、分区现状图、分区土地利用及建筑容量规划图、各项专业规划图。图纸比例为 1/5 000。

四、详细规划的主要内容

详细规划的主要任务是： 以总体规划或者分区规划为依据，详细规定建设用地的各项控制指标和其他规划管理要求，或者直接对建设做出具体的安排和规划设计。详细规划分为控制性详细规划和修建性详细规划。

根据城市规划的深化和管理的需要，一般应当编制控制性详细规划，以控制建设用地性质、使用强度和空间环境，作为城市规划管理的依据，并指导修建性详细规划的编制。

控制性详细规划应当包括下列内容：

（1）详细规定所规划范围内各类不同使用性质用地的界线，规定各类用地内适建、不适建或者有条件地允许建设的建筑类型。

（2）规定各地块建筑高度、建筑密度、容积率、绿地率等控制指标； 规定交通出入口方位、停车泊位、建筑后退红线距离、建筑间距等要求。

（3）提出各地块的建筑体量、体型、色彩等要求。

（4）确定各级支路的红线位置、控制点坐标和标高。

（5）根据规划容量，确定工程管线的走向、管径和工程设施的用地界线。

（6）制定相应的土地使用与建筑管理规定。

控制性详细规划的文件和图纸：

（1）控制性详细规划文件包括规划文本和附件、规划说明及基础资料收入附件。规划文本中应当包括规划范围内土地使用及建筑管理规定。

（2）控制性详细规划图纸包括规划地区现状图、控制性详细规划图纸。图纸比例为1/1 000～1/2 000。对于当前要进行建设的地区，应当编制修建性详细规划，用以指导各项建筑和工程设施的设计和施工。

修建性详细规划应当包括下列内容：

（1）建设条件分析及综合技术经济论证；

（2）做出建筑、道路和绿地等的空间布局和景观规划设计，布置总平面图；

（3）道路交通规划设计；

（4）绿地系统规划设计；

（5）工程管线规划设计；

（6）竖向规划设计；

（7）估算工程量、拆迁量和总造价，分析投资效益。

修建性详细规划的文件和图纸：

（1）修建性详细规划文件为规划设计说明书；

（2）修建性详细规划图纸包括：规划地区现状图、规划总平面图、各项专业规划图、竖向规划图、反映规划设计意图的透视图。图纸比例为1/500～1/2 000。

五、城市总体规划的调整和修改

城市总体规划的调整，是指城市人民政府根据城市经济建设和社会发展情况，按照实际需要对已经批准的总体规划作局部性变更。例如，由于城市人口规模的变更需要适当扩大城市用地，某些用地的功能或道路宽度、走向等在不违背总体布局基本原则的前提下进行调整，对近期建设规划的内容和开发程序的调整等。局部调整的决定由城市人民政府做出，并报同级人民代表大会常务委员会和原批准机关备案。

总体规划的修改，是指城市人民政府在实施总体规划的过程中，发现总体规划的某些基本原则和框架已经不能适应城市经济建设和社会发展的要求，必须做出重大变更。例如，由于产业结构的重大调整或经济社会发展方向的重大变化造成城市性质的重大变更；由于城市机场、港口、铁路枢纽、大型工业等项目的调整或城市人口规模大幅度增长，造成城市空间发展方向和总体布局的重大变更等。修改总体规划由城市人民政府组织进行，并须经同级人民代表大会或其常务委员会审查同意后，报原批准机关审批。

六、城市规划的审批

城市规划必须坚持严格的分级审批制度，以保障城市规划的严肃性和权威性。

（1）城市规划纲要要经城市人民政府审核同意。

（2）城市总体规划的审批：

直辖市的城市总体规划，由直辖市人民政府报国务院审批。

省和自治区人民政府所在地城市、百万人口以上的大城市和国务院指定城市的总体规划，由所在地省、自治区人民政府审查同意后，报国务院审批。其他设市城市的总体规划，报省、自治区人民政府审批。县人民政府所在地镇的总体规划，报省、自治区、直辖市人民政府审批，其中市管辖的县人民政府所在地镇的总体规划，报所在地市人民政府审批。其他建制镇的总体规划，报县（市）人民政府审批。

城市人民政府和县人民政府在向上级人民政府报请审批城市总体规划前，须经同级人民代表大会或者其常务委员会审查同意。

（3）单独编制的城市人防建设规划，直辖市要报国家人民防空委员会和建设部审批；一类人防重点城市中的省会城市，要经省、自治区人民政府和大军区人民防空委员会审查同意后，报国家人民防空委员会和建设部审批；一类人防重点城市中的非省会城市及二类人防重点城市需报省、自治区人民政府审批，并报国家人民防空委员会、建设部备案；三类人防重点城市报市人民政府审批，并报省、自治区人民防空办公室、建委（建设厅）备案。

（4）单独编制的国家级历史文化名城的保护规划，由国务院审批其总体规划的城市，报建设部、国家文物局审批；其他国家级历史文化名城的保护规划报省、自治区人民政府审批，报建设部、国家文物局备案；省、自治区、直辖市级历史文化名城的保护规划由省、自治区、直辖市人民政府审批。单独编制的其他专业规划，经当地城市规划主管部门综合协调后，报城市人民政府审批。

（5）城市分区规划经当地城市规划主管部门审核后，报城市人民政府审批。

（6）城市详细规划由城市人民政府审批。已编制并批准分区规划的城市的详细规划，除重要的详细规划由城市人民政府审批外，可由城市人民政府授权城市规划主管部门审批。以上关于城市规划工作中各个阶段的内容和审批办法的规定，是根据我国现阶段的实际情况制定的。

其他国家由于政体和经济、社会发展水平的不同，对城市规划的内容、深度、方法、规划侧重点和审批制度等都各有不同的要求和规定，了解和研究它们的情况，有助于改进我们的规划编制工作。

在国外，城市规划编制方法的更新，主要是由于城市化的进程加快，城市发展与更新的速度加快，由此而引起的对城市与城市规划观念的变化：城市是一个发展变化很快的机体，城市规划不仅是追求达到静态平衡或追求某种理想的境界，更要以动态的观点来编制城市规划，要引导和控制城市合理的发展。在规划方法上，多年来是以调查—分析—规划的模式来进行的；在20世纪60年代后，以控制论的理论基础来改进规划的方法程序："目标—连续的信息—各种有关未来的比较方案的预测及模拟—方案评价—方案选择—继续的监督"。在规划程序上提出了"连续规划""规划—实施规划及管理—反馈及修改规划"，形成不停止的循环；也有的提出了"滚动式发展"。

英国在1968年的新规划法中提出"结构规划—局部规划"的阶段划分，也有的称为"战略规划—战术规划"。

德国城市规划的特点是与各层次的区域规划密切联系起来，它将联邦各州以下地区的各种不同范围、不同比例尺及不同表现深度的区域规划衔接起来，形成从联邦规划到州规划、城市总体规划的完整规划体系。德国城市规划的重点放在有相当深度并准确表现的城市土地使用规划图上，用地划分较细，如高速公路和城市干道均经过道路线形设计后加以缩绘，具有较高的科学性和严密性，并规定此项图纸每隔若干年(一般为5年)修改公布一次，公布期间具有法律约束力。在规划（设计）的程序和实施（计划）的程序方面也有明确的分工，规划（设计）由规划设计部门的专业人员进行逐步深入，前一程序指导后一程序，后一程序丰富及深化前一程序。而实施或管理（计划）则由城市政府的规划管理部门负责，通过制定具有法律效力的文件依法进行管理。

有的国家在总体规划基础上进行城市区划（zoning），以控制城市地区的土地利用和建设标准，同时制订区划法规来控制建设。

《居住区规划设计参考图》

编者按：20世纪50年代起，同济大学建筑系资料室开始编辑出版《城乡建设资料汇编》，1959年改名为《城乡建设资料汇编》，铅印刊行，编辑方针是编辑一本内容广泛的规划设计期刊。每期还设专栏刊登城市规划与设计参考图例及学生规划设计实例，后集结成册，形成《居住区规划设计参考图》，供学生进行规划课程设计课学习时参考用，对教学起到了良好的辅助作用。

《居住区规划设计参考图》中，李德华先生从1959年版俄译本 *Town Design* 中摘译了部分内容，本文集收录如下。

道路与房屋的空间组合

在道路上形成空间组合最简单的方法是将一幢房屋从道路沿线退进去。退进的深度必须至少有房屋进深的距离，这样就能使旁边沿线房屋的侧立面显著地呈现出来（图1）。房屋退进愈深，所形成的空间也愈明显。

房屋的侧立面显露出来之后，就可以使这一立面成为次要的焦点——譬如说在这面上设一入口，将这入口或门廊和山墙组织成一幅构图。进一步还可以在山墙上运用不同的色彩和质地，同时将山墙往后延伸，就更增加了关闭的感觉（图2）。

在图2所示的设计中，为了更好地在道路两旁产生空间的效果，道路另一边的房屋，它的两端可以突出。在下面一例图3中，道路两旁的房屋对称的退进。这

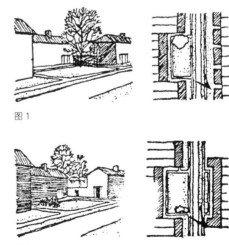

图 1

图 2

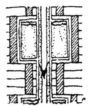

图 3

种平面形式，由于有重复的瓶颈伸入建筑空间内，形成宽窄不等的空间，效果会相当地好。

房屋与道路线在平面上倾斜地布置，会产生各种不同"关合"的感觉。例如图4所示，房屋相互是平行的，但与道路成一角度。在房屋与房屋之间感觉到的是一长方的院子，中间有一条道路对角穿过。然而，沿着道路行走时所看到的，一边是一列列后退的房屋正面，另一边则是一系列后退的侧面；产生一种饶有兴趣的效果，但是运用过多会感到过于强烈。

图 4

另一种方式是在道路两旁对称地将房屋斜列（图5）。从一个方向看去，是一系列后退的侧立面，从相反方向看则是一系列房屋的正立面，一行行挨着往后排去。与上面的例子相同，这种布置方式不能过多地重复运用。

图 5

空间的效果也能在弯的道路两旁产生。在图6所示的例中，当行人从道路的直的部分走向弯道，迎面布置一幢较小的房屋，封闭着房屋间的缺口。如果道路是成直角转弯的，就可以在道路视线的尽端处布置一幢房屋，作为视点（图7）。从有些角度来看，房屋之间的空隙还是太大，我们可以把道路尽端的房屋延长，插在与它垂直的房屋之后，关合空间的效果就会形成（图8）。从另外一个方向所看的视线可以用围墙或树丛来作背景。如果在转弯处布置一幢曲尺形的房屋，从两个方向看过来能得到同样的景色。

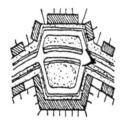

图 6

一幢并连的房屋站在道路中线的尽端（图9），往往由于它本身体积太小，作为形成空间组合的因素，作用就并不很大，不能产生真实的关合感。在这地位的房屋如果是长条的（图10），那么关合的

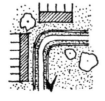

图 7

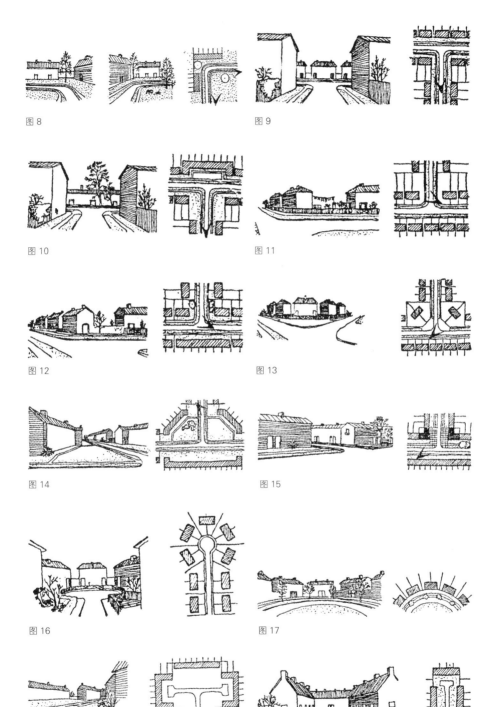

图 8

图 9

图 10

图 11

图 12

图 13

图 14

图 15

图 16

图 17

图 18

图 19

空间立刻会得到愉快的气氛效果。

道路转角处有家务后院往往是最麻烦的问题，尤其是后院的面积较大，会形成过宽的空隙（图 11），房屋如果能相距近一些，再用围墙或其他方式将房屋相连，会产生令人感到较满意的效果（图 12）。

在道路转角布置房屋，最简单而同时也是最不美观的方式是将一幢房屋面对着转角一放（图 13）。在平面图上是对称的，似乎很整齐，但实际上非常呆板，这幢并不显著的房屋不适当地在地位上占得很重要，它并不能够对建筑空间起任何作用，相反地却引导视线绕过道路的转角，因而削弱了空间的效果。

另有一种布置的方式是在转角处斜置一幢长列的房屋，它的中线对着道路的交叉点。在十字路四角布置四幢，或者在丁字交叉口布置这样两幢，在另一面再加一幢长列的房屋（图 14），都能在路口四周形成建筑的空间。这种方法不能应用在交通道路的交叉点上，而且也要求有特殊居住单元设计，不能广泛采用定型设计。

建筑密度较高的地段，可以在转角处两旁全都用房屋布置起来，房屋的立面从这条街连续转到另一条街上（图 15）。像图上那样有山墙面朝向路旁比较好些，不然房屋会显得过重。

图 16 所示是套袋式道路布置房屋的一例。圆形的回车道在平面上是一个完整而整齐的形体，但在实际视觉上毫无可取之处，除非四周房屋在立面处理上有连续性，或者像图 17 中的道路曲度半径与房屋尺度相对之下很大的情况之下，它的效果才能觉得稍好一些。

道路的尽端如果发展成丁字形，或者成锤头形回车道，而房屋相互成直角排列，建筑空间就有关合的感觉（图 18）。图 19 例中的空间是狭而深的，周围房屋不能像图 16 中的房屋都面朝着中间的道路。但空间的感觉却比较有力。

（原文载于《居住区规划设计参考图》，1964 年第 4 期）

房屋的空间组合

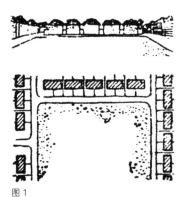

图 1

在扩大广场时，应随之增加广场四周的住宅大小和比例，是很重要的。

在图 1 中成矩形布置的并联式住宅，由于连接房屋的墙太小及轮廓折断太多，实际上封闭的空间就没有形成；如果在周围建造成排的联立式住宅，并且房屋的高度为 3 ～ 4 层时，则空间将可能会较明显。

在没有什么特征的平坦地段，组成空间的最适当的形式是矩形，因为具有直角的建筑平面是最经济和最方便的。

一、封闭空间的处理方式

当道路沿矩形广场中心线穿越，并在四周有环路的情况下，会给人有二个空间的感觉，因此产生必须封闭穿越道路方向前景的问题（图2（А）），但如果道路按对角线方向穿越由两幢Г形房屋所组成的广场，则只能在平面图上感觉到对称，而在实际上由于房屋的中心线和道路的中心线并不相互重合而感觉不到（图2（Б））。

在这种情况下及在其他的将矩形平分为二的情况下，应尽量避免沿路种植树木，因为这样会使空间分隔；如将道路移至广场的一边，同时从路上引出一半环形通道，则将会形成一个完整的空间（图2（В））。这样的矩形空间布局是尽端式道路基础上发展成的；当道路从广场四角越出入，可将一幢房屋的山墙对着相邻一幢的正立面的方法来布置，这样就增强了各个角上的构图效果（图2（Г））。

原有地形的特征可能会迫使不能采用矩形广场，而要选择符合地形的广场形式，例如图2（Д），为了突出树群的透视效果而采用梯形广场；而图2（Е）采用了菱形广场，并且在广场中央的树木形成了构图的焦点。

采用复杂的几何形状应特别谨慎。并应有不采用矩形的足够根据。在通常情况下，建筑常成直角分布，因此当无明显的必要时就不必违背这个原则，任何别的布局将会使人感到过分做作和无意义。例如，想把透视集中在一点上时，有一段圆弧的形式是很美的，但当这样的形式用于平坦的地段，且当其对面是用同一类型的房屋连接起来时（图2（Ж）），这样的目的就达不到。

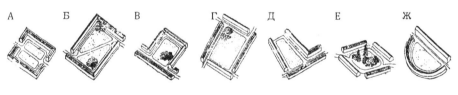

А　　Б　　В　　Г　　Д　　Е　　Ж

图2

二、住宅和开敞空间的协调

当联立式住宅的立面直接和开敞空间相邻时（图3（А）），则他们的院子就好像成了房屋立面与风景之间的栅栏，而围墙，杂物贮藏室和其他建筑物等，从开敞空间方面看起来，会产生杂乱的印象，如将院落布置成锯齿形，并且在凹进去的地方种植树群，则外观可能会好些（图3（Б））。

当房屋立面面向道路，而在道路的另一面是开敞空间时，则在大多情况下将取得很好的外观，但是单面修建是不经济的。如将某些房屋垂直道路布置及设置简易通道，就可减低道路的造价（图3（В））。这样的布局所形成的房屋之间的空间会使住宅与周围环境结合得更为密切。在最后一个例子中道路力图将房屋与开敞空间隔开，如将房屋垂直于道路并相互平行地布置，也即从道路上引入尽端道路（图4（A）），则房屋与开敞空间之间的联系就较密切。将房屋相互成角布置，并使空间向风景地段的纵深扩展。图4（Б）是纵深开敞空间的一种处理方式。

行列式布置是布置少量建筑的最好形式之一，特别是当与好的风景设计相结合时，但房屋平行排列的重复次数应有一个限度，如超过这个限度，则周围气氛将会形成单调和呆板，当处于短排房屋之间，由于在通道末端很开敞，而造成空间缺乏闭合感觉（图5（A））。因此，如在通道收头的地方没有什么好的景色或建筑时，最好在那里种植树木。

在高层房屋建筑地段上，譬如八层的建筑，则二排房屋间的间距约60.9米，在这里就可以种植高大的树木，使一幢房屋和另一幢房屋相隔离，如是三层房屋时，则间距将缩短至21～22米，在这种情况下，用树木来隔离已不可能了。当房屋很长时会造成弄堂的感觉（图5（Б））。

由此可见，当房屋之间的空间已不能再用建筑或树木来分隔时，应限止房屋行列本身的长度。以避免形成弄堂的感觉并使住家有经过对面住宅的山墙端部得到斜向眺望视线的可能。

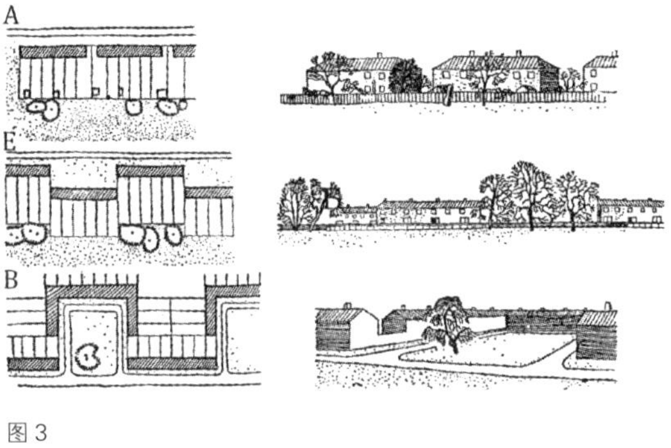

平行排列房屋在二排以上时，可布置成棋盘形式，如图6（A）所示，在这种情况下房屋侧面应尽量封闭视线，使空间造成矩形布置的感觉，除此之外，房屋在对角线方向将会出现丰富的透视效果，将房屋相互平行并与通道平行排列是这样布置的一种方案，这样的手法会形成有趣的空间处理，因为对角方向的透视也是开敞的（图6（Б））。

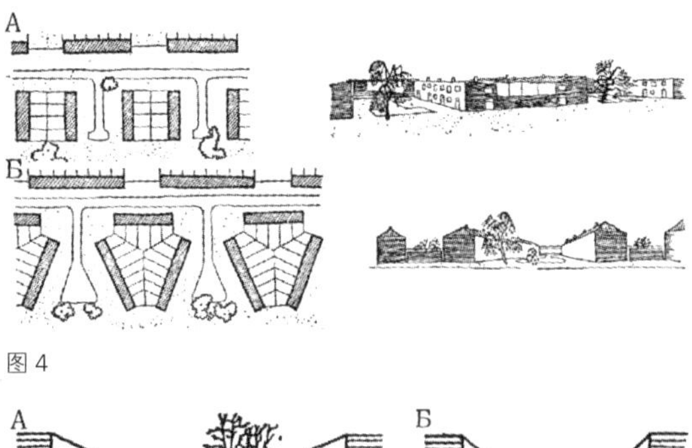

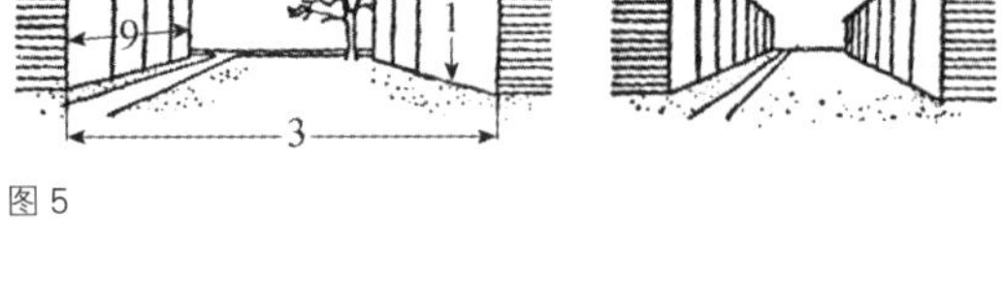

房屋成直角布置是板式房屋空间的最简单方法，但应为此制订适合于任何朝向布置的平面类型。

在图7中可以看到同一幢房屋参与了各种透视的形成（房屋用黑色表示）。从视点A它限制了广场的一面，当转到视点B时就可看到山墙，而房屋就成为三度的并且二个相邻广场可同时看到，

图3

图4

图5

从视点 Б 房屋封闭了在广场以外另一个空间的视线，由于公寓式住宅高度不受限制，在选择建筑高度有很大的灵活性，因此可以控制空间的体量，并通过高低对比来变化。

在最后一图视点 Г 中，表示了房屋比其他的高，因此在这里使它成为构图的中心。

三、建筑在坡地上的布置

大多数工程师们认为在修建丘陵地带时，道路的线形和房屋的布置顺等高线布置时较为经济，因为道路将以最便捷的线路沿斜坡升高而不破坏自然地形，而结合等高线布置的住宅，其基础台级的数量也最少。另外，从居民的角度来说，这样布置房屋有以下的优点，即庭园可以划分成台地的形式，这要比庭园处于斜坡上要好得多了。在图8中，表示了房屋在陡坡上的各种布置方式；第一种方式 А，我们看到左边的立面比右面的立面要高；如果将房屋右立面的土挖掉一些，整个房屋将降低，造价也将减少，如 Б；第三种方式 В，在这种情况下，底层房间一般如靠近道路，可用作车库，辅助房间。如朝向庭院则用作起居室；第四种方式 Г，即经常遇到的处理方式，即立面很长很窄的房屋。

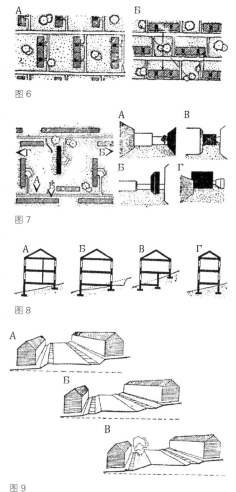

图6

图7

图8

图9

在图9（А）中表示了常用的横断面，这里人行道与车行道，设在同一面上，并有排水沟通向污水管，图9Б 是边坡设在车行道与人行道之间，在这种情况下，中间的水平面减少，使横断面更配合自然地形，除此之外，更重要的是降低了从步行道上望入住宅中去视线的高度，因为住宅低于步行道，如图9（В），把车行道部分向一旁移动，则面貌可能会更好些，这将消除对称布置的道路（与房屋的关系）与位于不同水平面上房屋立面之间的矛盾，在宽大边坡上，稠密绿化还将使立面更加分隔开来，在均匀坡度的较宽道路上，宁可不将房屋沿道路二面布置，而采用平行排列房屋的方式如图10所示，图10（А）是二面布置房屋，图10（Б）是单面布置房屋，并且房屋间的距离相等，这是横坡较缓，同时可采用定型设计。

极少的丘陵地区具有能使所有建筑都理想布置的均匀的地貌，如将房屋与道路成

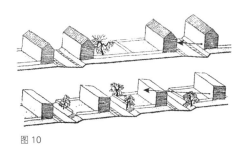

图 10

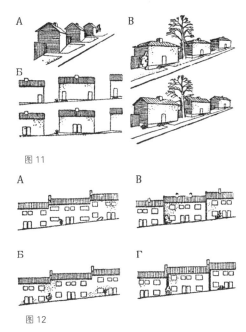

图 11

图 12

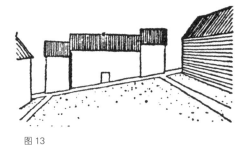

图 13

角布置，并使其侧面落入人们沿斜坡往上时的视线内，则将形成一个接一个向后消失的水平基础面的均匀规则行列，如图 11（A）。当布置不大的并联式建筑时，必须考虑到基础面及与之相应的立面的逐渐升高。在图 11（B）中可以看到，四坡顶要比二坡顶使斜坡弧度更加突出，因为屋脊的水平线较长和相互之间较近。应该指出，修建这种类型房屋时，如果将入口放在每个并联房屋的中间（而不是分开设置）则台阶之间的高差减少，并且还可不改变斜坡来设置人行道，见图 11（Б）。

当以联立式房屋修建时，应注意有均等梯级形轮廓，如坡度变化很大时，最好将等高线中断，并使建筑在较高的地方重新开始。不同类型住宅的连续不断的立面，可能会有混乱的感觉，特别是窗子在房屋的连接处的离得很近（图 12A）。毫无疑问，在斜坡改变处，等高的窗子距有适当距离时，其立面可取得很大的节奏感（图 12（Б）），用突出房屋间隔墙的方法，使房屋隔离是另一种处理方式（图 12（B））。图 12（Г）是最老的和成功的在斜坡上建筑方式之一，即将每幢房屋沿着相邻房屋推前一些布置，但是屋顶的坡面要连续不断。

最适合于平地上的平面布置形式对坡地来讲将是最不适宜的，例如，几何完全不可能在斜坡地上形成较为满意的矩形空间，因为符合等高线而形成的台阶将处于不同的高度，而与等高线相垂直的台阶好像会从整个图面上溜掉（图 13）。

（本文原载于《居住区规划设计参考图》，1964第 10 期）

《居住区规划》（试用教材）

编者按：1976 年，时值"文革"刚刚结束，同济大学教学秩序重新恢复，为了满足教学需要，建筑工程系城市规划教研室组织开展"居住区规划"的教材编写工作，由李德华、朱锡金、王仲谷共同承担此工作。三位老师通过到北京、广东等多地进行专家采访、实地踏勘，不断地收集新内容、素材，完成《居住区规划》（试用教材）的编写。

本文集收录书中部分内容节选。

第一章 概 述

一、居住区规划的意义和原则

居住区是城市生活居住用地的重要组成部分，是直接为居民生活需要服务的，是安排居民日常生活所需设施的用地。居住区在城市中占有相当大比重，除了区级以上的公共建筑、道路广场以及公园绿地等用地之外，都属于居住用地范围之内。

居住区的规划与建设是城市规划的重要组成部分，也是城市建设工作中重要的一环。它是实现城市总体规划的重要步骤，关系到广大劳动人民的生活和生产条件，也关系到社会主义城市面貌的形成。居住区内所包含的内容，项目繁多，与城市内其他各项建设均有密切的联系，居住区的建设量相当大，因此居住区的规划和建设，对经济合理地建设城市有着很大的作用。

在毛主席革命路线指引下，随着国民经济的蓬勃发展，城市建设也有了很大的发展。我国

《居住区规划》（试用教材）

的城市建设按照为社会主义生产服务，为劳动人民生活服务的方针，在工业建设的同时进行着居住区的建设，在发展生产的基础上不断改善和提高人民的居住生活条件。解放以来，国家投资新建了三亿七千万平方米以上的住宅；仅上海一市新建的工人住宅就有一千二百多万平方米，一百多万居民迁入了新居；合肥市解放后新建的住宅有八百余万平方米，超过1949年时住宅总面积五十九万平方米有十多倍。各地新建的住宅多是根据居住区规划成批成片建造的，并按照规划相应地配置建设了比较完善的公共建筑、服务设施和市政工程，为劳动人民创造了方便卫生的生活环境。在建设新居住区的同时，各城市的旧居住区也都得到了不同程度的改造。昔日的贫民窟、棚户区，有的修缮更新，有的变成了新型的住宅区，大大改善和提高了劳动人民的居住生活。

规划设计方面也取得了显著的成绩。在深入调查研究和大量实践的基础上，居住区规划设计水平有了很大的提高，适合我国建设条件，符合我国人民生活需要节约用地。

必须坚持勤俭建国的方针，合理确定建设标准和建设规模，非生产性建设，应与人民生活水平相适应，要根据我国当前国民经济条件办事。贯彻"适用、经济、在可能条件下注意美观"的设计原则，统一布局，形成整齐、朴素、明朗、奋发的社会主义城市面貌。

对于旧城旧居住区，必须贯彻"充分利用，逐步改造"的方针。一定要从实际情况出发，对原有的各项设施充分加以利用，根据需要，逐步补缺配套。对旧居住区中必须加以改造的，也应根据建设的条件，有计划地进行改造，有的可以在规划中统一考虑，分期实施，逐步完成。

二、居住区规划的任务与编制

居住区是城市生活居住用地的一个重要组成部分。它与城市一级的（市、县及以上的，在较大城市中也包括区一级的）公共建筑、公园绿地和城市道路广场等用地共同组成城市的生活居住用地。整个城市的生活居住用地多包括若干居住区，在规模小的居民点内往往就是一个居住区。

居住区内，除了住宅以外，还必须布置居民日常所需的各类基本生活设施，诸如学校、商店、服务等公共建筑，还要布置户外活动的场地和绿地、道路、给水排水等公用工程设施，还有一部分基层的行政经济机构，有的还设置街道工业。

根据不同的规划结构，居住区也有多种不同的组织结构形式，一般由居住小区或居住街坊所组成（也有采取生活福利、基本生活单元等名称的），也有分成二级，或三级组织结构的。都有其相应的各级公共建筑和道路等设施。

居住区的规划必须在城市总体规划的基础上，根据总体规划和近期建设的要求，对居住区内各项建设作好综合的全面的安排，经济合理地为居民提供和创造一个满足日常生活需要的、良好、卫生的环境。居住区应具有一定的规模，规模的大小应考虑能便于组织一套必要的生活文化设施，并使该区居民与这些设施之要、具有各地特点的规划设计不断见之实现，居住区规划设计的理论也在不断总结提高。

"思想上政治上的路线正确与否是决定一切的。"解放以来,我国居住区的规划和建设,同样地经历了两条路线的激烈斗争。主要表现在以下一些问题上:

——居住区的规划建设是有利于逐步缩小三大差别,为广大劳动人民服务,还是扩大差别,只为少数人服务?

——是在发展生产的基础上,逐步改善生活条件,还是把非生产性建设的标准提得过高,搞福利主义?

——是从当前实际出发,勤俭建设,还是脱离我国当前经济水平,求大求全?

——在规划设计思想上,是认真对待符合我国劳动人民的生活需要,适合我国的现实条件,批判吸收有用的外国经验,还是脱离国情、脱离人民的生活实际,盲目地照搬照抄,或者是对外国的有用经验,一概回避、排斥?

——对待旧城、旧区,是充分利用,逐步改造,还是操之过急,大拆大建,或者听之任之,不加改造?

除了这几个方面以外,还必须批判"取消主义""规划无用"等错误论调,反对无人管理和盲目乱建的状态;也要反对那种只顾生产、只抓产值、忽视劳动人民生活的态度;同时还要反对并不真正改善和提高人民的生活条件、漠视日常生活必需的种种设施,以及讲究排场,过早过多地建造大型的公共建筑和办公楼等楼堂馆所。

居住区规划和建设是城市建设工作中重要的一个环节。我们必须认真总结解放二十多年来城市建设方面两条路线斗争的历史经验,认真学习毛主席、党中央关于城市建设方面的指示,贯彻执行一系列有关的方针政策,正确处理好生产与生活、重要与可能、近期与远期、平时与战时、整体与局部的关系,更好地为无产阶级政治服务,为社会主义生产服务,为劳动人民生活服务。

居住区规划,同样要贯彻执行"搞小城市"的方针和"以农业为基础,工业为主导"的国民经济建设方针。要合理紧凑地组织规划布局,控制用地指标,规划有合适的交通距离。居住区的划分应尽量与行政管理体制相结合,应考虑自然条件与现状条件。因此,居住区的人口及用地规模应根据各种具体条件而定。

一项居住区规划工作的任务,其大小范围,随着城镇的性质和规模。组织结构、建设的阶段,以及该项任务的要求及其资金等条件有所不同,也随着城镇现状条件,建设发展的速度而不同。有成片建设的,也有是零星建设的,它可能是一个居住小区、一个或若干个街坊的范围,有时也可能任务不大,仅仅是一个建筑组群。规模不大的新建独立工矿镇,居住区规划的任务通常包括该镇整个生活居住用地的范围,在一般具有相当建设历史的城市中,一项规划建设的范围往往受到可能建设的用地限制,有新建的部分,也有与改建旧城旧居住区相结合的规划任务。

居住区规划的任务应以城市总体规划为依据、在周详研究城市住宅建设发展计划的基础上提出的。一般城市中都有一定数量的建设量,可以根据建设发展的进程、资金和材料等建设力量的条件,进行居住区的详细规划设计,逐步建设,才能逐渐形成整体性的居住区。

城市中住宅的建设，多半是由各个企业、事业等建设单位为解决其职工居住所需提出建设的任务和资金，也有是由城市建设部门或专管住宅建设部门根据城市逐年住宅建设的计划提出任务。也有的为了配合城市中一些其他工程建设而批起旧居住区的改建。对于各建设单位的任务，同样地必须服从城市总体规划和居住区详细规划布局的要求，不能缺乏整体观念，各自为政。在建设住宅的同时还必须考虑建设必要的公共建筑和其他设施。有的城市实行统一投资、统一规划、统一设计、统一施工、统一管理的"六统"办法，有利于全面考虑城市各个方面的需要，有利于发挥资金、材料、设备、人力的效果，有利于实现城市规划，能有计划地进行建设，形成统一和谐的城市面貌。

居住区规划的内容有以下八个方面：

（一）选择、确定用地位置、范围；

（二）确定规模，包括人口多少和需要用地的大小；

（三）拟定住宅类型、层数、数量、布置住宅；

（四）拟定公共建筑的项目、规模和数量，公共建筑的分布、用地面积和用地的选择，公共建筑的布置（包括必要的生产性建筑）；

（五）布置道路系统，确定道路的宽度、位置；

（六）绿地、休憩用地等室外场地的分布和布置；

（七）拟定各种技术经济指标，估计经济效果和造价；

（八）拟定有关的工程规划设计方案。

《辞海·工程技术分册》

编者按：1979年，《辞海》重新修编，李德华先生参与撰写了《辞海》中《工程技术分册》"城乡规划"类的19项条目，该书于1982年4月由上海辞书出版社出版。《辞海》于1982年4月由上海辞书出版社出版，获上海市哲学社会科学优秀成果特等奖。

城 乡 规 划

【城市规划】 城镇各项建设发展的综合性规划。内容包括：根据党的方针政策、国民经济计划以及城镇原有基础和自然条件，研究和拟定城镇发展的性质、人口规模和用地范围，研究工业、居住、道路、广场、交通运输、公用设施和文教、环境卫生、商业、服务设施及园林绿化等的建设规模、标准和布局，进行规划设计，使城镇建设发展得以经济、合理，创造有利生产、方便生活的条件。编制城市规划一般可分为城市总体规划和城市详细规划两个阶段进行。用作城、镇逐步建设发展的依据。

【城市总体规划】 城镇在一定年限内各项建设的综合平衡、合理安排的规划方案。用作城、镇建设发展的依据。参见"城市规划"。

【城市详细规划】 城镇局部地区近期新建、改建的具体方案。参见"城市规划"。

【区域规划】 一定地区范围内整个经济建设的总部署。区域范围可包括一省（自治区）、市或几省（自治区）、市，亦可是省（自治区）、市以下的一级，视国民经济需要而定。其主要任务：在国民经济的总方针的指导下，按照国民经济计划的要求，根据区内的经济条件和自然条件

等特点，综合安排工农业生产，布置计划建设的工业项目，动力、水利、交通等建设，分配用地，确定城乡居民点的位置、性质和规模等。目的在于使该地区内生产力得到合理配置，国民经济各部门及建设项目间取得密切的协调。

【卫星城镇】 在大城市外围建设的城镇。以分散城市的工业和人口，避免城市发展过大。它与中心城市的生产、生活等方面既有一定的联系，又有相当的独立性。

【居住密度】 城镇居住区内居民居住疏密程度的指标。一般以居住面积密度（每公顷用地上的居住面积数量）和人口密度（每公顷用地上居住人数）来表示。

【建筑密度】 指城镇居住区内或居住区一定用地范围内所有建筑物占地面积与用地总面积之比，以百分率（%）计。用以说明建筑物分布的疏密程度、卫生条件及土地利用率。

【街坊】 城市规划中由道路或自然界线（例如，河道）划分的建筑用地。

【居住小区】 城镇中居住区的一种组成形式。由城市道路、铁路或自然界线（例如，河道）划分而成。区内除住宅外，一般设置托儿所、幼儿园、小学、菜场、食堂、商店、绿地、活动场地等日常生活必须设施。

【贫民窟】 资本主义国家、殖民地和半殖民地的城中劳动人民聚居的地段。房屋简陋，居住拥挤，缺乏公用设施，环境卫生恶劣。是资本主义制度的产物。

【自然村】 指历史上在小农经济基础上自然形成的农村居民点。

【居民点】 按照生产和生活需要居民集聚定居的地点。根据性质和规模，可分为城市、镇、村庄等。

【城市公用设施】 为城镇生产和居民生活服务的各种公用设施，例如，给排水工程系统、电力供应、煤气供应、集中式热力供应、公共交通运输、街道桥梁、城市清洁卫生设施、消防设施等。

【红线】 在有关城市建设的图纸上划分建筑用地和道路用地的界线，常以红色线条表示。

【市中心】 城镇的政治、文化或经济等方面社会生活的中心地区。一般由建筑群和主要街道组成，亦有组成广场或其他形式的。

【卫生防护带】 将工厂、仓库、交通设施（例如，铁路、道路、飞机场）等地区与其他建设地区（例如，居住区等）相互间隔离的地带。用以避免噪声、烟尘、爆炸、火灾、臭味、有害气体等的危害。它的宽度取决于干扰或危害的程度。在卫生防护带植树造林的，称"防护绿带"。

【防护绿带】 见"卫生防护带"。

【自然保护区】 亦称"禁伐禁猎区"。为保护自然经济资源，借以满足科学研究或游览的需要，禁止任意采伐植物、捕捉动物和变更地形地貌的地区。

【禁伐禁猎区】 即"自然保护区"。

《中国大百科全书》建筑、园林、城市规划卷

编者按：1984 年，李德华先生为《中国大百科全书》的建筑、园林、城市规划卷撰写"城市及城市规划"类条目。该书于 1988 年 5 月由中国大百科全书出版社出版。

下文为李德华先生参与撰写的部分条目。

"田园城市"（garden city）

在 19 世纪末英国社会活动家 E. 霍华德提出的关于城市规划的设想，20 世纪初以来对世界许多国家的城市规划有很大影响。

田园城市的概念　霍华德在他的著作《明日，一条通向真正改革的和平道路》中认为应该建设一种兼有城市和乡村优点的理想城市，他称之为"田园城市"。田园城市实质上是城和乡的结合体。1919 年，英国"田园城市和城市规划协会"经与霍华德商议后，明确提出田园城市的含义：田园城市是为健康、生活以及产业而设计的城市，它的规模能足以提供丰富的社会生活，但不应超过这一程度；四周要有永久性农业地带围绕，城市的土地归公众所有，由一委员会受托掌管。

田园城市的设想　霍华德设想的田园城市包括城市和乡村两个部分。城市四周为农业用地所围绕；城市居民经常就近得到新鲜农产品的供应；农产品有最近的市场，但市场不只限于当地。田园城市的居民生活于此，工作于此。所有的土地归全体居民集体所有，使用土地必须缴付租金。城市的收入全部来自租金；在土地上进行建设、聚居而获得的增值仍归集体所有。城市的规模必

《中国大百科全书》

须加以限制，使每户居民都能极为方便地接近乡村自然空间。

霍华德对他的理想城市作了具体的规划，并绘成简图。他建议田园城市占地为6 000英亩（1英亩=0.405公顷）。城市居中，占地1 000英亩；四周的农业用地占5 000英亩，除耕地、牧场、果园、森林外，还包括农业学院、疗养院等。农业用地是保留的绿带，永远不得改作他用。在这6 000英亩土地上，居住32 000人，其中30 000人住在城市，2 000人散居在乡间。城市人口超过了规定数量，则应建设另一个新的城市。田园城市的平面为圆形，半径约1 240码（1码=0.914 4米）。中央是一个面积约145英亩的公园，有6条主干道路从中心向外辐射，把城市分成6个区。城市的最外圈地区建设各类工厂、仓库、市场，一面对着最外层的环形道路，另一面是环状的铁路支线，交通运输十分方便。霍华德提出，为减少城市的烟尘污染，必须以电为动力源，城市垃圾应用于农业。

霍华德还设想，若干个田园城市围绕中心城市，构成城市组群，他称之为"无贫民窟无烟尘的城市群"。中心城市的规模略大些，建议人口为58 000人，面积也相应增大。城市之间用铁路联系。

田园城市的试验　霍华德提出田园城市的设想后，又为实现他的设想作了细致的考虑。对资金来源、土地规划、城市收支、经营管理等问题都提出具体的建议。他认为工业和商业不能由公营垄断，要给私营企业以发展的条件。霍华德于1899年组织田园城市协会，宣传他的主张。1903年组织"田园城市有限公司"，筹措资金，在距伦敦56公里的地方购置土地，建立了第一座田园城市——莱奇沃思（Letchworth）。1920年又在距伦敦西北约36公里的韦林（Welwyn）开始建设第二座田园城市（见图）。田园城市的建立引起社会的重视，欧洲各地纷纷效法；但多数只是袭取"田园城市"的名称，实质上是城郊的居住区。

田园城市的影响　霍华德针对现代社会出现的城市问题，提出带有先驱性的规划思想，对城市规模、布局结构、人口密度、绿带等城市规划问题，提出一系列独创性的见解，是一个比较完整的城市规划思想体系。田园城市理论对现代城市规划思想起了

重要的启蒙作用，对后来出现的一些城市规划理论，如"有机疏散"论、卫星城镇的理论颇有影响。20 世纪 40 年代以后，在一些重要的城市规划方案和城市规划法规中也反映了霍华德的思想。

参 考 书 目

E.Howard. Garden of Tomorrow. ATTIC Books，1985.

"带形城市"（Linear city）

主张城市平面布局呈狭长带状发展的规划理论。"带形城市"的规划原则是以交通干线作为城市布局的主脊骨骼，城市的生活用地和生产用地，平行地沿着交通干线布置（图 1），大部分居民日常上下班都横向地来往于相应的居住区和工业区之间。交通干线一般为汽车道路或铁路，也可以辅以河道。城市继续发展，可以沿着交通干线（纵向）不断延伸出去。带形城市由于横向宽度有一定限度，因此居民同乡村自然界非常接近。纵向延绵地发展，也有利于市政设施的建设。带形城市也较易于防止由于城市规模扩大而过分集中，导致城市环境恶化。

较有系统的带形城市构想，最早是西班牙工程师 A. 索里亚·伊·马塔在 1882 年提出的。他认为有轨运输系统最为经济、便利和迅速，因此城市应沿着交通线绵延地建设。这样的带形城市可将原有的城镇联系起来，组成城市的网络，不仅使城市居民便于接触自然，也能把文明设施带到乡村。1892 年，索里亚为了实现他的理想，在马德里郊区设计一条有轨交通线路，把两个原有的镇连接起来，构成一个弧状的带形城市（图 2），离马德里市中心约 5 公里。1901 年铁路建成，1909 年改为电车。经过多年经营，到 1912 年约有居民4 000 人。虽然索里亚规划建设的城市，实质上只是一个城郊的

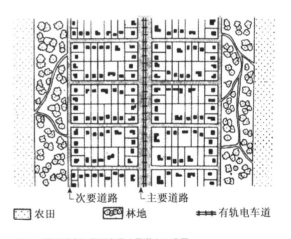

 ▭ 农田　　　🗆 林地　　　+++ 有轨电车道

图 1　"带形城市"平面布局（段落）示意图

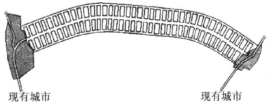

现有城市　　　　　　　　　　　现有城市

图 2　弧状的"带形城市"

居住区，后来由于土地使用等原因，这座带形城市向横向发展，面貌失真。但是，带形城市理论影响却深远。

　　苏联在 20 世纪 20 年代建设斯大林格勒时，采用了带形城市规划方案。城市的主要用地布置于铁路两侧，靠近铁路的是工业区。工业区的另一侧是绿地，然后是生活居住用地。生活居住用地外侧则为农业地带。带形城市理论可以同其他布局结构形式结合应用，取长补短。几十年来，世界各国不少城市汲取带形城市的优点，在城市规划中部分地或加以修正地运用。

《中国土木建筑百科辞典》城市规划与风景园林卷

编者按:《中国土木建筑百科词典》于2005年4月由中国建筑工业出版社出版,李德华先生任总编委会常务编委,并与清华大学朱自煊先生共同担任"城市规划与风景园林"编委会主编。《中国土木建筑百科词典》城市规划与风景园林卷自1989年开始制定计划,分工编写到定稿、审校和复印,前后经历了15个年头。参加本卷编写的有83人,全书篇幅近100万字,这是一项跨世纪的巨大工程。编委会力求跟上时代步伐,具有一定超前意识;又要求标准、严谨,达到科学性、知识性和稳定性的要求,为此,把城市规划内容扩展到城市科学领域,增加了城市地理、城市经济、城市社会学等方面条目;在各分支学科领域,也尽可能把当时国内外比较新的概念、内容编写进来;对园林、绿化和生态、景观方面,也作为一个重要内容来对待。这些在今天已为人们所熟知,但在当时已相当超前了。李德华先生作为本卷主编,逐条审校,精益求精,保证了本卷辞典内容的准确性和高水平。

本文集收录李德华先生参与撰写的部分条目。

步行系统 pedestrian system

城市中供行人步行来往的各种道路及其设施形成网络的总称,包括路边人行道、行人专用道、广场、高架人行道、人行过街桥、林荫散步道,等等,组成系统,在人流集中的地区还可形

《中国土木建筑百科辞典》

71

成步行区，以保证安全，还可以与公交车站、停车场相连，方便交通。

超高 superelevation

为克服车辆行驶在弯路处所产生的离心力，防止车辆向外侧滑溜或倾倒，将道路横断面向弧度内侧倾斜，其外侧道路外侧提升的高度，受车速和道路的曲率决定。

花园城市 garden city

一般指环境优美、花木繁盛、景色如花园的城市。亦有用来称西方城市郊区某些低密度的居住区。也有将霍华德的田园城市称为花园城市的。

环路 ring road

城市或城市中某一地区，在其周围布设的能环绕连通的道路。目的是为防止穿越交通对这范围的干扰和产生的交通压力。也能使环路两侧附近产生的交通能沿环路绕越通向目的地，不必穿过拥挤的中心地区。形式可以是接近圆形的，也可以是其他，如在方格道路系统中确定符合要求的若干道路组成。有的城市在旧中心区周围设立环路，防止拥挤，使有可能设中心步行区。特大城市可有若干层次环路，如内环路、外环路等。

建筑面积密度 floor area ratio

又称容积率。单位土地面积上所建造或允许建造的建筑物建筑面积的总和，或在一定用地范围内所有建筑物的建筑总面积与用地面积之比。用以反映土地利用的效率和经济性，以及使用的拥挤程度，亦用来在建设管理中按土地使用性质控制其土地使用的强度。单位为平方米／万平方米（m^2／万 m^2），亦有用建筑总面积除以 10 000m^2 所得的商来表示。

交通性道路 traffic road

以交通运输为主要功能，主要性质为车辆通行或专供车辆通行的道路。交通多持续，客运、货运流量大，大多联系主要集散点，全市性干道、过境道路、环路、出城公路等都属这一类。两旁应少设或不设行人流众多的建筑，以保安全畅通。

门槛理论 threshold analysis

对城市发展由于受到一些因素的限制而存在的极限，亦即是城市发展的临界，进行的分析、研究及其原理和方法。目的是通过对这些自然的、社会的环境条件、基础设施等建设条件以及结构性因素等对于城市规模的影响研究，寻求最经济、合理的途径克服各因素带来的限制。

生活性道路

主要功能为满足居住生活活动要求的道路。主要为居民购物、游憩、文化娱乐生活等活动服务。要注意交通方便及与车辆交通的矛盾。

竖曲线 vertical curve

为克服车辆行驶在道路由于纵坡变化、车辆突然俯仰而设置的一段纵向曲线（面），用以缓和变坡处的折点（线）。有凸形、凹形两种。其作用既能使行驶平顺，又能缓解驾驶员视线的障碍。

支路 access road，branch road

从一条道路分支出的道路。国家标准解释为街区、街坊的边界道路，是联系主次干路之间的道路。合理间距通常为 400 ～ 500m，在中心商业地段一般更近些。

The Oxford Companion to Gardens: Chinese Garden

编者按: *The Oxford Companion to Gardens* 于 1986 年由牛津大学出版社（Oxford University Press）出版，李德华先生负责组织撰写和校对了关于中国园林（Chinese Garden）的 81 个词目。

本文收录了李德华先生撰写的 13 个词目。

Ban Qiao, Republic of China, has long been the most famous private compound on the large and subtropical island of Taiwan. This garden in the suburbs of Taibei was built between 1888 and 1893 by Lin Wei-yuan, a minor official in the Qing government and a member of an immensely successful merchant family who had moved there, four generations earlier, from Fujian province on the mainland.

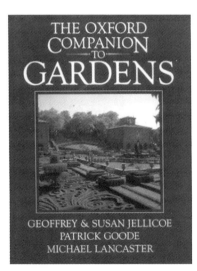

The garden, covering c.1.6 ha. north-east of the family courtyards, uniquely combined the rockeries, ponds, and clustered buildings of Southern Chinese gardens with European-influenced axial planning and flower-beds. It was composed of four building-groups, including a banqueting hall, guest houses, and the master's study, mostly connected by open *lang* corridors. An irregular-shaped Pond of the Tree Shadows lay between them and an artificial rockery which rose in swooping curves along the boundary wall. For viewing the garden by moonlight, a pavilion set in the lake was built with a flat roof, something rare in China. Although it was neglected for years after the Japanese occupation (1895—1945), extremely detailed plans and reconstructions, which give an excellent idea of the garden, have been made for its proposed restoration.

Cang Lang Ting, Jiangsu province, China, in the south of the city of Suzhou dates back to the 10th c. Later, in 1044, a noted poet Su Zimei built for himself a garden on the old site, naming it Cang Lang Ting or the Pavilion of the Dark Blue Waves, after an ancient saying which counsels acceptance of the vicissitudes of life: "When times are good I wash my ribbons of office in the waters of the Cang Lang River — when times are bad, my feet." Later again, the garden belonged to General Han Shizong, a national hero in the Southern Song dynasty (1127–79). What survives are the remains of successive reconstructions made during the Qing dynasty (1644–1911).

The layout of the garden is unique in Suzhou in that a hill, rather than a pond, lies at its centre. Its entrance is across a bridge, slightly zigzag, above a wide canal. In the gatehouse, there is a rare portrait engraved on a stone by the Buddhist monk Ji Fong at the end of the last century, showing the garden as it was in 1884 — it is almost unchanged today. Beyond the gate one faces immediately an earthy artificial hill, embellished with yellow rocks in the east and *Taihu rocks in the west, which occupies the whole width of the garden. This is the highest of the artificial hills in Suzhou; the Cang Lang pavilion (unfortunately rebuilt in concrete) on its top, gives its name to the garden. Covered *lang galleries dotted with small pavilions and halls surround the hill and open *lou chuang windows allow views of the canal to become part of the garden. There are several structures south of the hill, one of which is the double-storeyed Kan Shan Lou, which literally means Seeing Mountains since it draws into the garden distant views (see *jie jing) of the hills beyond the southern suburbs.

Ge Yu-liang, a native of Changzhou, China, living at some time around the late 18th c., was one of the best-known Chinese garden designers of artificial rockery hills. His skill was in bonding rocks together by interlocking their natural edges like hooks. It is said the longer his rockworks stand, the more stable they become. Many gardens in the lower Chiangjiang (south of the Yangtze River), such as the artificial hill of *Huan Xiu Villa, are said to have been his work.

He Yuan, Jiangsu province, China, also known as Ji Xiao Shan Zhuang or the Retirement Manor, was named after He Zhidao, a local official who built it at the turn of the 19th c. It is the last known Qing-dynasty garden to have been made in the Yangzhou region, and is now blocked off from a large house, to which it was once attached.

It is composed of two sections separated by a double-storeyed *lang* walkway. In the western part, a two-storeyed *lou* of seven bays, called Butterfly Hall from its shape in plan, faces the central pond with other buildings and *lang* surrounding it. A square *ting*, or open pavilion, which was used sometimes as a stage, stands in the middle of this pond so that the masters and their guests might enjoy performances while sitting casually in groups along the galleries around it. Climbing the steps of the rockery south-west of the pond, one reaches the first floor of another hall which overlooks the whole view. The focal point in the eastern section is a square hall open on all of its four sides with a smaller hall and *ting* beside it.

The double *lang* between the two sections greatly increases the illusion of size in the garden by allowing views of its rocks, trees, buildings, and lake from above and all round. It also separates the very different atmospheres of both sections — the western more dynamic and vivid, the eastern more peaceful and secluded. Such a use of the *lang* is rare in Chinese garden planning.

Jin Gu Yuan, China, was a private garden north-east of the city of Luoyang in the Western Jin dynasty (265–316) and took its name from the nearby Jin Gu Jian or Golden Valley Stream. It belonged to Shi Chong (249–300), a man of such extravagant wealth that he once put up brocaded silken screens extending for 10 Chinese li (c. 5.7 km.) for a garden party. Though he described his estate as a simple country retreat, its "many thousands" of cypresses, numerous buildings, and a private orchestra helped it to become a classic symbol of luxurious living. In addition, its name carries the allure of association with one of the Four Great Beauties of Chinese history: during the tyranny of King Sima Lun, Shi Chong was falsely arrested after refusing to give up his concubine Lu Zhu (the Green Pearl) who then jumped to her death from a tower in the garden.

Li Yu (1611–79), alias Li Li Weng and Zhe Fan, was a native of Lanqi, Zhejiang province, China. This author, playwright, and theorist of drama was also an amateur master of garden art. His designs included *Ban Mu Yuan and the Mustard Seed Garden in Beijing, while his immensely popular ***Random Notes in a Leisurely Mood***, a book on various aspects of culture and the art of living, is considered one of the most important works on garden design in China. Published in 1671 during the reign of Kang Xi, it contains 14 chapters of which Ⅷ to Ⅺ are devoted to house furnishing and garden planning. Chapters Ⅷ and Ⅸ discuss the positioning of windows to 'borrow' near or distant landmarks (see *jie jing*), and the arranging of hills and rocks both to accord with local conditions and to express a cultivated man's delight in the antique and his appreciation of landscape painting.

Luo Yang Ming Yuan Ji ("The Famous Gardens of Luoyang") is a unique Song-dynasty book on the classical gardens of Luoyang (Henan province), written by Li Ge Fei who died, aged 61, in the early 12th c. It describes the layout and histories of 18 gardens and one market-place in the capital city of his day, and once was known to every educated Chinese.

Qu-Jiang, Shenxi province, China, named after the River Qu which ran through it, covered an area of some 182 ha., in a scenic site south-east of Changan in the Tang dynasty (c. 5 km. south of what is now the city of Xian) . Earlier, Emperor Wen Di (581-600) of the Sui dynasty, delighted by the lotus which completely filled the river there, had frequented this place and called it the Lotus Garden. Later, during the Kaiyuan years (713-42) of the Tang dynasty, the river was dredged and the banks embellished with many buildings such as the Purple Cloud Tower and Coloured Cloud Pavilion. Three times a year on the festivals of Middle Harmony (first of the second lunar month), Double Three (third of the third month), and Double Nine (ninth of the ninth month), the emperors held imperial court banquet there. Then the inhabitants of Changan came out in crowds to temporary bazaars set up under coloured tents, silk shades, and screens, while gaily embellished boats floated on the river. The great Tang Emperor Xuan Zong and his favourite concubine Yang Yu-huan (or Guifei, meaning Precious Concubine) often made excursions to this garden.

Shi Tao was the alias used by the Chinese aristocrat, Zhu Ruoji (1642—1718), an artist in garden design, poet, calligrapher, and outstanding (and unorthodox) landscape painter. He was born into the imperial family in the last years of the Ming dynasty. His father, Prince of Jingjiang in Guangxi, was killed by a traitor after the Manchus (Qing) overthrew the Ming government in 1644, and thereafter Zhu hid his identity and lived in seclusion. Converted to Buddhism, he became a monk with the name of Yuanji, often mistaken as Daoji (Tao Chi), or the Monk of the Bitter Cucumber, and most of his later life was spent wandering. In old age he finally settled in *Yangzhou where he lived by selling his paintings. He was famous for his skill in piling rocks and many fine gardens in Yangzhou such as Pian shi shan Fang (the Chamber of Rock Flakes) and Wan Shi Yuan (the Garden of Ten Thousand Pieces of Rock) are believed to be his works. Part of the former still exists.

Xie Qu Yuan, Beijing, China, is situated on the eastern side of Wan Shou Shan hill in *Yi He Yuan (the Summer Palace) . This walled garden-within-a-garden was started in the latter half of the 18th c. on the orders of the Emperor Qian Long; it was originally known as Hui Shan Yuan, since it was planned and built after the style of the *Ji Chang garden in Hui

Shan, Wuxi, which had pleased Qian Long on his southern tours. It is a garden of pavilions and open walkways centred on an irregular reflecting pool. A large artificial hill laid with *Taihu rocks hides a cascade called Yu Qin Xia (the Gorge of Jade Music), named after the Stream of Octave in the Wuxi garden. During reconstruction at the end of the 19th c., the Han Yuan Tang was added on the western shore of the pond and, flanked by two wings of covered corridors connecting the buildings on both sides of the pond, became the garden's main hall. The bridge cutting across the south-east corner of the water is called Zhi Yu, meaning Understanding the Fishes, after the anecdote from an ancient work of philosophy in which Zhuang Zhi, looking down from a bridge, remarks on the happiness of the fish below. "You are not a fish, so how can you tell?" answers Huizi. "You are not me," says the philosopher, "so can you be sure I don't understand the pleasure of fishes?"

Xing Qing Palace, Shaanxi province, China. The construction of this Tang-dynasty palace began in 714. Covering 135 ha. within the city wall in the north-eastern part of Changan (Xian), where Emperor Xuan Zong and his brothers lived before he came to the throne in 713, its main gate differed from the usual layout of most imperial palaces in facing west instead of south. In front of the complex of halls and courts lay an 18-ha. oblong lake, the Dragon Pool, surrounded by pavilions and flower gardens. Emperor Xuan Zong's famous concubine Yang Yu-huan (Guifei) once accompanied him to a pavilion in the garden to see the peonies, an occasion described by the Tang poet Li Bai (Li Po) as "the mutual appreciation of the world's fairest flower and rarest beauty" .

Yu Yuan, Shanghai, China. A provincial governor of Sichuan, Pan Yun Duan, built this complex garden in his home city of Shanghai between 1559 and 1577 for his father, Pan En: its name means "to please the old parent" . The garden, then one of the most famous in the region south of the Chiangjiang (formerly Yangtze River), covered c. 5 ha., but in 1760 part of it was bought, renovated, and renamed Xi Yuan (the West Garden), since its neighbour *Nei Yuan was then named Dong Yuan, or East Garden. From the first half of the 19th c. it was used by some craft and merchant guilds, and a market gradually emerged in its south-western part. The large tea-house reached by a rather crudely designed zigzag bridge, now outside the garden, is supposed to have inspired the English "willow-pattern" plate design in the 19th c. It was seriously damaged both in 1855 when the government put down the uprising of the Dagger Society, which used the garden's Dian Chun Hall as its headquarters, and again in 1862 when it was used as a military camp during the Taiping rebellion. From 1956 it was restored by a grant from the People's Government; however, although the Nei Yuan was included in it, it occupies today only about half of its original site. In 1982 it was named a Key National Place of Historic and Cultural Significance.

The garden falls into three main parts. In the first, the main feature is a large artificial hill of yellow rock (*huang shi), with the elegant Ming-dynasty Cui Xiu Tang, or Hall of the Assemblage of Grace, below it to the east and, on its top, the Wang Jiang or Viewing the River pavilion which "borrows" views of the Huang Pu River from beyond the eastern wall (see *jie jing). This rocky hill, designed and laid out by *Zhang Nan Yang, a late Ming-dynasty master of the art of rockery, is the biggest to have survived in China. At the end of the Qing dynasty a realistically modelled dragon's head was added to the undulating wall which surrounds this rockery and three similar heads cap the ends of other walls in the garden. Although these are rather amusing, connoisseurs of gardens find them somewhat jarring — the additions of Guild merchants lacking the subtle refinement of China's scholarly tradition. South of the rockery, a waterfall once fell into the deep pool that lies between it and the large and elaborately finished Yan Shan Tang, or Hall of Looking Up to the Mount, with small, sculptured elephants standing on its roof. Other lively figures — of soldiers on horseback and monsters spilling out roof-beams — which prance across several of the Yu Yuan's deep roofs, are, like the dragon heads, additions by the Guild merchants. In the same idiom but in keeping with scholarly ideals are the very finely crafted brick reliefs let into many of the walls. Two streams flow out of the pond, one north-eastwards back to the rocky hill, the other eastwards, beside a double, zigzag *lang and through a half-moon opening to a pool in front of the Wan Hua Lou, or Storeyed Pavilion of Ten Thousand Flowers. Beyond the next dragon wall, the garden is densely composed with a number of pavilions set on rockeries, and halls, including a sheltered stage with the Dian Chun Tang facing it to accommodate the audience. At the less intensely designed southern end of the garden, through a gateway surrounded by two more dragon heads, a magnificent standing rock over 5 m. high named Exquisite Jade is said to have been earmarked, during the Song dynasty, for the imperial garden *Gen Yue. Beyond it, enclosed by rocks and walls, lies the *Nei Yuan.

Zhang Lian (b. 1587), like many other Chinese garden designers and rock-artists, studied painting in his youth and his work shows his grasp of the principles of composition in traditional landscape painting. Born in Huating, now Songjiang County, Shanghai, he worked for some 50 years in the late Ming and early Qing dynasties south of the Chiangjiang (formerly Yangtze River), where many gardens were made under his direction. According to records, his famous works included Fu Shui Shan Zhuang, or Villa of Whisking Water in Changshu, and White Sand with Green Bamboos and Precipice of River Village in Yangzhou, but none still exists. His son *Zhang Ran also became a well-known garden designer.

用作图法简化日照计算

　　摘要：掌握日照规律对建筑设计和城市规划设计工作起着一定的作用。本文介绍用作图的方法求任何地点、任何时日太阳的方位角和高程角。方法和步骤比较简捷。文中又介绍了阴影的应用方法之一。

　　建筑设计、居住区规划设计受着一定程度的日照影响。在进行设计房屋或居住区时，掌握日照的规律是提供更良好、更合乎卫生要求的居住条件的因素之一。

　　我们要求掌握的是在地球上任何地点上的太阳位置。太阳的位置是由太阳的方位角和高程角来表示的（图1）。

　　决定日照角度有两个条件：地点和时间。同一时间，在不同纬度的地点上，日照的方位角和高程角都不同，在同一地点，日照角度随着季节和时间不断地在变动。任何一个地点，只要知道它所在的纬度，就能够根据下列公式，计算出任何一天内每个时刻的太阳方位角和高程角。

　　高程角：$\sin h = \cos \phi \cdot \cos \delta \cdot \cos t - \sin \phi \cdot \sin \delta$

　　方位角：$\sin z = \sin t \cdot \cos \delta \cdot \sec h$

　　ϕ 是当地的纬度。

　　δ 是太阳的赤纬，又称为倾斜角，它是太阳和地平面相交的角度（图2）。由于地球围绕着太阳公转，这角度时刻都在变动着，春分这天（三月二十二日前后），赤纬为零度，那时太阳直射在赤道上。春分以后，太阳相对地逐日北移，至夏至日，太阳与地平面倾斜成23°27′。过了夏至，太阳向南回移。秋分时，又直射赤道。过后继续向南，至赤纬南23°27′为止，是为冬至。冬至后，太阳又向北移。赤纬的角度因此逐日不同。可以根据某一天的赤纬来计算当天的日照角度。

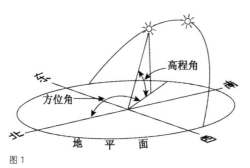

高程角

方位角

地　平　面

t 是时间角。地球自转一周形成夜，一天二十四小时中，太阳每小时转 $15°$。子午线为零度，中午前后每一小时，时间角增大 $15°$。

应用上面的公式计算日照角度是困难的事，但是演算一次，只能两个小时的日照角度，而其中查表运算比较繁琐。如果手头没有函数，太阳赤纬表就更困难。下面介绍角度的作图方法，比较简单方便。工作人员日常与绘图工具为伴，方法是最合乎工作条件和工作习惯的方法。

图 3 的圆 O 中，中间的水平代表赤道平面。最上和最下的水平北回归线和南回归线的平面，它们角度各是 $23° 27'$，亦就是六月二十二日和十二月

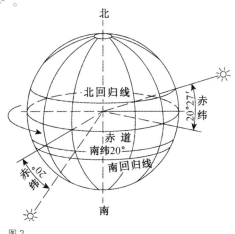

图 2

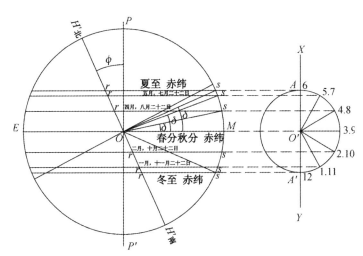

图 3 逐日的太阳赤纬

二十二日这两天的太阳赤纬。延长 EO，取任意点 O'。做 X 垂直于 EO。将回归线延长，交 XY 于 A 和 A'。以 O' 为圆心，$O'A$ 为半径，转动一半径，然后把半圆等分为六份。基于半圆周上的各点，各画线平行于这样，在圆 O 上共有七条线，这七条线即是逐月每月二十二日的太阳赤纬任何一日的太阳赤纬都可以从这方面求得。

图中的 HH' 代表某一地点的位置与 PP' 成 ϕ 角，就是这时 HH' 是从西往东所视地平，OS 垂直于地平面 HH'。赤纬的线代表一个圆周，显示太阳的轨迹。它与地平面的夹角就是当地的日照角度。

以北纬 $30°$ 为例，介绍夏至这一天日照角度的做法（参照图 4）。

一、以 O 为圆心，HH' 为直径，画圆。HH' 为地平面。

二、OP 与 OH 成 30° 角（即角度为所在地的纬度），O 点即是房屋的所在地。

三、作 OQ 垂直于 OP，做 OA 与 OP 成 23° 27′ 角（夏至的赤纬）。如要做其他日期的日照角度，则∠QOA 应等于相应赤纬（图3），平行于 OQ，做 OB，即是夏至太阳轨迹的侧投影。太阳自 B 点露出地平面，逐渐升高，同时又向南移。中午至 A 点为最高。过午后再逐渐降低，回至 B 点日没。

四、延长 PO，取任意点 O′：作 O′C 平行于 AB，OC 等于 AD。以 O 为圆心，O′O

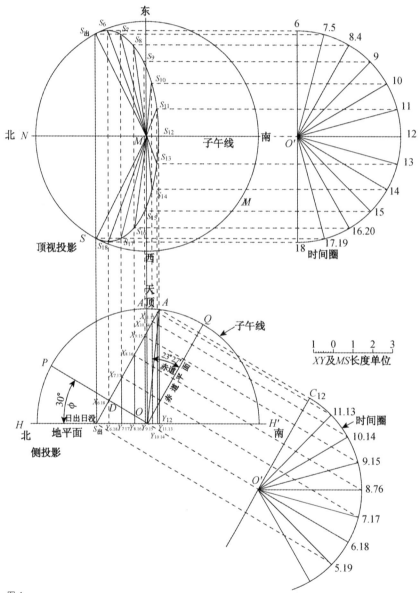

为半径，做一半圆，这就是时间圈，C 点为中午 12 时。在这时间圈上每隔 15° 划分一点，每一点为一小时。从这些时间点 12，11，10……即是这一天内每个小时太阳的位置（侧投影），每一个点代表中午前后两个时间。

五、现在，先求每个小时太阳的方位角。在圆 O 上面，以等长的半径画一圆 M，作为地平面的顶视投影。M 点即是房屋或城市的所在地。

从 AB 线上各时间点 X 出发，各画线平行于 OZ，向上画在圆 M 内。各个小时太阳在平面上的位置都一定在相应的各个小时的线上从 M 作线垂直于 OM，任取一点 O''。以 O'' 为圆心，OC 为半径作一半圆等分这半圆为 12 份，每角为 15°，在圆周上的各点即是各个小时太阳行经的位置。从这些点，各作线平行于 $O''M$，依着各个小时相应地与平行于 OZ 的线 XS 相交。于是就得 S_8，S_9，S_{10}……各点。把 S 各点相连的曲线就是太阳在这一天的轨迹的平面投影，而 S 各点是每个小时太阳的平面位置。S 出 S 没是日出、日没时太阳的位置，它们的时间可以倒回去从圆 O'' 的时间圈上量出，日出的时间约在上午五点钟，日没约在下午七点钟。$\angle NMS_n$ 即是各个小时太阳的方位角，可以从图上直接量出（表 1）。

表 1

时 间	方位角	MS	XY	高程角	单位影长 $=MS/XY$
12 时	180°	0.7	5.78	81° 25′	0.121
11 时、13 时	110° 45′	1.5	5.62	75° 10′	0.266
10 时、14 时	96°	2.65	5.18	62° 55′	0.512
9 时、15 时	87° 45′	3.8	4.42	49° 15′	0.86
8 时、16 时	81° 45′	4.67	3.48	36° 45′	1.34
7 时、17 时	75° 45′	5.3	2.37	24° 05′	2.24
6 时、18 时	69° 15′	5.68	1.18	11° 45′	4.82
日出 日没	62° 30′	5.8	0	0°	∞

六、S_n 和 X_n 是太阳的位置，X_nY_n 是形成日照角度的真高，MS_n 是其远，因此太阳的高程角 h，可以从 X_nY_n 和 M 之间的关系 S_n 计算，即是 $\mathrm{tg}\, h = X_nY_n/MS_n$。如果单位高度为 1，那么，影的长度 $= MS_n/X_nY_n$。

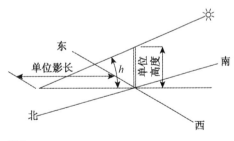

图 5

任何一个时间阴影产生的地位就是在这时间内日照相反的方向上，也就是日照的方位角相差 180°（图 5）。

表 1 是从图 5 所得北纬 30°，夏至的日照角度和单位影长。

求其他地点和其他时日的日照角度，可以在第二步和第三步内将当地的纬度和当日太阳赤纬这两个条件代入，其他的方法、步骤都完全一样。

用作图法求得的日照角度没有用公式计算的精确，但在建筑设计、住宅区规划工

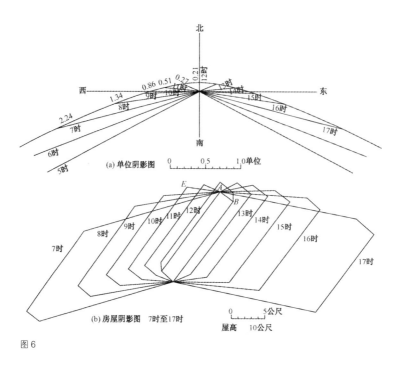

图 6

作上应用是完全能满足要求的。

下面介绍画制房屋平面阴影的一种方法，仍以北纬 30° 夏至日为例。

首先绘制单位阴影图（图 6（a））。

先作二垂直线，是为东、南、西、北四个方向。然后，根据图 4 圆 M 中每小时日照的方位相反的方向绘出每小时的阴影方向线。在各方向线上截取每个小时的单位影长。上表中的影长是以单位高度为 1 的影长数值。在这阴影图中，为了工作方便可以根据不同的条件和需要，采取不同的单位高度。大致有三种不同的单位。一是以单位的尺寸，例如 10m 为单位高度。也可以拿层高作为单位高度，如果房屋是 15m 高或者 5 层楼，那么它们的影长就等于 1.5 或 5 乘以个别的单位影长。如果在建筑群中的房屋高度大致相同，则可采用屋高作为单位高度，在绘制阴影时就更加便捷。阴影线旁应注出时间和单位影长的长度。图中只能表示出一段范围内的影长，因为接近日出的时候，影子非常长，不可能画出，在应用上也无此必要。

应用时，将单位阴影图放在桌面的一旁，方位与平面的方位一致，如果求上午十时的房屋影子，可在 ABCD 的一角 A 作一线平行于阴影图上十时的阴影方向（图 6（b）），取 AE 等于影长。作 FG 平行并等于 DC，连 GC，GC 和 FD 都平行于 EA，AEFGC 即是房屋在上午十时的阴影。其他时间的阴影可用同样的方法画出。不论房屋的朝向是正南，或是任何角度，都能同样方便地绘出。

84　（本文原载于《同济大学学报》，1958 年第 4 期）

本科生课程教学（前排左一为李德华先生）

本科生课程现场教学

李德华先生规划
专业讲座

城市规划教研室早
期合影（后排左七
为李德华先生）

城市规划教研室早
期合影（后排右四
为李德华先生）

城市规划教研室
早期合影（最后
排为李德华先生）

城市规划学术思想的引进与输出

建筑师的社会责任
——关于推倡建筑、推倡规划、环境心理学、环境历史学和环境设计的札记

[美] 多萝瑞丝·海登　著　李德华　译

编者按：多萝瑞丝·海登（Dolores Hayden）系美国加利福尼亚大学建筑与城市规划系副教授，1980年4月曾作为美国女建筑师中国研究小组代表团成员来我国访问，并在北京、上海、广州等地作了学术报告。代表团参观了同济大学建筑系，并在学校同师生进行了学术座谈，她的两篇文章《建筑师的社会责任》和《1960—1980美国的建筑、城市规划与环境设计理论的发展》系作者从美国寄来的上述报告的讲稿，两文由李德华先生和蔡婉英女士分别进行翻译，经由李德华先生审校后发表。

什么样的建筑学和城市规划才是对社会负起了责任？许多美国的理论家和实践家们一直在向他们自己提出这样的问题。但是，由于理论和实践永远也不能完全分离，在较详细地叙述近年来理论上的发展之前，我准备先提一提自从1945年以来美国城市建设中的几件大事。

在20世纪五十年代和六十年代中，美国联邦政府开展了三项极为重要的建设计划：在主要大城市外围的郊区建造了大量独户住宅，建造了大量公路，从各城市伸展开去；通过城市整新计划，重建了一些城市的中心地区，在此之前，拆除了许多旧居住区。目前，城市地区的居民，有60%居住在近郊和城市边缘地带，而不是住在中心地区。

建筑和城市规划的理论家们对上述情况从多方面发出了反响。我这里仅举最使人感兴趣的几家学说作一些介绍。首先要一提的是推倡建筑运动。这个运动是在六十年代的中叶开始的。有许多对由于城市整新计划而使旧城区摧毁持反对态度的年轻实践家参与其间。他们在居住区内，就地设立起设计事务所，称之为"社团设计中心"。他们为当地居住区遭受拆毁发起斗争，他们还提出建立更完善的住房和公共设施的要求。他们提出的改革中主要的一点是想办法让使用者参加到设计过程中去。他们采用装配式的模

型来表达设计，还举行小组制图讨论会、视听模拟及社团会议，这些方式都有利于公众参加进去。同时，设计者还试作了些住房设计，试图满足居住者在一段时间内变化着的需要。他们所根据的是约翰·哈布拉肯（John Habraken）[1]领导的"支承结构"（Support Structure）这一小组的思想。居住者能够对屋内的隔墙布置、墙面处理及室外的墙面和窗户有所选择，对住房的工业化建造体系加以补充。

其次，介绍一下推倡规划。同推倡建筑一样，它是在与城市整新计划斗争中开始发展的。它在六十年代中期尝试着从中心城市内生活遭遇差的居民的需要着想。它的组织者们与城市社会学家一起，共同研究那些得不到安置的城市居民的问题。他们与少数民族、失业者、贫民和独居老年人等的组织者们协同工作。推倡规划的工作人员对于普通市民参与到规划工作中去，怀有很大兴趣。他们还同样地在工作程序中把由公民对方案做出评价一事定作为工作步骤之一。他们终于对阻止拆毁某些居住区获得了成功。

在七十年代后期，规划中出现了一个特殊的新领域，那就是为妇女们的需要进行规划设计。以往的规划设计，是把"家"看作为设计的一个单元对象。关系到妇女的许多经济问题和社会问题，都由此而从这个假定中产生出来。在家中，妇女们常被认为是理该每天花费无尽时间来从事做饭、打扫洗涤、看管孩子这类劳动，而且是得不到报酬的无偿劳动。这些家务琐事使妇女难以像男人那样活跃在社会生活中，也不大可能担任社会公职。目前规划设计者都在研究，要弄清楚住房的设计，以及城市的空间对于妇女的经济和社会方面的发展究竟有多少影响。正如六十年代内一些富有斗争精神的社会团体促进了推倡规划那样，妇女解放运动现在则对规划者起着鼓舞作用。美国规划协会（The American Planning Association）在他们会内已设立了一个组，专门研究这方面的问题。一个突出的目标是要建立更多的儿童保育中心，为在职父母的孩子服务。我们也正致力于建设更好的公共客运设施，为的是使妇女们以及男人每天能上下班工作，而不至于只能限制在家庭附近做些临时工作。我们也在想方设法通过更为严峻的法律，同加于妇女身上的暴力行为展开斗争，制裁殴打妻子，并为被打的妇女和儿童建立专门的栖身之所。我们也反对在就业问题上的歧视，并且推动法律在这方面的严肃执行。对于住房、公共设施和工作场所之间在位置上长时期的相互关系，我们正在重新加以探讨，寻求能保护工人平等权的更好策略。

推倡建筑与推倡规划对许多学者从事研究人和城市的方法方面发生了影响。在七十年代中对于人为建设环境的社会历史的研究有所注重，开始以此替代名建筑作品和城市设计的传统历史，城市历史家们则开始强调生产方式和城市空间组织之间的关系。我们对于由商业资本主义、产业资本主义和现时代资本主义等各个时期所形成的城市，已开始进行比较研究。我们开始去观察空间是如何地用以表达政治的思想——不论是我所研究的十九世纪实验性的社会主义社会或者是二十世纪更庞大的市场经济社会。

历史学家们开始提出这样的问题：究竟普通的房屋和城市市区的物质形态在过去是

　　1　现任 MIT 建筑规划学院建筑系主任。——译注怎样影响着一般老百姓的日常生活，这一新的环境历史研究把历史性的保护这一桩工作放到了首要的地位。保护地方性的房屋更为人们所欢迎，为了把城市居住区整个地保护下来作为历史性的地区，还设立了不少机构。

在六十年代和七十年代内，环境心理学家们也还提出方法去研究现时代人们在人为环境内的经历。新的建筑类型，诸如郊区住宅和高层房屋，它们对社会、对个人所起的空间作用，都受到了密切的注视。这种研究帮助我们了解到，在住房方面安排更多的独立私家房屋会提高（在理论上）生活水准，但同时也会带来与人隔绝和压抑的境地，尤其是当这些独家住用的房屋千篇一律、毫无个性特征、与充满着蓬勃生活活力的城市各处决然脱离时，更加如此。

推倡建筑、推倡规划、环境历史学和环境心理学，分别对六十年代的城市问题做出反应。所有这些，在六十年代和七十年代初，推动了环境规划和设计各方面新领域的发展。主要的理论家为凯文·林奇[2]，他著有《城市的形象》（*The Image of City*，关于市民对所居城市在头脑中得到的形象的研究）、《这地方属什么时期》（*What Time Is This Place*，为保护而呼吁），以及《使地区处理得合乎理智》（*Managing the Sense of the Region*，区域设计、环境设计的述说）等书。

环境规划和设计是针对美国郊区和公路上的景象呈现出粗糙和划一而发出的职业性反响，也是对能源消耗的反响。第二次世界大战之后，我们的居住区在这方面十分需要。自然科学（如生态学）与社会科学（如环境历史学和环境心理学）的结合，再加上规划与建筑的传统技艺，从而去创造更完美的环境，这也是要努力去实现的意图。

环境规划和设计非常强调自然环境和人为环境之间的相互作用，以往，许多设计者忽视了这一点，常在基地上大肆挖填土石，也往往过量地采用空气调节设备。环境规划和设计应分析基地地区内物质的、审美的和经济的历史，作为在这基地新建项目规划设计的基础。它强调自然资源和独特自然景观的保护，历史性建筑的保护，还强调要将太阳能技术的运用、基地的规划和设计统一起来。

美国还只是一个年轻的国家。美国在十九世纪时，人们离开稠密的城市，奔向西部边陲。到二十世纪中叶，美国人又纷纷从城市迁出，住到延伸开去的郊区。到现在二十世纪的后期，他们对于自然资源、土地，以及人类社团建造等方面的态度有着巨大的转移。环境规划者和设计者的目的在于保护景观和资源、保护古老的房屋、建设新的建筑来做补充，对使用者在设计上加以指导，并对成果做仔细的评价。现在仍有不少美国的开发建设商在建造郊外住宅区，也还有不少建筑师和工程师在建造粗俗的高层建筑。然而，现在许多年轻一代的实践家认为，这些都是从个人主义出发的，都是过了时的思想。环境规划者和设计者们希望采取必要步骤来为我们的后代创造更为成熟、更为统一的景观。

（本文原载于《建筑师》，1981年第7期）

---

2 曾任美国 MIT 建筑系教授。——译注

1960—1980美国的建筑、城市规划与环境设计理论的发展

[美] 多萝瑞丝·海登 著 蔡畹英 译 华实[1] 校

在 1960 年到 1980 年之间，建筑和城市规划在美国经历了巨大的变化。在这二十年时期的开始时，许多大学为培养建筑师和规划师所安排的教学计划，其中共同的课程是让学生们阅读许多同样的书本，这些书都是由通才的作者所写，探讨一些建筑类型、综合性规划和分区的问题。今天，在这两个领域里的教师、学生和实际工作者之间是很少有联系的。建筑师们已经转向于美学的问题，转向对社会的调查研究、心理学以及模拟智能，以这些作为个别房屋设计新方法的专门知识。规划师则在社会科学和社团组织、环境科学以及经济学方面探索方法学，以此来述说并处理城市的问题。其结果，建筑与城市问题后面的经济现实脱离，而城市规划则与能为空间所表达的文化意义分离开。在美国，也许环境设计这一新领域，有极大的可能使建筑和城市规划协调一致。这个新领域是从建筑和城市规划这两方面汲取而形成的，着重于自然环境、人为环境和政治经济之间，在分析聚居方式及其改建建议方面历史的相互关系。

为使这个论点具体化，让我较详细地回顾一些独特的理论发展过程．在建筑理论领域中，明显地有着各种美学方面的倾向。在 20 世纪六十年代中期，丹尼斯·斯科特·布朗（Denise Scott Brown）和罗伯特·文丘里（Robert Venturi）试图使美国的商业建筑和复制品具有迷惑力——如拉斯维加斯（Las Vegas）的赌场，或西尔斯·罗布克（Sears Roebuck）的对十八世纪美国殖民地式家具的塑料仿制品一样。你们可能也知道他们的一句话，"向拉斯维加斯学习"。在他们以这句话为书名的著作中，他们争辩说这些商业场所和物品具有强烈的通俗性，这样就把群众消费与民间传统混淆了。虽然如托马斯·马尔杜纳杜（Tomas Maldonado）等欧洲人立即对美国广告中许多所谓的"通俗"象征主义（"popular" symbolism）的根源做出了辨别；并向"拉斯维加斯和符号滥用之风力进

　1　华实为李德华先生笔名。

行了攻击，但如汤姆·沃尔夫（Tom Wolfe）等一些文学评论家也宣扬起商业文化来了。这种时行的样式一度衰退，但又以后期现代主义（Post-Modernism）的若干影响之一重现于世。

在这同时，六十年代的早期和中期，纽约有一些建筑师在设计私人住宅中，以勒·柯布西埃的居住建筑，特别是以萨伏依别墅为思想源泉，试图复兴当时欧洲现代建筑运动的英雄精神。前一代的设计者如沙德雷奇·伍兹（Shadrach Woods），曾试图把柯布西埃对设计公共住宅的目标引进美国，而这被称为"纽约五人"（The New York Five）（包括埃森曼、格沃特梅依、格雷夫斯）（Eiseman, Gwathmey, Graves）的小组则与之不同，而满足于在新泽西、温彻斯特和长岛等地设计的昂贵的独立住宅，并且自称他们已经复兴了现代美学。

一些年轻的建筑师们认为"纽约五人"还太保守，体现他们的美学观点的建筑太费钱。他们在七十年代中期，建立了"高度工业技术"（High Tech）这一流派。英国史密斯森（Smithson）的"新粗野主义"（New Brutalism）、加利福尼亚州的查尔斯·穆尔和雷·伊梅斯（Charles and Ray Eames）的作品，甚至三十年代的美国流线型时髦形式——更不必提那些五金和工业产品的供应公司——都是"高度工业技术"派的基础。年轻的设计者，如洛杉矶的彼得·布雷特维尔（Peter de Bretteville）以工业板材体系设计住宅。彻上露明造的钢构架，成为很普遍的了。甚至百货商店也采取这种做法，作为销售的一种手段，推销廉价的、大量生产的工业品给年轻人作家庭装修用。然而，高度工业技术派也可以表现出高度文化——有如理查德·罗杰斯（Richard Rogers）设计的巴黎蓬皮杜中心所表明的那样。

有了这些拉斯维加斯形式随意的庸俗性，"纽约五人"小组的历史怀旧情绪，以及"高度工业技术"的冷淡无情，无怪乎意大利马克思主义的评论家曼弗雷斯·塔夫里（Manfreds Tafuri）要攻击这种设计毫无意义，攻击资本主义的建设。然而，他却赞扬受到意大利人奥尔多·罗西（Aldo Rossi）所促进的理性主义者。奥尔多·罗西要求返回到几何形体去，认为那是永恒的真理，他还把工业革命之前的十八世纪法国设计加以理想化。立方体的建筑物、方格形的城市以及对每一种形式的表现得淋漓尽致，都是他们的特点。

最后，评论家查尔斯·詹克斯（Charles Jencks）试图对上述的一些倾向作一番综述。詹克斯在洛杉矶加利福尼亚大学（UCLA）任教，也在伦敦任于建筑师协会（AA）的建筑学校。他称这为后期现代主义。"后期现代"（"Post-modern"）这一经过改正的名词说明了这些形形色色的折衷主义，包括历史主义、通俗文化和工艺崇拜主义——这个名称是比詹克斯早先使用的"ad hocism"，更为适当，成为正式的历史名词。这个流派的典型建筑物就是詹克斯自己的夏季住宅，一座预制装配的金属结构汽车库（带有拉斯维加斯腔调的较低工业技术风格）。在它点点滴滴的装饰中，都出现历史的样式和从流行文化中取来的材料。查尔斯·穆尔的采用意大利地图形状的新奥尔良水池、菲利普·约翰逊（Philip Johnson）的纽约市美国电话电报公司大楼，它的山墙处理类似十九世纪的带有凹口的家具式样，这两个例子都是这一派人的知名设计。他们这种嬉弄的性质使建筑杂志十分活跃，许多期刊都给了"后期现代主义"的设计方案非常多的篇幅。

但是，并不是所有的美国建筑师都热衷于这些一时的时髦风尚。在六十年代和七十年代中，有相当多的建筑师不再从事于形式的风格分析，而集中精力于社会的和技术的专门研究上。约翰·哈布拉肯（John Habraken）和他的"支承结构"小组里的成员研究了在大量性住房中，使房屋的体系更加适合于居住者能自己进行一部分操作的要求。哈佛大学的城市现场服务组(the Urban Field Service)、麻省理工学院的社团设计实验室(the Community Projects Laboratory)、纽瓦克的"团结"小组（the Ironbound group）和其他的许多社会设计中心——在罗伯特·古德曼（Robert Goodman）、玛丽·肯尼迪（Marie Kennedy）、切斯特·哈特曼（Chester Hartman）、简·沃姆泼勒（Jan Wampler）的领导下——使建筑方面的服务和社团组织联系着，协助各团体、各小组为城市的整新进行斗争，保存城市的居住区，争取更多、更好的公共住宅。由此出现了对环境心理学更大的兴趣——设计人设法考虑对穷苦人们和孤单老人的需要，考虑其他那些没有条件得到建筑师服务的人们的需要。

除了许多建筑师对人们的空间反应发生兴趣以外，另有些人向技术工艺探索，在许多大的设计事务所和许多学校里，对于用电子计算机制图很感兴趣，把这种机具用于方案设计、技术制图和空间布局。发展得最好的也许是麻省理工学院（MIT）的称为建筑机器（the Architecture Machine）的计算机，该院的尼古拉斯·内格罗蓬特（Nicholas' Negroponte）正在研究制造一架具有眼手机能的计算机。到目前为止，这台计算机能组织空间，能画简单的图纸，图上的错误加以改正后，它还会重画。

现在，对城市规划的发展作一个简短的回顾。在过去的二十年中，城市规划理论已经从物质的土地利用规划、基地规划和分区规划转向新的理论研究，重点放在社会科学和自然科学上。其结果，在 1965 年和 1975 年之间，城市规划理论家常常看不到物质的空间。那些在规划工作中的经济学家和社会学家认为空间是不重要的，而建筑理论中的折衷主义实际上更加强了这种看法。在六十年代，联邦政府的城市整新政策使东部许多城市中心地区内的贫民和少数民族居住的街坊遭到了铲除。社会学家们如：哥伦比亚大学的赫伯特·盖恩斯（Herbert Gans）、波士顿大学的 S. M. 米勒（S-M-Miller）以及加利福尼亚大学的彼得·马里斯（Peter Marris），对城市居民的困境进行了富有同情心的研究。由于他们努力的结果，研究各民族社团、研究城市规划中的邻里居民和分析城市建设的效果已成为每一个规划机构的工作的一部分。像杰尔达·威克尔来（Gerda Wekerle）等社会学家们引导着致力于关心老年人、妇女及儿童们的特殊规划问题。除了作调查研究和评价研究之外，环境的模拟，其中包括关于城市改造建议的视听图象在内，已经由伯克利的唐纳德·阿普尔耶德（Donald Appleyard）研究制成，供社团设计服务组使用。

由于空气污染、航空港和高速公路的噪声以及沿海和河流污染的明显影响，在过去十年内，自然科学也影响了规划理论。六十年代里，社团团体曾经发起运动，限制发展高速公路和航空港，在七十年代里，又起而制止建造核电厂。由于有需要对公用事业的工程方案中的环境影响问题提出要求，各规划学系都聘请生物学家和生态学家讲授适应方针的课程。

经济学在以往的十年中也影响了城市规划理论，甚至比社会学和自然科学的影响更大。它在两个非常不同的方面产生着影响。许多城市的财政危机，特别是东部较老的城市，在七十年代里已经激起了传统的和激进的两种反应。持有保守见解的和开明见解的公共财政与土地利用的经济学家们，都建议采用税收刺激和分区的刺激手段来使那些主要的公司（以及他们所承担的工作）继续留在城市中心地区。然而，马克思主义者的经济学家们（以及社会学家和经济地理学家们）认为经济结构的根本问题是一些工业企业要把工厂迁到美国的没有成立工会的地区去，或移到其他国家去（如墨西哥），这个理论甚至有更大的影响。麻省理工学院的贝纳特·哈里逊（Bennett Harrison）、加州大学伯克利分校的曼纽尔·凯斯特尔斯（Manuel Castells）、在约翰霍普金斯的戴维·哈维（David Harvey）以及许多其他人的著作，在年轻的城市规划工作者和城市活动家们之中已极有影响。法国社会学家亨利·勒费弗尔（Henri Lefebvre）、凯斯特尔斯以及美国经济学家戴维·戈登（David Gordon）等人的理论著作都是重要的，他们在城市劳动市场的分析之外，重又介绍了空间的分析。勒费弗尔关于垄断资本主义包含着空间的塑造这一主张，启发了一些年轻的学者对在美国的阶级和空间方面进行新的研究。批判资本主义的空间，创立为自由的人类生活的空间理论，是他们的终目的。

在阐述了建筑和城市规划这两个领域的主导倾向后，你们可能会怀疑建筑师和划师究竟交流不交流思想。对这一问题的回答是偶尔也交流。最近五年中，在一些大学里，交流大多是在环境设计这一标题下进行，这是一个新领域（有时和较早的城市设计相联系），但是它着重在各种形式的经济活动对环境的影响，区域的经济规划和美学规划两者范围的大小，以及自然环境与人为环境之间的相互影响。在国美大的城市地区的规划中，能源的保存、可再生的太阳能和风为利用的技术，以及对历史上典型建筑物保护的兴趣，都是主张环境设计的规划者与设计者所关心的典型问题。在建筑中以及在规划中都有这一类专门化（如我所担任组织协调工作的洛杉矶加州大学的人为环境研究组里），在这两个项目中，学生都来自规划和建筑。他们可以听课，参加讨论会，也可以做包括经济、政治分析的研究工作，同时也做设计。在加州大学里，最近有一个工作室进行了能源规划，以及为一土著美国人团体的住房设计。另一个工作室开展了一项全面综合的规划，该项规划包括在一座滨海城镇保存手工艺工人的住宅和罕见的野生生物。

环境设计中一些最饶有兴趣的理论著作是城市地区和风景的历史学家们的作品——如：戴维·戈尔德菲尔德（David Goldfield）和布莱恩·布朗内尔（Blaine Brownell）的《美国城市：从市中心区到没有城镇》（*Urban American：From Downtown to No Town*），格温多琳·赖特（Gwendolyn Wright）的《伦理主义和楷模住房》（*Moralism and the Model House*），唐纳德·沃斯特尔（Donald Worster）的《自然界的经济》（*Nature's Economy*），萨姆·B.沃纳（Sam B Warner）的《城市的荒原》（*The Urban Wilderness*），

安东尼·卡罗（Anthony Caro）的《权力经纪人：罗伯特·摩西和纽约的衰落》（*The Power Broker : Robert Moses and the Fall of New York*）。这些对美国设计中的政治因素的评论研究全是由一些具有丰富的建筑、规划和景观方面知识的学者所写的，他们分析了规划与设计对美国人民的社会历史所起的影响。

在环境设计方面，我感到在今后十年中，美国确会出现许多有价值的评论和理论著作，这些著作将把文化和空间重新引入规划的领域，还将向许多建筑师们重新介绍政治经济。在以往的二十年中，由于渗入了这样一些领域如：美学、语言学、社会学、生物学和计算机技术，人们在建筑和规划这两方面的训练中，可能已经加深了他们的理论工作。但是，假如建筑师和规划师协同工作，而不是去相互挫伤对方的专业活动，就有必要对环境问题有一个较广泛的、共同的认识。具有美丽风景和长时期民主传统的美国，正在经受着巨大的挑战。经济的发展已给我们带来了一亿辆汽车、五千万幢住宅，以及无法复原的空气污染和水污染，由于高速公路和高层建筑又导致了街坊邻里的毁灭，还有核电站带来的危害。在未来的二十年中，美国人必须严厉地缩减他们的资源消费，但是，如果我们尊重自然的环境和地方的建筑传统，我们仍然能够有足够的资源来维持一个极为适于生活居住的人类环境。

（本文原载于《建筑师》，1981 年第 7 期）

城市规划系列讲座提纲

编者按：1982 年，李德华先生赴丹麦哥本哈根，受聘为皇家艺术学院建筑学院建筑学访问教授，并讲学。1984 年 11 月，受聘担任香港大学城市研究及城市规划中心客籍研究员，并在香港大学、香港都市规划师学会、香港中文大学等多处进行讲座。

本文集收录了李德华先生在此期间的多个讲座提纲。

建筑的地方性和传统性在现代设计中的体现

（1984 年 11 月 26 日在香港大学建筑系讲座提纲）

一、建筑传统性的特征

◎ 外表的、体型的、视觉的要素

一般心目中的大屋顶、构架、斗拱体系，彩画朱挂，阑干、漏窗、月洞门，以及其他中国建筑所特有的要素。

◎ 内在的、空间的、感知的要素

群体布局、内向空间、室外空间的互渗运用，建筑气氛以及文化其他方面在建筑中的反映。

◎ 共性多于个性，在共性中寻求变化

二、影响地方、传统性的因素

◎ 社会、经济

宗法、礼仪、社会治理、生活方式与习俗、因循思想、对封蔽、秘密和开场的观念。

◎ 自然条件

◎ 经济和技术条件

三、现代生活和其他条件的变化对地方、传统性在建筑中的体现的影响和矛盾

◎ 生活方式的变化

外来文化的吸收，生活生产需要的多样，对建筑的要求已有很大不同。

◎ 材料和技术的发展

◎ 经济条件的约束

四、现代设计中体现地方、传统性的若干办法（及实例分析）

◎ 复古折中

◎ 主体性或启示性的处理或装饰

◎ 返朴回真

（丹麦王家艺术学院建筑学院讲座也采用该提纲，着重在前半部分——中国建筑的特征。）

中国城市建设发展进程中的特点

（1984 年 11 月 21 日在香港都市规划师学会的讲稿提纲）

一、中国城市的类别

◎ 不同类型的居民点，居民点与行政区划。

二、中国城市的规模分级

三、中国城市化的进程

◎ 城市数量的增加；

◎ 城市人口的增长和增长速度，以及与全国人口增长的比较；

◎ 各级城市城市人口的增加——特大城市所占比重大，城市人口密集。

四、中国城市的地理分布

◎ 沿海，沿江地区城市发达；

◎ 居民点，生产力分布在各不同时期的倾向、意图和性况；

◎ 均匀分布和依靠经济发达地区的优势问题；

◎ 原材料基地与生产经济基础问题，交通运输的建设问题。

五、中国城市建设的方针政策

六、开展区域规划

◎ 为城市的性质、低位、规模提供确定的依据。

七、控制城市人口的增长率和城市规模

◎ 与经济建设的发展相适应，控制措施。

八、人口较密集地区中农村人口属性上的变化

◎ 城市化的一种新路子，以及对城市化和其他各级城市的影响。

中国的住宅

（1983 年在丹麦王家学院建筑学院的讲稿提纲）

中国幅员辽阔、自然条件各异、历史悠久、民族众多，形成各种具有民族特征、地方特点的民居住宅。

一、几种主要民居住宅建筑

北京四合院、浙江民居、南方民居、云南一颗印：

◎ 平面布局；

◎ 材料、结构；

◎ 建筑形象的细部；

◎ 生活习惯；

◎ 社会家庭、礼仪；

◎ 自然和物质条件。

二、几种特殊类型住宅的介绍

◎ 密洞住宅；

◎ 傣族竹楼；

◎ 广东、福建围子；

◎ 蒙古包 。

三、近代的城市住宅

四、新中国的住宅建设

◎ 城市住宅和居住区建设；

◎ 农村住宅和新农村。

上海市城市的发展和规划问题

（1948 年 11 月 3 日在香港大学的公开讲座提纲）

一、上海市的地理位置、交通运输条件、面积和人口、人口分布

上海市行政区划及其组成——市区的扩展演变；

上海市的城市性质以及在全国的地位——上海经济区；

上海市的贡献；

上海的历史发展简况，着重于近、现代的经济发展和建设发展。

◎ 上海的人口增长，用地扩展及其矛盾

◎ 1949 年建国以来的城市发展和建设成就

经济恢复时期——改善居民生活条件，改建棚户区，新建供二万五千户居住的居住区，开展市政建设。

城市蓬勃发展建设时期——开辟近郊工业区三处，远郊工业区七处，卫星城五处，在各处及市区内建设住宅和新居住区建设道路和其他市政设施。

城市建设曲折时期——近乎停顿状态，市区内"见缝插针"，建设混乱；1973 年建金山卫新城。

重入建设时期——1978 年建宝钢，居住新村大量建设，开辟闵行、虹桥开发区。

二、上海市建设和规划问题

总计结构规划；

卫星城、远郊工业区的效果、原因和解决的办法——规模上几种扩大，政策措施上扶持；

住宅建设问题；

城市污染问题；

交通问题；

旧市区的改建；

开放政策以来的新问题——城市性质和内容，布局上有新的设施和安排，农村建设和农村人口的变化，郊县小城镇的建设。

上海的居住建筑

（丹麦、中国香港讲座提纲）

一、上海居住建筑的状况

现有住宅的类别；

各类住宅数量、比重；

住宅用地的分布；

社会，经济因素和技术经济指标。

◎ 里弄住宅

里弄住宅的演变——从传统天井庭院住宅发展到较大量几种建造的市房；

技术和经济条件决定了近乎标准的结构形式，平面形式和开间尺寸；

里弄的主弄、支弄总体布局，用地经济的结果；

旧式里弄、广式、新式里弄以及花园里弄各例的分析比较；

里弄住宅在现阶段的使用性和存在问题。

◎ 其他类型——公寓、独立住宅及简屋等。

◎ 工房——解放后建设的住宅

建造发展几个时期的特点——住宅的平面布置、标准、结构、层数、总体布局、居住区建设；

经济恢复时期——重点整顿棚户区，市区边缘新建居住新村，底层低密度；

城市改造和发展的初期阶段——标准设计、层数提高至六层，东近郊工业区、卫星城镇、市区边缘建设新村；

城市发展曲折阶段——除金山卫以外几乎停顿，零星建设无计划进行；

重大发展阶段——开始有层高住宅发展。

二、上海住宅的问题

住宅的标准——面积标准和设施标准；

住宅的需求者——人口递增的需要，现有住宅的不足量，淘汰住宅和改建量，公共建筑和其他基础设施的需求量；

存在的问题——建造的物质条件和速度；土地问题。居住区与中心城市的距离，位置问题；基础设施、资金、房租等经济管理问题、种类单调。

三、疏解的对策

统一规划；开展专门研究，扩大居住区用地；东郊区、市区边缘征地新建；市区内改建；大量性里弄住宅的改善、多种方式；建设商品住宅，多渠道、多种方式的筹集资金和分配供应方法；发展建筑工业。

四、现阶段新建住宅例

里弄住宅改建例。

（本文为丹麦、中国香港讲座后综合在一起的讲座大纲。在丹麦时着重讲建筑设计；在香港时着重讲经济。）

长江三角洲、上海市城镇分布和城市化

（1984 年 11 月 28 日在香港中文大学地理系的讲座提纲）

一、自然地理和经济地理概况

◎ 地形、地貌；

◎ 水系、水利；

◎ 交通运输；

◎ 自然资源；

◎ 农业、工业生产；

◎ 人文。

二、居民点的类别，等级和分布状况

◎ 各类各级居民点人口规模的级差；

◎ 城市在地区中的地位和任务；

◎ 地区人口密度高；

◎ 城市密集，城市人口比重高；

◎ 城市化的进程较快。

三、掌握各级城镇的合理发展和居民点的均匀分布

◎ 认真执行我国的城市建设方针；

◎ 积极发展城乡经济建设。

四、解决人口密度过高，地少人多，农村劳动过剩问题

◎ 发展农村创业服务业及其他各种企业。

五、乡镇建设的迫切要求

◎ 农村人口从业的变化导致人口比例实质上的改革；

◎ "城市化"在较大面积、较分散地带进行，是城市化进程中一种新形式的试探，有利于防止大城市和特大城市群盲目扩展。

六、统一的地区区域规划

◎ 要求和实施的可能；

◎ 地区发展的展望。

德国专家雷台儿来访（由左至右：金经昌、李德华、雷台儿，1958 年）

第一届城市规划专业学生与教师及德国专家雷台儿合影（后排左三为李德华先生，1958 年）

德国专家贝歇尔来访交流（二排右三为李德华先生，1980 年）

To Mr. Li Dehua:

Remembrances of your visit
to the Portman Organization
Atlanta, GA, USA
May 1983

1983 年 5 月李德华先生出访美国亚特兰大

德国卡尔斯鲁厄大学专家安英瑟来访（1994 年 5 月）

对城市、时代、理想的思考

CITY in Chinese

The first word that most of those who take into consideration in the study of CITY WORDS, I suppose, is inevitably CITY. Particularly in China, it deserves much more effort to explore into the words that signify city, from their origins to their modern usage, since much about them has been evolving through ages.

The Chinese mentioned in this paper is the Han language that the majority of Chinese people speak and write. But, I would evade the minor discrimination between the names of the language, and for the sake of convenience to the readers, I use the term Chinese rather than Han.

Chinese is a unique language and differs greatly from other languages. It consists of thousands of single characters, or words, each of which is monosyllabic. Every character is a symbol bearing one or several meanings. Chinese characters began as pictographs, and were further enriched by phonetic elements and other ways of formation. However, Chinese still remains ideogram. The ancient character 朩, presenting itself like a trunk with branches and roots spreading out, means a tree, and its modern form, 木, means also wood. John King Fairbank, an American sinologist and historian, has once used two examples 凍 and 棟 to explain the fundamental formation of Chinese characters. 凍 and 棟 read as dong, which is derived from the sound element 東 (dong). putting beside the symbol of ice 冫, it makes the character 凍 (dong), meaning 'to freeze'. The other word, 棟, meaning roof beam, consists of the sounding element 東 and the meaning element 朩 (mu, wood).

Several thousand characters in Chinese languageare far from enough to make up a sufficient vocabulary for conveying innumerous things and complex ideas. Besides single characters that each carries its meaning separately, Chinese has adopted a way of enlarging the vocabulary by connecting characters together to form compounds, or word groups, to build up countless diversified terms and expressions.

The equivalent in modern Chinese of the English word city is 城市, pronounced chengshi[1].

城市, a compound word, is composed of two individual characters, 城 <u>cheng</u> and 市 <u>shi</u>. Connected together, 城市 means city, and separated, each of them has its own meaning, and, of course, different etymological origin.

城 <u>cheng</u>

城 <u>cheng</u> originally means any defensive structure built around a settlement, be it a pallisade, a fence or a wall. Since walls were most commonly employed as barricade, 城 <u>cheng</u> has been customarily recognized as to denote city wall. 说文 ***Shuo Wen***, one of the earliest Chinese lexicons compiled in 121 A.D., defines 城 <u>cheng</u> as a material object used to contain people. The character is formed with "earth"(土 on the left) and "to succeed"(成 on the right)[2], the latter of which also provides the sound to the character 城 . It is clearly understood that 城 <u>cheng</u>, which was built primarily with earth rammed solid, represents city wall. Stone and brick facing over earth core of a city wall was later renovation.

A City wall is built to defend and protect residents from invaders. It encloses its territory within. When one enters a city wall and is in the enclosure of the walls, he considers himself in the city. I believe that it was not long after city wall had appeared, the meaning of the word 城 <u>cheng</u> has extended to what the wall surrounds ; that is, a walled city.

City, similar to any organism, grows. The activity of urban life was first only confined within the walls. While urban activities flourish, the city developes and grows. Once a city expands so much that the land within can no longer hold, it naturally extends its activities from within the wall gates to outward. A city is not limited by the bounds of walls. The word 城 <u>cheng</u> in the sense of territory, has further implication as to signify the land where urban life and activities take place, within and outside the walls.

Now we understand that 城 <u>cheng</u> has three meanings : city wall, walled city, and city in general. In the last sense, it does not necessarily involve a wall.

However, people nowadays do not call a city wall 城 <u>cheng</u> anymore but use 城墙 <u>cheng qiang</u> or 城垣 <u>cheng yuan</u> instead, unless in cases when 城 cheng serves as the prefixes or prefixes to other characters like in 石城 <u>shi cheng</u> stone city, or 城门 <u>cheng men</u>, city gate.

In modern usage, the word 城 <u>cheng</u> rarely stands alone. It is more commonly used in combination with other characters to structure further meanings and implications. Used in combinations, 城 <u>cheng</u> can be an attribute preceding other words to denote something of or about city wall, walled city or city in general, such as in 城门 <u>chengmen</u> mentioned above, 城垛 <u>cheng duo</u>, battlements on a city wall, 城区 <u>cheng qu</u>, city district, 城隍 <u>cheng huang</u>, city god and 城濠 <u>cheng hao</u>, city moat.

It can also be preceded by other words to form word group meaning various types or kinds of city, for examples, 京城 <u>jing cheng</u>, capital city, 新城 <u>xin cheng</u> new city, 小城 <u>xiao cheng</u>, small city, and 紫禁城 <u>zi jin cheng</u>, the Forbidden city.

China, situated in east Asia, is so far away from west Europe, and its culture so different from that of the West. It is interesting and strange enough to find similarity between 城 <u>cheng</u> and its counterpart in some European words. Z ū n, an Old High German word, meaning fence, an embryo form of city wall, has exactly the same as the original meaning of 城 <u>cheng</u>. Zun is phonetically so similar to 城 cheng.

In addition to 城 <u>cheng</u>, there are a few words in Chinese suggesting settlements of different types and sizes, such as : 镇 <u>zhen</u>, usually meaning a town, 村 <u>cun</u>, Village, and 屯 <u>tun</u>, village. I also find t ū n which means village in Old English and enclosure in Anglo-Saxon. They are so remarkablly resemble in meaning and sound.

市 shi

The second character in the compound 城市, 市 shi, has been known as long as 城 <u>cheng</u>. It has evolved much and is now also used in other diverse senses far from its original meaning, a place for goods exchange, so, a market place.[3] It also means market in abstract aspect, not limited only to a physical place.[4]

市 <u>shi</u> has been used as "market" and "market place" ever since. It is found only in recent history that it also implies "city" . Since 城 <u>cheng</u> a walled city, is a place more or less densely populated, markets, most inevitably, happen to emerge in a city. A market, 市 <u>shi</u>, always attracts people, thus is likely to have settlements appear around, tentatively at first, then growing into permanent ones in various sizes. 城 <u>cheng</u> and 市 <u>shi</u> seem inseparable — where there is a settlement, there certainly is a market. Gradually people import 市 <u>shi</u> to a settlement in contrast to a country. It means a city or town, or more specifically, a certain administrative division.

Such a division is a city designated by authoritative recognition, known as a municipality. A well-defined passage can be found in the ***English-Chinese Glossary in Housing***, ***Urban Planning and Construction Management***[5], which reads : " 市 <u>shi</u>, Municipality. In China, (it is) a city empowered by the State Council to maintain its own government and organizational system, with jurisdiction within a designated region." "Certain major cities," it continues, "i.e., Beijing, shanghai, Tianjin are centrally administered municipalities that report directly to the central government. " Of course, other municipalities than these major ones are at provincial level, or at county or local levels according to the their respective status.

The meaning of 市 <u>shi</u>, when used in 市集 <u>shi ji</u>, market, 市价 <u>shi jia</u>, market price, or in 花市 <u>hua shi</u>, flower market, 股市 <u>gu shi</u>, stock market, and 超市 <u>chao shi</u>, supermarket, is derived from the meaning of market.

In combinations like 市民 <u>shi min</u>, city dweller, 市容 <u>shi rong</u>, the appearance of a city, 市政工程 <u>shi zheng gong chen</u>, municipal engineering, 市 <u>shi</u> stands for a city. While 市 <u>shi</u> in such terms as 市区 <u>shi qu</u>, city district, 市界 <u>shi jie</u>, city boundary, 市长 <u>shi zhang</u>, mayor, and 市政府 <u>shi zheng fu</u>, city government, means an administrative division.

市 <u>shi</u> is most often used together with 城 <u>cheng</u> to form 城市 <u>cheng shi</u>, which is the exact equivalent to "city".

城市 <u>cheng shi</u>

The characters, 城 <u>cheng</u> and 市 <u>shi</u>, originated from "city wall" and "market" respectively, are both polysemous. Each of them has developed, among other implications, to mean city or municipality, but the use of them has some limitation. The term 城市 <u>cheng shi</u> has now come into wider application in the use as "city". With 城市 <u>cheng shi</u>, we can compose even greater number of terms.

As a material noun meaning city, 城市 <u>cheng shi</u> can be used to denote a variety of cities by joining attributes preceding them, similar to English. For different sizes of city, we have 大城市 <u>da cheng shi</u>, large city and 小城市 <u>xiao cheng shi</u>, small city. For types and forms of city, there are 港口城市 <u>gang kou cheng shi</u>, port city, or 带形城市 <u>dai xing cheng shi</u>, linear city. Garden City is known in Chinese 田园城市 <u>tian yuan cheng shi</u>, and conurbation 集合城市 <u>ji he cheng shi</u>.

城市 <u>cheng shi</u> can also be used as attribute, forming terms that expresses any or everything of or about city. City planning is simply 城市规划 <u>cheng shi gui hua</u>, and culture of city is 城市文化 <u>cheng shi wen hua</u>. For what we call 城市人口 <u>cheng shi ren kou</u>, it is urban population in English, while for urbanization, we write 城市化 <u>cheng shi hua</u>.

New coinage of terms can be endlessly, using such combinations.

Synonyms

There are in Chinese language a few words and word groups that are similar in meanings with "city".

镇 <u>zhen</u> is a center with population smaller than a city, the same as a town in English. Combined with 城 <u>cheng</u>, 城镇 <u>cheng zhen</u> represents city and town collectively.

京 <u>Jing</u> means capital city. Beijing, the capital of the People's Republic of China, consists of 北 <u>bei</u> (north) and 京 <u>Jing</u>, literally north capital, and 南京 Nanjing means south capital as it was several times in history. Terms like 京城 <u>jing cheng</u> and 京都 <u>jing du</u> mean also capital city. The latter is the name of the Japanese old capital, Kyoto.

都 du and 都城 du cheng both are "capital city". With 首 shou which means head, or "the first", before 都 du, 首都 shou du becomes the First City, a capital.

Connect 都 du with 市 shi, 都市 du shi is an exact synonym of 城市 cheng shi. This term has been less used in daily life in the Continent, but still popular on the island of Taiwan and in Japan. 都会 du hui is a metropolis, and that is why it is usually written as 大都会 da (large) du hui.

A word remote from "city" in meaning, 埠 bu is just a wharf. Perhaps because of wharves are built only in populous places, passengers arriving at a wharf consider themselves reaching the city. 埠 bu has, in most cases, been used to imply a prosperous city, as in 商埠 shang bu, a commercial city. This application of 埠 bu as "city" has been found only since the opening of the treaty ports in 1843.

The ancient Chinese use 郭 guo, 廓 kuo and 郛 fu to denote the second wall outside a city wall. They do not suggest any meaning of city, though city wall, 城 cheng, turns to mean "city". 城廓 cheng kuo in Japanese is a fortification, a citadel, Himeji Castle is a fine example, 姬路城.

邑 yi is usually only found in old literature. In addition to its meaning "misery", it is also a country, a county or a city, generally a small city.

The last few words are rarely used nowadays.

Someone, who I do not recall, has said that stability in language is synonymous to rigor mortis. And, language do change all the time, as we have seen in the examples of words about city. The change is progressing on and on, enriching and flourishing our language.

注释

1. Pinyin, an official system of romanization of Chinese characters, is used throughout for the transcription of Chinese names and terms.

2. 城，以盛民也，从土从城。

3. From《说文》(*Shuo Wen*). 市，买卖所之也。

4. 日中为市，致天下之民，聚天下之货，交易而退……a well-known excerpt from an ancient book 周易 Zhou Yi, The Book of Changes, believed to be written in II and III Century B.C., "市 shi, be held when the sun is at its highest point, and where people gather and goods exchanged…" Here, clearly, it means market and market place as well.

5. Compiled jointly by the Ministry of Urban and Rural Constructio and Environmental Protection (MURCEP), Beijing, and the Department of Housing and Urban Development (HUD), Washington. Published 1987.

说"城"道"市"

　　进入城市用词的研究之先,我想首先来认识一下"城市"。这里说的并不是城市本身,那是与城市有关联的事业学科如地理学、社会学、城市规划学等研究的领域。城市用词的研究要去认识的是"城市"这一词。藉此,也可以对事物—名称—用词三者之间的关系有个了解。

　　"城市"是由"城"和"市"二字组成,因此有必要分别从这两个字来着手。

　　"城"字原来的意义是围筑用以防御的墙垣。《说文》云:"城,以盛民也,从土从成……"从土,说明是土筑的;盛民,意思是里面住的老百姓。"城",就是城墙而已。我们一般所说"城内""城外""进城""出城",这些"城"字指的都是城墙。

　　后来,"城"字的意义从城墙扩展到城墙所环绕的范围,城这一名称表达了城墙内的整个面积,所谓"县城""京城""卫城",这些"城"字都是这个意思。

　　原先,城市的内容、活动都局限在城内,亦就是城墙之内。当城市的各种活动日益发展,内容不断增长,往往受到城内用地的限制,或城垣的制约,就会超越到城墙以外,一般都首先从城门口往外扩展。渐渐地,作为地域概念的"城",其意义也随之超出城墙围合的范围,及到城市功能活动的用地所在。身在乡下说"上城去"、"城里去",并不意味着非要进入城垣之内不可。

　　从"城"字组成的词,像"城门""城楼""城砖""城垛",以及"瓮城""月城",等等,这些中的"城"字都是指城墙,而另外一些如"城区""城河""子城""边城",等等其中的"城"字却不是城墙,指的都是城市这样一个地域。

　　现在,人们在生活中一般使用"城"这个字,很少表示城墙,原来的城垣这一意义已逐渐在这"城"字上消失;人们如果要表达城墙这意思,就直接说"城墙"。

　　"城"字单独使用的机会不太多,大都与其他字缀用,表达城市的意思,或者与乡相对的意思。

　　现在来看"市"。大家都知道《周易·系辞》中的一段话:"日中为市,致天下之民,聚天下之货,交易而退,各得其所。"市,就是买卖货物交易的场所,是市场。

　　城是密集聚居的地方,必然会有市,或在内部,或在边缘。市的所在,往往会有居民聚居。从定期临时发展到固定长期，就会筑城成城（前一"城"字是原生义的城垣，后一"城"是聚居地域的城。）城和市几乎是不可分割的共生物。于是乎，"市"字参加到"城市"这个词中了，我们把相对于乡村的居民点称作为城市。"市"在这里解释为城市、城镇，可以说与城同义。一般使用，都用"城市"，如城市规划、城市化、城市交通、城市病、城市生态，等等都是。这些都是近代才开始使用的词。

从"市场"到城市，"市"字又有一新的意义——行政区划单位的名称，如上海市、苏州市。在我国，一城市要成为市，必须符合一定的条件和规格，经过国务院的批准，好像是一个头衔，不能自封。

在一些报章中，把 New York City 译为纽约市，也有些文章写为巴黎市、莫斯科市的。这里仅只是城市的意思。

城市的居民称"市民"，城市的设施成为"市政设施"，代表城市面貌的"市容"，还有"市区""市郊"，这些个"市"，都泛指城市；至于"市政府""市界""市域""市长""市花"等，则都与行政区划有关。

市是城市，具有城市的特性；作为设市建制的市，终究也是城市，也应具城市的特性。然而，事实也有不容易解释清楚的。有的市，就是一座城市，有市区和周围的市郊。有的市则有很大的不同，以上海市为例，除了中心城市之外，还有好几个县，每一县内还有好多城镇，或城市。这一"市"，作为建制的市，其意义已超出城市，及到市的行政所管辖的范围。

近年来，城乡经济发展迅猛，也许出于政策上的经济利益，也许是认为市的"档次"高些，许多地方竞相撤县设市。县和市在性质上是不同的，但是，符合了行政建制的一些指标，县一下子就成为市了，专业学科方面的理解和认识与行政管理上的规定起了碰撞。市下有市，那需用"省辖市"、"市辖市"来区别，或者用"县级市"来说明。"省辖市"等是解释词，不是名称，还是难以圆满。

附带说一说定名上的重叠。苏州市所辖原来的吴县，现在撤县设市，改名吴县市，既称县，又叫市，仔细想想，可令人发笑。如果说景德镇市"镇""市"并立是因为景德镇是历史上四大名镇之一，尚可理解接受，称"吴县市"实在太勉强。山东省的威海，原来是一卫所，称作威海卫，现在则名威海市，"卫"字并未列入，就很正确。

城市的用词，有歧义的，易于混淆的也还有若干，往往是学术有一说，政府行政另有说法，社会上一般的理解有时又有不同。要求一个统一似乎是不可能的事。充分了解其间的差异，相互理解，倒是现实的。

（1996 年 6 月 8 日会议发言）

对武汉城市总体规划的几点意见

　　总的看起来，《武汉市城市总体规划纲要》是很好的，它的原则、指导思想、它的整个结构体系，以及它提出的一些问题都是科学、合理的，尤其是看得出来它是经过很多分析认证的，既有一些理想的展望，又考虑了很多现实的问题，比如人口中考虑了常住人口，又考虑了流动人口，在用地规模上有一些是拿常住人口考虑或总人口考虑，一些基础设施是拿总人口来做考虑的，以不同的情况来研究考虑，这些都是很好的。

　　一、关于城市性质。不能把工业丢掉，因为这是我们城市发展的基础，尤其是对武汉来讲，武汉的工业基础是非常雄厚的，今后即使经过产业结构调整、比例调整，工业的绝对发展量，即第二产业的发展量还是比较大，到 2020 年达 30% 以上，绝对产值 1 700 亿元，另外，工业的布局应从主城、卫星城整个工业体系上来考虑。

　　二、咬文嚼字。在性质中，邮电不一定专门列出来，因为它本身就是通讯的一个方面。对于提三十年到五十年达到现代化国际性城市水平，武汉市还是很慎重的，规划年限是二十五年，根据发展的过程提出在规划年限后五年至二十年达到现代化国际性城市水平，这是非常实事求是的态度。这样，这一点不一定摆到性质中去，可以摆到目标中去，不过性质中提现代化作为国际性城市的定语是不合适的，现代化和国际性是两个概念，因此两个概念应作分别考虑，不能把现代化作为国际性城市的定语。关于发展目标第三项中"社会发展目标"里提到的塑造良好的城市文化氛围，加强各类文化设施建设和历史文化岁月的保存，我非常赞成。但文化设施中只提到了要付诸实施的项目，要有这种设施，要有那种设施，而在城市中要形成一个文化氛围。除了设施以外，我们还需要一个载体，这个载体就是建筑、建筑群和城市的空间形象。在纲要的后面提到了文化建筑，这种文化建筑指的是充满建筑文化的建筑。我认为这个概念也应摆到社会发展目标中去。因为我们仅仅有了这些文化设施，而没有很好的文化环境，这还不能够真正形成一个良好的城市文化氛围。不仅仅是因为我们搞建筑的要求这样做，而是规划要明确一下以后做出一些高质量、高水平、能够符合我们武汉条件的建筑。

　　三、人口问题。长期以来我们对大城市规模都是进行控制，怕城市太大，而事实上人口的流动总是从经济发展水平低的地区向高的地区流动。或者说总是向能够有可能获得更好的生活经济条件的地区流动。从历史上来看，古今中外都是如此。从城市来讲，城市要发展，城市要提高，还得要靠人。因为双方都有这个需要，城市经济发展了，就能提供工作岗位了，那么它不仅仅提供工作岗位，从生活条件上也能吸引人来，人能积极到这个城市来，是这个城市有希望兴旺发展的一个标志。而且城市也是靠集聚效应，规模经济来发展的，也需要一定规模。当然城市的发展也受到制约因素的影响，不能是无限制的发展人口。其中有自然的因素，有用水的因素，也有现有基础设施容量的限制。人口向城市的流动是不会考虑这些制约因素的，它只考虑能不能获得工作岗位，如果是连工作岗位也不能获得而来，就叫作盲流。如果是有工作岗位而来的，这是一个好事情，主要就是我们能够做出一个充分的准备，有适当的空间和设施能够满足来的人员的需要，过去我们往往限制得很厉害，结果人们还是来，但由于限制了人口规模，基础设施和设备不足，所以总是缺这缺那。这种情况使我们限制了一个人口规模。等到标准下来时已经突破了。这是由于我们限制的人口规模违背了城市发展和人口流动的规律，如果这是一个规律的话，我们只能顺应规律，引导人口流动，而不能逆着去做。如果这样，常常会碰到许多问题。当然武汉市的人口应该是多少，我是没有发言权的，但是与其限得太紧，将来引起很多东西跟不上需要，造成拥护、污染等现象，还不如我们认真地考虑，充分地准备。问题在于我们的城市到了一定的规模以后，用地集中成片发展时，人口超过一定的容量，那么这一片会搞得很大，太大就会带来很多问题，这个问题还是从几个方面解决，一是城市布局可以采取各种城市形态，城市形成了一大片以后，我们可以分散布局或者指状延伸，让它不至于摊大饼，比如武汉市划分了许多新城和卫星城。这实际上是把武汉市作为一个大城市不让它集中在主城发展；二是在用地规模、密度上给予合理的安排，可以解决由于人口密集导致密度过高的问题；再就是在交通布局上要有一个合理的网络。这样作为武汉市这个大城市来说，对于人口的流入就有一个准备。

至于有一些城市的弊病，这是城市出现的一种现象，而不一定是由于城市大而造成的。也不是大城市固有的。比如拥挤，现在大城市都很拥挤，造成效率很低、生活条件差、环境也差，等等现象，这是由于布局不合理造成的，交通不畅、阻塞是由于道路网的结构、道路设施不足而造成的，不一定是由于城市大而造成的。所以有一些弊病是我们在规划中可以去想办法解决的，有一些弊病是由于城市而造成的，比如失业，因为相对于城市的农村不存在就业，所以也不会存在失业问题，不过这些问题都是一些社会性的问题。城镇体系排了三级，我认为很好，但第二节的新城和卫星城用了两种名称，而文本中对卫星城镇的解释没有说出特点来，如"一定地区内的政治文化经济中心"不能说明卫星城的含义，不能说明卫星城与新城的区别。这二者实际上作为一体考虑就可以了。

四、交通与运输。水运还得看重些，因为长江是黄金水道，可以充分利用。我们现在对水运的重视程度不及其他的，如果城市经济真正发展起来了，水运将来还是会有很大的发展的，对于主城中的交通系统，建议还是要非常明确地提出以公共客运为主，优先发展公共交通，这一点需要更加强调一下，现在当然可以看出是以公交为主，但这一句话要点明、讲清。

五、绿化与生态。湖泊的问题要慎重地考虑，即使是有建设的需求，我们还是要考虑考虑是不是应该把它填掉，在这个方面，还可以从更积极的意义上去讲。武汉地区湖泊非常多，如果把这些湖泊组织到城市形象的塑造中去。会造出武汉市的特色来，也许我们把一些湖泊整理一下对于我们的用地布局、道路系统带来了一些困难和问题，也许我们做得好的话，会对我们的城市增色不少，这是肯定的。我们应该珍惜这个，更不用说这些自然湖泊在生态平衡中起了积极的作用，我们现在也要提生态、山水城市。我们就需要认真地去研究这个问题。至于生态城市的研究是不是本着提三十至五十年达到国际性城市的同样态度。我担心到2020年我们能不能达到生态城市的标准，至多不过是我们的绿化面积多一点，环境更优美一些，因为城市的市区、主城的中心城区建筑和人口如此密集，怎样来达到生态平衡，我认为大家心中并不是很有数，所以在提法上应保守一些，提我们"利用多少时间"或者"到规划期末迈向生态城市"，这样说更合适一些，下一步要达到生态城市，还要做更多的工作，怎样掌握城市开发强度，使它达到生态平衡不是一件容易的事情。

六、关于用地标准。并不是说武汉的用地标准有怎样的问题，现在国家对城市的用地标准都有一些规定，而最近这段时间中，汽车行业出现突飞猛进的势头，要让汽车进入小家庭，美国、西欧、日本的汽车公司也看好中国这个广大的市场，研制适合中国家庭的小汽车，价格符合我们口袋的大小，这么一来，城市中的用地有没有给我们预留这一部分？如果城市用地中没有考虑汽车进入小家庭，汽车的数量达到一个什么高度，那么现在已不堪负荷的城市怎样承受？如果汽车工业部门这样发展的话，它应该与国务院、建设部商量将建设部下达的城市规划用地标准提高才行，不然汽车就进入不了城市家庭，只有进入农村家庭了。如果有了一辆车，在家中需要一个停车的位置，在社会上工作也需要停车的位置，如果要到其他的地方去，还要增加零星几个停车位，城市用地标准没有给我们这个位置，没有给就不能那么发展，要那么发展就要协调地来。中国的城市拿不出那么多土地来，但国家经济要发展，汽车工业要发展，怎么办？我没有答案，只能把这个问题提出来。

(1995年2月"武汉市城市总体规划咨询研讨会"上发言)

曲直须分明

华　实

　　立体交叉、高架道路在各地已建了不少。经常在报章、电视新闻中可以读到和听到有称为"匝道"的，现在在有关交通的公告中也有提到，指的是连接不同标高路面的一段坡道。可惜在很多地方，匝道这一名称却用宽了，也就用错了。"匝"字，根据《辞海》，是环绕、周遍、环绕一周的意思。曹孟德横槊赋诗"月明星稀，乌鹊南飞，绕树三匝，无枝可依"，就是这个意思。所谓匝道，是用来称绕行一圈的环状坡道，像苜蓿叶立交中的环道，那是完全正确的。当然不足一圈而是环行，也可称为匝道。可是，把直线上下的坡道都称之为匝道，未免很不得当。技术术语，应该同科学术语一样，必须定名正确。用意义为圆、曲的定语来表达直线，无论如何是讲不通的。这样的曲直不分，就无法以语言、文字来区别两种不同的上、下坡道。如果是统称两种坡道，应经直呼为"坡道"，不称"匝道"；以下再分为两种，一可名"直（行）坡道"，另一可称"环坡道"，或"匝道"。

（本文原载于《城市规划汇刊》，1998 年第 6 期）

城与乡结合了?!

华　实

　　不知道从什么时候开始，也不知打哪儿发源，出现了一个令人困惑的名词——城乡结合部，从一般报章已经蔓延到了城市规划界。什么是城乡结合部？笔者曾特别留意，却并没有找到一个定义，更不明其"结合"在哪里。不过从一些文字和语言中还可以知道它大致的意思，指的是城市市区与乡交界处的一段地方，市区与乡之间的界限只是一条线而已。城市在发展，市区的建成区就会扩大，市区沿界线一带也会建设起来；而在乡的那一边也要发展，会依托市区的一边开发建设。这样，沿着边线一带就形成了城市型的建设。这一地带只能说是市区与乡的接壤地带，绝不能称之为城乡的结合。

　　城乡对立、城乡差别，是长期历史以来人类社会的一种历史现象。多少思想家、革命家、仁人志士为之殚思竭虑，探寻兼具城、乡优势的社会和居民点、甚或身体力行，为人钦佩。所以说，"城乡结合"是一个必须认真探索、深具内涵的严肃课题。把这一词用在市区与乡的接壤地带，名实毫不相干。更何况在所谓"城乡结合部"，一般多是建设混乱、环境恶劣、藏垢纳污、治安堪虞，是城市的头痛地段，标之以"城乡结合"，何止是个讽刺，简直可以说是亵渎！定词不可不慎。

（本文原载于《城市规划汇刊》，1998 年第 6 期）

郊区能"郊区化"吗?

华　实

原本是人工制造的，现在采用机械设备替代体能，我们称之为机械化。在没有电的地方通上了电，生活生产都用了电，就是电气化。这样的理解如果不错的话，那么，"郊区化"一词却使我大为纳闷。

所谓"郊区化"，指的是人们从城区迁往郊区居住这么回事。《辞海》"郊区化"条给的定义是"城市范围向郊区扩展，城市人口迁往郊区的过程"。这里指的不是一家两家的迁居，少数人们的搬迁不可能会引起社会和学术上的关注，由于这一过程的出现，其结果是：人们迁居到郊区的这一片土地原本是田野，被建成了城市型的居住区。这也就使城市范围扩展，成为城市的一部分。搬迁到郊区，并不是将这地方化成为郊区，哪有郊区被"郊区化"而化为郊区的道理呢！

"郊区化"此词，来自外语。在引进和翻译时看来不能简单地照字面转手译过来，还是要从意义着手，多费一点思考，更何况"郊区"一词与外文原字不见得完全对应。

《辞海》这一条释文在后面接着说："……人们纷纷迁居市郊，形成一股'迁郊热'。""迁郊"倒道出实质，建议不妨采用此词。

（本文原载于《城市规划汇刊》，2000 年第 4 期）

"市"不等于"城市"

华　实

　　市是市，城市是城市，两者并不等同。

　　市，可以是集市、市场的市，菜市、股市的市；这个"市"当然与城市的意义迥异，一瞥即明。这里指的是作为行政区划，设市建制的市，这一"市"并不就是城市。

　　以上海为例吧。上海市是一直辖市，面积有 6 000 多平方千米，行政管辖 14 个区、5 个县，还有浦东新区。在这么一个市的范围内，实际上有着好多城市。中心城区事实上是一个大城市，即以县来说，每一县都有一个县城，或称县镇——县级人民政府的驻在地，如崇明县的城桥镇、青浦县的青浦镇；此外，还有诸如朱家角、泗泾、堡镇、南桥、奉城及其他大大小小的镇。这些镇和中心城区一样都各是以非农为特征的城市型居民点，也就是城市，或城镇。"镇"这一字，有着双重含义，一是和城市同样性质而规模较小的城市型居民点；另一个意义，镇也与市类似，是行政区划，设镇建制的镇。一个市的行政管辖范围内包含有好多城市，可见得我们不能一个市认为是一座城市。也有可能某个市确只有一座城市，即使是这样，这里的市，与城市，依然属于两个不同的概念。

　　近年来，许多地方撤县设市。同样的地域人口、内容，居民点的分布亦未变动，昨天为县，今天就称为市了，可见这仅足行政意义上的称谓改变，与城市无涉；否则，县岂不也成了城市。

　　明白了市与城市的不同概念，就应该把它们区分清楚，不要在使用上混淆。以城市规模为例，我们不能把一个市的人口数就认为是城市的人口数量；有的报道说某某市人口多少多少万，是全国最大的城市，这样的提法并不真正反映城市的规模。一般媒介多有这样的说法，希望从事我专业人员对此慎用。

（本文原载于《城市规划汇刊》，2001 年第 1 期）

建筑面积密度失踪了

华　实

　　城市规划、住宅建设有一个指标，叫作建筑面积密度。这个指标，大家都知道指的是在一块土地上所建的，或将建的建筑物的总面积与这块土地面积之比。沿用已有数十年。忽然，不知从何时开始，这个词消失了；取而代之的是一个称为容积率的名词。任何民族的语言文字都是在不断发展的。容积率只有三个字，比建筑面积密度省略50%，念起来也顺口，而且也不致与建筑面积之类的词混淆。无怪乎应为采用。

　　可是，容积是立方的体积，怎能用它来表达面积！这是无论如何也讲不通的。

　　人家告诉我说这容积率是从日本国借引过来的。那么会不会是日语中的容积的意思就是面积呢。我请教了懂日语的朋友。他说日语中的容积，ようせき，意义与汉语中是一样的，但是他说他不了解为什么他们以容积来表达面积的比率。日语中的用法，我们无权过问。在我们汉语中，这个术语，字面与内容完全不相符，明显是错误的。不过，此词已广泛地被接受、使用率亦颇高，事实上似乎已被认可为正式的术语了。这里，有两点希望：一、在约定俗成之下，明白这个词在字面上是错的；二、在今后选词用词之前，须加深辨，以纯洁语言。

（本文原载于《城市规划汇刊》，2001 年第 2 期）

李德华：理性、浪漫、人本

　　李德华先生是我国城市规划界的开路先锋，更是同济城市规划专业创始人之一；值此《理想空间》编著之际，编辑部专访了李德华先生。李先生言语间睿智哲理而不乏风趣，向我们娓娓道来……

　　（编辑部简称记者，李德华先生简称李。）

中国近现代规划史

记者：今天很高兴有机会和李先生一起聊一聊有关中国近现代城市规划的一些故事。首先请问李先生，中国最早可以称得上近现代规划的是从何时开始的？

　李：应该说可以从20世纪40年代的"上海都市计划"算起，在这之前，规划的形式主义痕迹比较明显。比如日本人在东北做的规划，特别强调轴线，如大连、沈阳、长春，等等。

记者：在此之前上海所做的规划呢？

李：30 年代的上海规划也是比较重形式的，强调主轴线、次轴线，强调用道路连接的重要节点，并规划有换路、放射路，比如四平路就是其中的一条。

记者：当初的规划是怎样考虑新城选址的呢？

李：当时规划的新址在黄浦江下游，就是在相对租界的下游建设一个新的城市中心，这样进入黄浦江的船只就会先经过中国政府建设的中心，然后再到租界的外滩。这是一种反殖民思想的体现。

记者：能否将 20 世纪 30 年代的上海规划称为中国近现代规划的转折点？

李：准确地讲是近代规划的转折点，而还没有涉及现代。因为在城市规划领域谈到现代问题，应当与建筑学中的现代主义相联系，比如《雅典宪章》的思想还没有影响过来，这样在时代的划分上就与一般的观念不完全吻合。

记者：那么现代思想是从 20 世纪 40 年代开始的？主要表现在哪些方面？

李：对，就是以上海 20 世纪 40 年代所做的都市计划一稿、二稿、三稿为代表。当时离雅典宪章的宣布已经有 10 来年了，中间经历了第二次世界大战。二战结束，1945 年上海着手准备大上海规划，已经够迅速了，但伦敦的规划在战争还没有结束就已经开始。

记者：当时的规划有哪些特点？

李：首先是从全市行政范围整体地考虑，并不像一般城市局限于市区中心城市的发展。在研究讨论时，引入了区域规划的概念，做了中心城市以外的城镇分布布局。当时上海市的市域范围比现在要小得多，往南到闵行为止，崇明岛也不在内。当初的规划并不从城市中心一圈圈往外蔓延发展，而是采取了有机疏散的理论，形成一个疏松的结构；沿着交通线，指状地布置居民点和城镇。指掌间有楔形绿地伸入。都从功能出发，一点不从形式出发。

交通也是一个重要考虑的方面，城市道路讲分类分级，考虑了快速道路，也研究港口的选址。城市的结构也相当重视，如居住区的组织结构形态，邻里单位的思想也是在当时引进的，中心城的局部地区也做得比较详细，不是为了其成果，而是为了总体能比较切实些。

记者：当时就有"邻里单位"的名称么？

李：在此以前没有见过，"邻里单位"还有其他一些专门名词都是这次规划时从外语翻译过来的。

记者："上海都市计划"做了几年？

李：做 3 年，从 1946 年初开始，历经半年，完成初稿。到第二年制成二稿。三稿的完成已是 1949 年下半年的事了。事实上三年半有余。

记者：当初还有哪些城市做过规划？

李：南京做过，北京也做过，恐怕比较大的城市都有，不过现在比较多谈到的都是上海的规划。我知道得不全。

记者：大规模地做总体规划是从什么时候开始的？20世纪50年代么？

李：对的，当时凡是有苏联援助项目的城市都开展了。因为有主管部门，所以很多工作都得以展开。

记者：我们是先有规划教学还是先有规划管理部门？

李：城市规划作为一门课程，很早就有，我记得我是在1943年修的这门课的，由德国老师Richard Paulick讲授，内容比较深广。有的学校恐怕更早开设此课。至于正式作为一个专业培养，那要到50年代中期。当时成立城市规划专业几乎全是我们自己的意愿。院系调整时专业设置全都按照苏联的教学体系，金经昌先生和冯纪忠先生想有一个专门的城市规划专业，而苏联的目录上并没有这个名称就挑了一个最相近的，叫作城市建设与经营。不过这一专业的课程并不完全与我国适合，因此做了一定调整。后来来了一位苏联城市道路专家。成立了城市建设专业，该专业以城市道路规划人才为主要培养目标。我们这个专业就此顺水正名为城市规划。城市规划专业实质上是1952年开始的，而直到1956年才正式称城市规划。最早的毕业生1953年就有，他们原来大部分是交大过来的。当时董鉴泓、邓述平和我三人是助教。至于管理部门，与教学并无因果关系，但却是平行的。

记者：我国完整的城市规划体系是哪一年建立的？

李：总体规划很早就有。至于详细规划，"上海都市计划"中就对中心城市若干地区做过较详细的规划，虽然还不叫详细规划，其实内容就是详细规划，用的是地区的名字。比如北站地区规划。（记者：控制性详细规划的出现就要晚得多。）是的，这要到80年代，将国外的zoning引入中国以后才出现的，当时对于是区划还是控制性详细规划，或者说称作为区划是叫控制性详细规划也有过一段时间的争论。（记者：现在也还有一些争论。）我们对城市的看法，对于城市规划的看法也在不断地变化之中，一开始主要是建筑的角度，建筑群体空间艺术的角度来考虑问题，后来眼光才慢慢扩展。尤其是改革开放以后，我们也在思考、在宣传，看需要哪一方面的知识，引入了社会学、经济学、房地产的知识，我们开展课外活动来推广，许多老师产生了兴趣，各位老师也设定了自己专门的方向，有些人搞经济学，有的搞社会学，有的专门搞心理行为学。这样规划学科就变得越来越宽了，当然城市规划核心的内容大家都要掌握。

记者：我国城市规划发展有哪几个高峰和低潮？

李：第一个高峰是解放后国民经济恢复时期，国家面临大量工业基地的建设，这个时候大家对规划比较重视。当时重点建设项目很多。许多沿海工厂要迁往内地，这些要新建工厂的地区、城市都需要做规划。然后是大跃进时期，全国遍地开花。我们到江西，把江西全省的城市都包下来。当然那个时候大家的头脑都比较发热，不过这种情况中也有好的一面，就是精神奋发。如果一个地方需要做规划却连地形图都没有怎么办呢？那就步测，步测之后做一个比较粗略地规划，是没有办法的办法。有的阶段在规划的内容上不切实际，对社会和经济的看法与实际脱离得

厉害。城市规模定得太大，指标过高。其结果必然走向低谷，纠正求高求大的倾向。到"文化大革命"时期，更是彻底把城市规划否定，机构被撤销，人员疏散，教学停止，一派萧条。直到改革开放才真正进入繁荣时期，其成就是有目共睹的。

早期规划师

记者：有关"上海都市计划"的内容，我们都知道得比较详细，许多书籍也有介绍。李先生能否谈一谈当时的主要参加者？

李：1945 年我从学校毕业，秋天由系主任黄作燊介绍到工务局的一个处工作。这个处负责都市计划的编制。处长姓姚，从法国留学回来。负责都市计划业务的是钟耀华。他起了很大作用。那时的局长赵祖康十分重视都市计划，礼待专家。

记者：赵祖康后来当了市长？

李：后来担任过很短一段时间的代理市长。解放后曾是副市长。他是爱国人士，抗战期间在内地搞公路建设。胜利后担任上海市的工务局局长。

工务局自身都市计划的专业力量有限。具体的研究编制工作由一个技术顾问委员会来进行。委员会的顾问多聘请社会上知名专家、教授。为首的是建筑师陆谦受，其他成员有黄作燊、王大闳、郑观宣、梅国器、张俊坤等。钟耀华是以公职人员身份参与一起编制的，还有后来任同济大学副校长的吴之翰也短期参加过。

记者：听说还有外国建筑师参与，是吗？

李：有。当时聘请有外国人士技术顾问。一位是 Eric Cumine，还有 A.J.Brandt 和 Rchard Paulick。前两位是英国人，Paulick 来自德国。其实梅国超是美籍华人，名字是 Chester Moy。

记者：这些外国建筑师都是政府特意请的么？

李：是的。他们都是知名的开业建筑师。Paulick 还在圣约翰大学兼任教授。他是由于政治原因逃离纳粹统治，来到上海的。

记者：他们都是兼职参加委员会的工作？

李：是的，他们每人都有自己的事业，从自己的工作中抽出一部分时间来参加。规定在每一工作日的下午五时开始工作，做到晚上，工作繁忙时，午后就集中一起工作。我那时候，早上上班。工作到下午，之后随技术顾问们继续挑灯夜战。在前阶段以研究问题、讨论问题为主，逐渐进入编制方案，既有讨论研究，又有图纸。当时的工作语言是英语，每天的工作都要有记录，由我承担。一部分是文字的会议记录，在第二天上午先把英文本打印出来，随即译成中文本，供晚上确认，并依之继续工作。另一部分是图纸。专家顾问们都是徒手草图，凡是有较统一思想的图，第二天下午就有工读实习生据之画成整齐的图纸，到晚上工作。当时这些会议记录，后来都是由工务局印刷出版。同济大学图书馆有过两本，后来却找不到了。希望能够发现，对那个时期的规划情况、关注的问题可能有更多了解。大概到 1946 年夏天，完成都市计划初稿，初稿总图上都有技术顾问的签名。从有些书籍上转载当时的初稿、二稿等总图，都可以看到他们的签名。规划师在成果图纸上可以有自己的名字，是对他们辛勤工作的承认，同时也是一种责任。初稿完成后，经过多番讨论，期间又经过成立的都市计划委员会讨论。继续进行二稿的编制。到第二年 1947 年春告以完成。

记者：谁是工读实习生？

李：是由钟耀华、黄作燊组织的圣约翰大学建筑系高年级学生。上午上课，下午在工务局工作。

记者：能否详细介绍一下这些参与工作的顾问专家？

李：陆谦受是留英的。黄作燊、王大闳和郑观宣都出身于哈佛，是 Gropius 的学生。Cumine 是英国人能讲广东话。南京西路、石门二路转角的 Denis 公寓是他的作品，后来在香港开业，属香港老一辈的建筑师。早已退休。

Brandt 是上海 Brandt and Rogers 洋行的小老板，与黄作燊是英国 A.A.School 的同学。Paulick 在 30 年代初就来到上海，他有自己的设计事务所，同时也在圣约翰大学任教。上海都市计划工作阶段，他要顾三个面仍然对都市计划悉心投入，十分认真。他是包豪斯的（Bauhaus）的学生。在 1926 年他设计建造的 Toerten Siediung 的钢结构实验住房现在仍然完好地保存着。技术顾问中好几位较早离开上海，而 Paulick 一直到 1951 年才回国。对上海都市计划参与始终。解放后完成的三稿也有他一份辛劳在内。如果他活至今日，今年刚好是 100 岁。他在德国很有地位。11 月 7 日他的生日那天，他的家乡城市将为他举行纪念活动（记者：你不提起的话，在上海也没有人想起他了。）纪念活动有学术报告会、怀念晚餐会，还在他设计的实验房屋内和市政厅内分别举办两个展览会。纪念活动的所有材料都将归到 Bauhaus 档案馆。

记者：回国后他有什么成就么？

李：他回到当时的东德，任建筑学院的副院长。他主持过东柏林斯大林大街的规划。设计过沿街的若干建筑，包括歌剧院等建筑。也许是由于当时东德处在苏联思想影响之下，他的风格有些与以往不同。

记者：您是从什么时候认识他的？

李：当初他在圣约翰大学任教授，我是他的学生。后来曾在他的事务所工作。事务所挂两块牌子，一是 Paulick&Paulick.Architect and Engineers ；另一是 Modern Homes，专做室内设计。Paulick 业余还参加外侨业务剧团设计舞台美术。剧团叫作 ADC（Amateur Dramatic Club）。历史很悠久。兰心大戏院最初就是属于这一剧团的剧场。

每有演出之前，我也在业余时间帮助老师画图，有时老师亲自动手画图布景，我也在后台帮着刷颜色。

巧得很，我的两位老师都与话剧有缘。黄作燊的哥哥就是著名导演黄佐临。当时演出一个捷克戏剧《机器人》，描写未来。舞美设计黄作燊担当，我也参加出过一点力。那还是在学生时代。

记者：当时国内从事城市规划的还有哪些人？

李：那时我只是个"小八拉子"，天下事知晓得有限。在上海都市计划工作阶段，只见到有两位先后从南京到上海来"观察"的长者。一位是哈雄文，曾任营建司司长，院系调整后是同济大学教授，另一位陈占祥，也是 Patrick Abercrombie 的学生，为人风趣，长得特黑，我从前也很黑，他比我黑上一倍（众笑）。后来他在圣约翰大学任教过一学期，也许有两个学期。

规划师的爱好与理想

记者：李先生除了规划设计之外，平时还有什么爱好？

李："我这个人什么都有兴趣，爱好美术，什么都试试，水彩、油画、图章、国画，但什么都拿不上手，爱好而已，也喜欢音乐。上海音专的合唱团也吸收过我，人家独奏音乐会我都上过台。独奏音乐会要有人伴奏，钢琴伴奏要有人翻乐谱，我就是那个翻乐谱的（众笑）。

记者：您的主张呢？

李：我不赞成控制城市人口规模，你控制不了。对大城市也是这样，所以被认之为特大城市思想，其实就是城市思想。我们国家以前有一股非城市思想存在，这种非城市思想是隐性的；也有对于城市病的危害性有夸大的说法，所谓的城市病，其中有些并不是城市所固有的，也不都是大城市发展必然造成的后果，往往都是对待处置不当的结果，这正是之所以要规划的一个方面。一个城市在经济上升的时候，你会感觉到需要建设，需要规划；可是城市经济总会有起落，在低谷的时候，正是更需要冷静，而且有条件和时间来总结、来研究规划问题的时候，为经济的上升做好规划准备。

记者：请李先生给我们今后工作提一些建议。

李：要重视理论，每个项目都要有明确的理论指导。不过在社会上，有时候理论似乎成为一个贬义词。往往说某某人"理论一套"。暗指他只会说，不会做。其实没有理论就没有根据，没有了正确的认识。其次，我们不能墨守成规，要有创新。理论也要有所发展。再是，要有理想，城市规划的许多道理大都是理想主义者建立起来的；而且他们的理想并不仅局限于城市，理想城市的思想是在追求理想社会的背景之下出现的。把理想说成是不可能实现的思想，这是一种误解，理想是你不断去追求的，虽然你不能达到，可是你前进一步就接近理想一步。即便达到了，你也不满足，马上会有一个新的目标出现。霍华德，他有一个田园城市的思想，有了思想以后，他还要成立一个公司把这种城市建立起来，尽管最后没有成功。但留给我们的精神是可贵的。事物一定是在大家的不断努力中完善的。

记者：现在的学生，一直非常忙碌，参与各种项目，是否反而会限制了他们的想象力？

李：现在的学生，生逢其时，有很多机会参与各种规划设计项目，知识、经验和物质双丰收，真是幸福。要认识到这一点。然而任何事物都有正反两个面。有得有失。是不是有这种情况：工作太忙，项目占了大块时间？人在学生时代应该有多方面的发展，来完善自己。有什么专业以外的爱好，也要去孜孜追求。生活是多方面的。如果有学生在这时期，都处在眼前的现实问题中，要知道当前的现实，是有局限的。城市规划领域是非常大而繁复。有些问题应该去研究，你却没有机会。现在的学生恐怕在这方面有所缺少，要多些想象，多些浪漫主义，只有现实，容易陷入实用主义。浪漫要趁年轻，年轻时不浪漫，到老你就无法浪漫。其实浪漫完全有与现实融合的。人，还有要理想。

希望同学们多花一点心思关注在普通老百姓身上。城市规划工作的对象是城市，但实质上服务的对象是生活在城市中的所有居民，而且不能厚此薄彼，弱势人群更该给予更多关注。

我国现正处在城市化特别快的进程中，你们要珍惜这个好机遇，切实地从现实到实践全面充实自己。规划建设要为城市、也要为城市规划这一专业的发展努力。

记者结束语：很感谢李德华先生能在百忙中抽出时间给我们上了一堂充满哲理的规划课。

（本文原载于《理想空间》，2004 年第 1 期创刊号）

城规退休支部杭州活动李德华先生与罗小未先生合影（2004 年）

城规退休支部杭州活动合影（前排右六为李德华先生，2004 年）

李德华先生回访罗店（2011 年）

城规退休支部回访罗店活动合影（前排左五为李德华先生，2011 年）

城市建筑规划设计与实践

大上海都市计划/1946—1949

编者按： 大上海都市计划一、二、三稿编制于 1946—1949 年，以欧美现代城市规划理论与实践为借鉴，以有机疏散、功能分区、邻里单位组织等作为都市计划的基本原则，是近代中国以理性主义和科学精神编制大都市区域规划最为系统和完整的一次尝试。这三稿对于后期上海城市规划的编制和城市发展、对于现代城市规划理念进入中国城市规划学科领域，具有非常重要的意义。

大上海都市计划的编制工作由多个部门多领域专家共同参与完成。李德华教授1945 年从圣约翰大学建筑系毕业后，进入上海市政府工务局工作，以技士身份参与了这项大上海都市计划编制工作，负责工作会议的英文记录和文稿整理，并带领圣约翰大学高年级学生参与了都市计划的绘图工作。

结合大上海都市计划的编制，圣约翰大学建筑系毕业班学生以"梦想城市"（Dream City）为题，根据邻里单位的规划原则，选择虹桥地区进行新城镇设计。该毕业设计作品在 1947 年夏天进行了展览，受到多家媒体积极报道，给饱受战火之苦的上海市民带来了希望的曙光。

本文集收录李德华先生的访谈文章、《大上海都市计划》序及大上海都市计划图集。

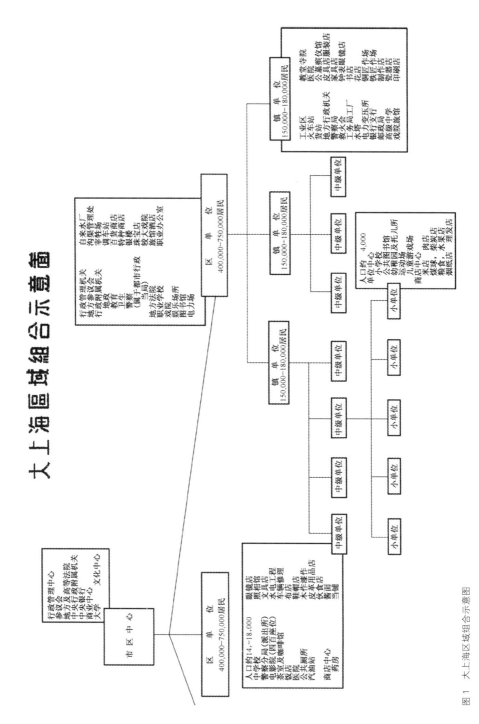

大上海區域組合示意圖

图 1 大上海区域组合示意图

138

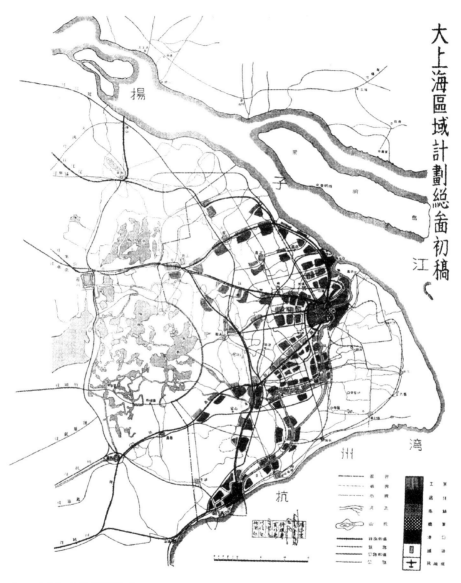

大上海區域計劃總畧初稿

图 2　大上海区域计划总图初稿

139

图3 上海市土地使用总图初稿

図4　上海市干路系统总图初稿

141

　图5　上海市土地使用及干路系统总图二稿

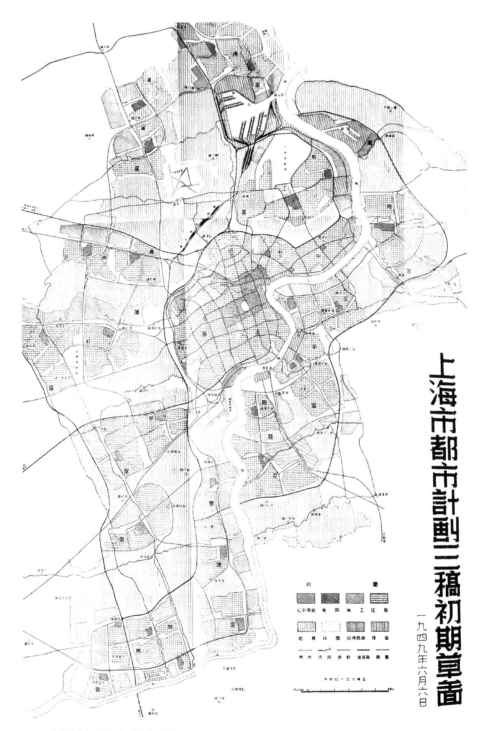

上海市都市計劃三稿初期草圖

一九四九年六月六日

图6 大上海市都市计划三稿初期草图

李德华教授谈大上海都市计划

　　1946 年是个特别值得中国城市规划界纪念的年份。这一年，在当时世界主要大都市之一的上海，一批充满理性和激情的专家学者被召集在一起，为这座城市的未来发展描绘新的规划蓝图——大上海都市计划[1]。尽管这一宏伟蓝图未能正式实施，甲子轮回后的今天，当人们再次审视，仍然难免发出由衷感慨，不仅为其未能生逢其时的命运而遗憾，更为其高瞻远瞩的预判、蕴含的现代城市规划理念，以及老一辈规划人的睿智与严谨而敬佩。斗转星移，这一早已载入史册的宏伟蓝图的编制前后还有怎样特别值得记忆的珍贵史实，已经迫切需要去发现和记载，不仅仅是为了记录一段属于中国城市规划界的史实，更为了传承规划人的职业荣誉，巩固规划人的专业信念，呼唤规划人的历史责任。

　　李先生曾亲历了大上海都市计划的诞生，他的回忆，为人们揭示了更多值得纪念的珍贵史实。为此记者于 2007 年 1 月访问了李先生，现将访谈的主要内容整理成文。文中以"记"表示提问，以"李"表示李先生回答的主要内容。

1. 大上海都市计划的时代背景

记：大上海都市计划是抗战胜利后、国民政府收回租界后首次为上海编制完整的城市总体规划，当时的上海城市发展面临着怎样的时代背景和迫切需要解决的问题？

李：长时间的战争动荡严重影响了城市的建设发展，大量人口涌入上海，城市规模不断扩大，同时由于租界用地分割以及长期缺乏统筹规划，城市建设面临着严峻压力，如何正确应对上海未来发展对于城市空间扩张的需求，合理布局城市空间，是当时迫切需要解决的问题。

记：能否简要介绍旧政府颁布的《都市计划法》和《收复区城镇营建规则》[2]两部法规，是否还有其他的法规依据？

李：《都市计划法》和《收复区城镇营建规则》相当于现在的城市规划法，是编制规划最主要的依据法规。时间太久了，记得应该没有其他的重要依据性法规了。

记：无论从编制的成果内容，还是后期遭受的批判，都能看到大上海都市计划中体现了很多先进的城市规划理念。是哪些主流城市规划理念或理论对大上海都市计划产生影响？

李：当时主流的应该是现代主义的理念，包括现在城市规划界仍然熟知的功能分区、邻里、有机疏解，等等。此外，艾伯克隆比主持的大伦敦规划完成不久，对于大上海

---

1 据史料记载，由于租界和列强割据，抗战结束前，上海始终未能形成一份覆盖整个城市的规划成果。1945 年，国民政府接收上海且收回了租界。此时，上海城市内人口已经达到 500 多万，城市居住等诸多矛盾日益尖锐化，为这座中国重要城市编制一份完整的城市建设规划已经成为一项紧迫的任务。上海市政府因此在 1946 年正式着手城市规划工作，历经三稿于 1949 年 6 月编制完成，又于 1950 年 7 月刊印作为资料保存。详细内容可参阅本文参考文献中有关内容。
2 《都市计划法》是 1939 年旧政府在重庆颁布的，《收复区域镇营建规则》是 1945 年旧政府行政院在南京颁布的，主要涉及城镇规划、土地管理和市政建设管理等方面。

都市计划的编制工作有着明显影响，譬如大上海都市计划中的卫星城镇、根据交通功能划分道路性质等方面就是主要受到大伦敦规划的影响。

2. 大上海都市计划的组织工作

记：大上海都市计划是由上海市工务局倡议并组织编制的，它的主要职责是哪些，还有哪些政府机构参与了该计划与决策？

李：当时工务局大致相当于现在的市政工程局，主要从事城市规划和建设等方面的组织管理工作。

　　大上海都市计划的编制工作有很多政府部门共同参与，具体来讲，主要由专门成立的上海市都市计划委员会来负责召集政府有关部门并组织规划的编制工作。这个委员会类似于现在的政府部门联席会议，没有专门的工作人员，委员会的主任由当时的市长吴国桢担任，最终的决策也是由市长来做出的。此外，工务局局长赵祖康在委员会中担任了当然委员并兼任执行秘书，承担了具体的组织工作，为大上海都市计划的编制和最终完成发挥了重要作用。

　　除主任和执行秘书，大上海都市计划委员会还主要包括两类委员。其一是由立法委员、相关政府部门领导、实业和金融界人士、著名建筑师等各界人士出任的聘任委员；其二是由市政府下属地政局、公用局、教育局、卫生局、财政局、警察局、社会局的局长，以及市政府秘书长出任的当然委员。

记：大上海都市计划编制初期的 1946 年曾先后成立了技术顾问委员会（1 月）、都市计划小组（3 月）、都市计划委员会（8 月）。这些机构的主要作用和关系如何？

李：技术顾问委员会和上海都市计划委员会是两个不同的机构。后者已经在前面介绍了。前者承担了规划编制组织和技术工作，在实际工作中准确的组织名称应当是上海市工务局技术顾问委员会都市计划小组研究会。

记：大上海都市计划组织期间曾邀请过很多专家如陆谦受、德籍的鲍立克（R. Paulick）、施孔怀、吴之翰、庄俊、姚世濂、程世抚、钟耀华、金经昌等。其中鲍立克，好像是唯一的外籍专家。请问还有哪些不同背景的专家参与了这项工作？

李：在你所提到的这些人中，陆谦受和庄俊都是在上海的开业建筑师；Paulick 是圣约翰大学的教授和开业建筑师；施孔怀是当时的上海浚浦局副局长（主要管理港口工程）；吴之翰是大同大学的教师，他后来还担任过同济大学的副校长；姚世濂是工务局设计处的处长；程世抚是工务局园林处的处长；金经昌是同济大学的教授；而钟耀华则是工务局的工作人员。

　　但是以上提及的这些人并未全部参与大上海都市计划的具体编制工作，另外还有些你没有提到的人也参加了具体的编制工作。最初参加编制的人员除上面已经提到的陆谦受、Paulick 和钟耀华外，还有你能够在初稿签名中看到的英籍开业建筑师 Eric Cumine（甘少明）和 A.J.Brandt（白兰德）、圣约翰大学的黄作燊教授、美籍华人开业建筑师梅国超，以及中国建筑师张俊堃，他们八人是正式署名的上海市都市计划总图草案初稿工作人员。此外还有未署名的王大闳、郑观宣等人也参与了编制工作。金经昌则是在进入工务局后参加了第三稿的编制工作。在这些具体参加编制工作的人中，钟耀华作为工务局工作人员，是编制工作的具体负责人，很多参加编制工作的人员实际上就是由他召集来的。Paulick 在初稿方案中发挥了非常大的作用。陆谦受和施孔怀同时还是上海市都市计划委员会的聘任委员。

除了这些直接参与编制工作的人员，还专门成立了工务局技术顾问委员会都市计划小组研究会，你上面提到的姚世濂、施孔怀、吴之翰、庄俊都是这个研究会的成员，具体参加编制工作的陆谦受、Paulick 也是这个研究会的成员，此外还有侯彧华、卢宾候、吴锦庆也是这个研究会的成员。

还有特别值得注意的是，参加编制工作的这些人大多有着紧密的学术渊源背景，大都属于现代主义和理性主义流派。这里面，Paulick 是包豪斯流派的重要代表人物之一；黄作燊早年在英国 AA 学习，后又追随包豪斯创始人格罗皮乌斯先生到美国哈佛大学并在那里完成学业；Cumine 是在上海的开业建筑师；A. J. Brandt 是黄作燊的同学，他们和陆谦受都曾就学于英国 AA。王大闳、郑观宣、钟耀华，以及美籍华人建筑师梅国超也都曾就学于美国的哈佛大学。而格罗皮乌斯离开英国之后，去美国哈佛大学从事建筑教育工作并带去了包豪斯的思想理念。这些有着哈佛教育背景的人实际上同样属于包豪斯流派并且早已相识。因此，大上海都市计划从开始就必然贯穿了现代主义的理性思想和理念。

记：曾经看到，陆谦受、Paulick、王大闳、郑观宣等人曾经共同组建了旧上海的五联建筑师事务所，是吗？

李：不完全是，Paulick 不是五联之一，当时兄弟两人共同组建了 Paulick & Paulick 建筑师事务所，他们兄弟两人都曾就学包豪斯。当时组建五联的另外两人是陈占祥和黄作燊。

记：从其他资料了解到李先生当初作为技士参加了这项工作，请问技士的主要工作是什么，有几位技士参与该项工作，计划编制的日常工作如何安排？

李：技士属于技术工作体系中的一个较低等级，相当于现在的技术员，在工作中主要承担助手职责。工务局里具体参与大上海都市计划工作的只有我一名技士。

由于参加编制工作的专家都是兼职

大上海都市計劃總圖草案報告書

吳國楨題

民國三十五年十二月　上海市都市計劃委員會編印

146　图 7　上海市都市计划委员会秘书处处务会议记录

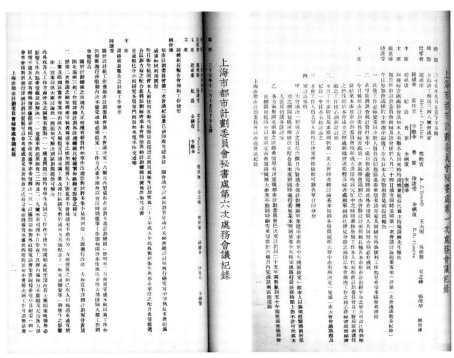

图8 上海市都市计划委员会秘书处处务会议记录　　　图9 上海市都市计划委员会秘书处处务会议记录

性质的，因此日常安排大致是每天下午，参加编制工作的专家会在下班后赶到位于汉口路的工务局，然后就前一天的工作成果和进一步的编制工作进行讨论并确定当天的工作内容，晚餐后继续工作。我和另一位工作人员列席讨论会，由我负责进行英文记录，另一位负责中文记录。第二天上午，由我对前一天的讨论内容进行整理。下午，参加协助工作的来自圣约翰大学的高年级工读生会赶到工务局，他们大约有7～8个人。由我带领他们，根据前一天专家讨论的要求，进行具体的绘图等工作，供当天的专家讨论使用。来自圣约翰大学的学生在工作完成后离开工务局，不参加下面的专家讨论。

3. 大上海都市计划的技术内容

记：有很多理念和思想在最初的讨论中就已经形成，其中最为突出的是跨越辖区的区域统筹理念，譬如初稿的计划范围涉及超过 6 500km² 且包括了江苏和浙江两省的部分地域（当时上海市域范围仅 893km²），这一范围的用地规模与现在的上海辖区范围十分接近（2005 年上海市域范围的面积大约为 6 340km²）。请问，如此超前的眼光是如何引入到编制工作中的？

李：编制工作中的一个重要原则就是根据城市的发展需要编制城市规划，这也正是理性主义的一个重要体现。因此，在初期的规划编制过程中确定了不受现实的行政辖区范围限制，根据城市发展需要进行区域性的研究和规划的原则。实质上，区域统筹

147

的思想，也同样正是根据城市发展需要确定城市规划的理性主义的一个重要方面。总体上讲，城市规划编制工作特别注重于交通和用地的功能布局方面，在区域统筹中也重点关注于这两个方面。

另外，上海市的辖区也很小，南到闵行，东面仅包括黄浦江沿线附近，西侧也仅到真如这些地方，过于狭小的用地范围无法满足像上海这样的国际大都市的建设发展。

记：三稿中曾明确提出，都市计划不是市政方面片面的改良所能奏效，也与整个社会和经济的组织相关。请问这种超越单纯物质空间的认识是如何形成的，具体的内涵是什么？

李：这些思想都是在解放前就形成的。客观地讲，在一定的时代环境下，一些具有典型理性主义思想的理念也只有在解放前才有能力提出。可以说，这种理性主义的认识是超越了过分的意识形态认知的，但它是符合城市的实际发展的。任何城市的建设发展，总是有着深刻的社会经济背景的，城市的建设发展是不可能超越具体的社会经济背景和发展阶段的。

记：在大上海都市计划中，可以看到很多先进的理念和技术构想，包括有机疏解理念：功能分区和区划管理；浦东开发和陆家嘴的商业区布局；市区工业的郊迁和设立郊区新计划区和工业区；中心城区周边及新计划区间设置绿化隔离带；根据交通功能划分城市道路并区分对外高速公路和城市主次干道及支路；在市域范围内统筹多个分工不同的机场，以及港口、铁路、城市道路等多种类型交通设施；市域范围内结合整体规划建成空间布局设置客货运铁路和站场，布局多个城市铁路客运站点；设置联系中心城区和郊区新计划区的客货运铁路系统，避免铁路穿越中心城区；在中心城区鼓励发展公共交通等。此外，还规划有设计车速100km/h的分别为南北向和东西向穿越城市旧区的高架城市主干道，并且在线路设计上也基本与现在已经建成的南北高架和延安路高架相吻合。另外，在人口预测方面，初期曾提出1996年上海城市人口达到1 500万的规模设想（2000年五普时上海人口规模达到1 600万）。请问李先生，早在60年前，在编制规划中如何能够进行如此大胆且显然可能超越了当时建设能力的预想，这些设想有否受到强烈的外部干扰如政府方面的反对？如果有反对的声音，这些设想又是如何能够坚持下来的呢？

李：还是应当注意到，大上海都市计划的编制始终贯彻着理性主义的思想。根据城市的建设需要进行预测和规划引导，譬如1 500万人口规模就是通过数学运算得出的。另外还有一个非常重要的原因，就是在大上海都市计划的编制之初，就已经明确了都市计划的编制应当着眼于未来城市的建设发展目标、方向和需要，至于实现规划的可能和条件并不作为重要的制约因素。因此，才能够在这么多的方面提出很多创想。而且，在一些技术措施的创想方面，譬如在旧城区设置高架城市主干道，也并未受到过质疑和反对。

记：无论从大上海都市计划的成果，还是从您刚才的谈论中，能够明显地感受到理性主义的色彩。近年来，相当部分规划人将城市规划视为问题导向的工具，甚至直接否定城市规划的理想目标导向性。您是如何看待这个问题的。

李：是的。城市规划还是应当坚持以目标为导向的，并且首先应当坚持的就是理想目标的指引，然后才是针对当前的问题提出解决的措施，并且解决的措施也应当符合理想目标的检验。尽管社会经济和城市总是动态发展的，但是不能因此否定城市规划的理想目标导向。

记：那么城市规划有没有核心的工作对象问题。现在的总体规划，似乎正在向着越来越包罗万象的方向发展，甚至包括社会经济发展战略方面的内容也直接进入了城市总体规划的文本中。请问您是如何看的？

李：城市规划的核心工作对象仍然是城市空间，这是应当明确的。城市空间与社会经济发展之间有着紧密的关系，城市规划必须研究社会经济的发展，但是不能因此将社会经济发展作为城市规划的研究核心对象。城市规划所要做的应当是响应社会经济的发展，面向理想发展目标进行城市空间的布局规划，并通过城市空间的规划来促进社会经济发展目标的实现，而不是直接来规划社会经济的发展。因此，将社会经济发展战略方面的内容过多地纳入城市规划的文本中是不恰当的。

记：再回到大上海都市计划上来，就在一稿提出后和在 20 世纪 50 年代，大上海都市计划似乎都曾被批判为过于欧美化。请问两次批判所谓的欧美化是否有具体的内容指向，是否有所不同？

李：所谓的"过于欧美化"还是应当看看批判的人究竟指哪些具体方面。我没有亲自听到过具体的批判内容。

4. 大上海都市计划的后续情况与评价

记：1949 年 5 月上海解放后，赵祖康曾专门请示市长陈毅同意后继续大上海都市计划的编制工作，并于 10 天后的 6 月 6 日完成了三稿初期草案说明及总图，完成后就基本束之高阁了。那些参加都市计划的专家后来都去了哪里，是否仍从事规划工作？

李：这里的有些情况我并不了解，因为那时我已经离开了大上海都市计划工作。至于那些专家的去向，他们原来很多就是兼职从事这项工作的。Paulick 是 1949 年因为私人原因回国的，Cumine 后来去了香港。赵祖康和钟耀华仍然在新政府中从事着与城市规划和建设有关的工作。

记：尽管大上海都市计划基本束之高阁，但是仍然能够从 20 世纪 50 年代和以后的规划，建设中看到它的身影，发挥了一定的作用，这种作用是通过怎样的途径产生的？

李：确实有着重要的影响作用。至于说影响的途径，应该说与赵祖康和钟耀华等人能够在解放后继续留在新政府里从事城市规划和建设有关的工作有着十分紧密的关系。作为技术型的人才，赵祖康和钟耀华俩人发挥了十分重要的作用。

记：请问您是如何参与到大上海都市计划工作的，又是什么时候和原因离开大上海都市计划的，以及离开后的具体工作是什么？

李：我 1945 年大学毕业后，经钟耀华的介绍，正式进入工务局工作并参与了大上海都市计划的编制工作。1947 年，还是通过钟耀华的介绍，离开工务局到南京，在资源委员会工作并参加了无锡电厂的建厂工作。后来，1948—1949 年，我跟随 Paulick 先生在他的事务所工作，这期间又在他的介绍下到圣约翰大学建筑系兼职代课，1949 年，我成为圣约翰大学的教师，1952 年，全国高校院系调整中进了同济大学。

记：60 年过去了，您现在对大上海都市计划有哪些体会或评价？

李：大上海都市计划的编制应该说对国内城市规划事业的发展有着重要的意义和影响。最为重要的方面，大上海都市计划的编制在国内的城市规划工作中引入了理性主义和科学的原则，彻底抛弃了形式主义，可以说对现代城市规划理念进入国内城市规划领域发挥了重要作用。

记：您是从什么时候接触到现代城市规划理念的？是否也曾有形式主义的理念？

李：从开始，我接触的就是现代主义的教育，从未有过形式主义的理念。还在圣约翰大学学习的时候，我们就接触了现代城市规划的理论教育。1944 年，Paulick 在圣约翰大学开设了现代城市规划的理论课程，课程名称就是"城市规划"，主要讲授现代城市规划的原理和理论，这应当是国内最早开设的城市规划课程。

记：您还经历新中国成立后的国内城市规划事业的起伏和发展，并且为国内的城市规划教育和城市规划事业发展做出了重要贡献。请问，能否对国内城市规划事业的继续发展谈些建议？

李：城市规划工作既涉及社会经济方面的内容，也涉及物质空间方面的内容。城市规划必须关注社会经济的发展，正是社会经济的发展推动着城市的建设发展。但是城市规划也必须坚持关注于它的核心领域，也就是物质空间的建设发展。更为重要的是，城市规划必须坚持对于理想目标的追求，当前应当特别注重于"和谐城市"的建设和发展问题。

记：非常感谢您能够抽出这么多时间采接受此次采访。祝您身体健康、生活快乐。

参 考 文 献

[1]《上海城市规划志》编纂委员会，上海城市规划志［M］．上海：上海社会科学出版社 .1999.
[2] 董鉴泓 . 中国城市建设史［M］．北京：中国建筑工业出版社 .2004.

（本文由栾峰整理，并经李德华教授审阅，本文原载于《城市规划学刊》，2007 年第 3 期）

《大上海都市计划》序

李德华

1945 年，抗战胜利，百废待兴。长时间的战争动荡，大量人口的涌入，城市规模的不断扩大和老城区越来越高的人口密度，以及租界用地的长期分割，使得上海城市建设面临着严峻挑战。如何正确应对未来发展的需求，合理布局城市空间，是当时迫切需要解决的问题。

此时，一批有识之士积极倡议编制上海都市计划，当时的上海市政府责成工务局聚贤引外，共谋都市计划，参加编制工作的学者大都有现代主义和理性主义的学术背景，又正值大伦敦规划完成不久，大上海都市计划的编制和方案体现了现代主义和大伦敦规划的深刻影响。

由于种种原因,大上海都市计划没有付诸实施。但它将现代城市规划所承载的思想、理念和科学原则带入了中国，其中所闪耀着的理性主义光辉意味深长。大上海都市计划中的一些重要规划思想传承至今，对上海的城市规划和城市建设有着重要影响；可以说直至今日都具有重要的现实意义。

特别要提到的是贯穿初稿与二稿的会议记录，它们反映了规划的核心思想和理念交锋，也历史性地记录了规划编制的整个组织与决策过程，其中的一些重要议题至今读来仍发人深省。譬如 1946 年大上海都市计划会议记录中关于天目路火车站的迁与留的辩论，实质上反映了对于铁路客运站与城市发展关系的不同认识；关于浦东发展的功能讨论，反映了对城市发展方向、城市与农村关系如何把握和协调的不同取向。

重新翻阅大上海都市计划方案和会议记录，可以体会到历史有时竟是这样的相似，当时讨论的一些重要问题，在跨越了近 70 年后的今天，仍然是上海城市发展所面临的

图 12 《大上海都市计划》封面

抉择，而贯穿其中的不同理念与价值观念可谓延续至今。阅读前人的规划，能帮助我们更好地认识历史演变的轨迹、更深刻地理解当今现实的本质、更准确地把握未来发展的趋势。

历史告诉我们，人们思想观念、价值取向，是城市发展的根本和核心因素。在这个基点上，保护、整理历史文献的意义便显得尤为重要。上海市城市规划设计研究院开展的《大上海都市计划》历史文献整理工作，不仅仅是对规划理论、方法、技术和成果的记录，更是对规划工作者的社会责任感和规划价值理念 的历史性回溯与传承。

热忱地希望有更多的单位和学者能加入到规划历史档案的挖掘和整理工作中来，既是为上海城市规划历史的研究工作，更是为城市规划理念和知识的传承弘扬做出新的贡献。在此顺祝城市规划事业继续健康发展。

2014 年 1 月 7 日

（本文原载于《大上海都市计划》，上海市城市规划设计研究院编，同济大学出版社，2014）

山东省中等技术学校校舍设计/1951

编者按: 山东省中等技术学校（初名山东工业干部学校）1951 年成立，圣约翰大学建筑系师生为校园进行了整体规划。设计由"工建土木建筑事务所"承担，由黄作燊和当时已经是建筑系助教的李德华、王吉螽共同完成。1952 年之后在学习苏联的浪潮下，校园规划作了调整，原规划中只建成了食堂和两座宿舍楼。

建筑集中体现出圣约翰教学中倡导的现代建筑设计思想，注重功能合理，尊重结构和材料特性表达，突出建筑的自由布局与场地的适应性。设计尤其关注校舍建筑群的一些布局，体现出现代建筑流动空间的设计策略。之后由李德华、王吉螽合作完成的同济大学教工俱乐部进一步发展了这些设计思想和手法。

本文集收录钱峰教授的《从一组早期校舍作品解读圣约翰大学建筑系的设计思想》一文，以了解该作品及其设计思想。

从一组早期校舍作品解读圣约翰大学建筑系的设计思想

钱　锋[1]

上海圣约翰大学建筑系（1942—1952）是中国近代建筑史上最早全面引进现代建筑思想的教学机构。建筑系创始人黄作燊曾师从现代主义大师格罗比乌斯，1939年追随其从伦敦A.A.（Architecture Association）学校到哈佛设计研究院，深受新建筑思想熏陶。他回国后创建上海圣约翰大学建筑系，进一步宣扬现代建筑思想，培养了一批具有新思想的建筑师和建筑教育者，如李德华、王吉螽先生等（图1），他们共同成为开辟中国现代建筑之路的先锋者，为现代建筑思想在中国的传播和融合发展发挥了重要作用。

但是圣约翰大学建筑系的设计思想具体情况如何，除了注重功能和结构等这些最为基本的现代主义的特点之外，是否还存在其他更为独特和丰富的思想？长期以来由于其相关设计作品不多，这方面一直缺乏深入全面的研究。目前已有解析其设计思想的研究相对集中在该系师生并入同济大学后于1956年设计建成的同济教工俱乐部。[2]虽然这座建筑是当时这些开拓者的精心实验之作，集中体现了他们所追求的现代建筑思想，但仅此一座建筑对于全面深入探索他们的思想仍然显得不够。

其实在同济大学教工俱乐部之外，圣约翰师生还有一个不太为人熟知的早期作品，

图1　上海圣约翰建筑系学生们（其中右四李德华，右一王吉螽）

1　钱锋，同济大学建筑与城市规划学院建筑系副教授。
2　卢永毅教授曾发表研究文章《"现代"的另一种呈现——再读同济教工俱乐部的空间设计》，笔者在拙著《中国现代建筑教育史（1920—1980）》中也曾有所提及。

那就是1951年在济南建成的原山东省中等技术学校校舍[3]。笔者近期考察了该组建筑，查询了档案资料，并访谈了当年的设计人，发现这个作品对于探索圣约翰师生的设计和教学思想具有重要价值。它在某种程度上是同济教工俱乐部的前奏和实验。对于该作品的分析，不仅可以发现设计者更为丰富立体的现代思想，而且能进一步看清其思想发展脉络，并探明其中更为深层的西方及中国传统渊源。

一、山东省中等技术学校校舍概况

山东省中等技术学校1951年成立，初名为"山东工业干部学校"，20世纪50年代
筹建学校时，圣约翰大学建筑系师生为校园进行了
整体规划，并设计建成了其中的食堂（图2）和两
座宿舍楼（图3）。后来由于1952年之后"学习苏联"
浪潮下追求民族形式的兴起，学校对校园规划进行
了调整，其他建筑并没有按照原计划实施，因此该
校只有之前建成的三座建筑为圣约翰师生手笔。

图2　山东省中等技术学校食堂

从当年建筑设计图纸的签名及图章可见，其设
计者为"工建土木建筑事务所"（图4）。该事务所
是1951年由黄作燊等人共同成立的，其主要设计人
员除了黄作燊外，还有圣约翰毕业生、时任该系助
教的李德华、王吉螽（图1）等人。在设计图纸上
也多处看到这三个人的签名。据王吉螽先生回忆，
该设计是他们集体讨论的结果。考虑到三人本来就
有师承关系，因此本文将他们作为一个设计整体进
行思想研究。

图3　山东省中等技术学校宿舍楼

目前食堂和两座宿舍楼仍然存在，但是长年的
不良使用和改建搭建，已使其面目全非。而且这些
建筑不久将被拆除，因此又曾相当长一段时间处于
废弃及部分拆除状态，无人问津，致使杂草丛生、
垃圾堆积，破败不堪。但所幸基本躯壳尚存，仍可
依稀辨认出当年模样，为研究设计者的设计思想提
供了宝贵线索。

二、校舍建筑丰富而独特的现代特点

整体来看，宿舍楼和食堂这几座建筑都具有注
重功能、结构和经济性，外形简洁等众所周知的现
代建筑基本特征。设计者在接受笔者访谈时，解释

图4　"工建土木建筑事务所"图章

3　后改为山东机械工业学校，现为山东建筑大学分部。

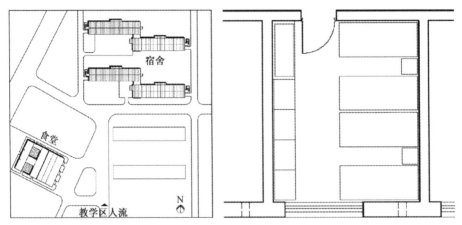

图 5　山东省中等技术学校总图（左下为食堂，右　　图 6　宿舍楼寝室单元
上为两座宿舍楼）

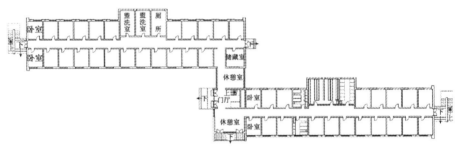

图 7　宿舍楼平面图

当年的设计意图时也往往从功能角度出发，可见实用性是设计的一个重要出发点。

　　先看宿舍楼，在总体层面上（图 5），两座建筑主要入口都位于东南部位，迎向从食堂及教学区方向过来的主要人流，流线清晰顺畅；从建筑单体（图 7）来看，内部设计也非常合理：串接主要房间的走廊分别在入口门厅处、转角休息处及盥洗间门前设置放大空间，符合这些节点人流交汇、具有暂时停留的特征；宿舍楼的每间寝室的长宽尺寸以及开窗的位置都是按照家具最紧凑的布置方式确定的（图 6），体现十足的功能主义特点。同时，设计者还针对寝室和盥洗卫生间的不同要求分别设置了可引入充足光线的大窗和私密性良好的高窗。

　　寝室窗户的分隔和使用方式也十分独特（图 8）。具有现代感的横长形窗玻璃的窗扇并非通常的矩阵状均匀排列，而是中间一列三扇较大，两边两列四扇较小。两边的下三扇玻璃组成平开窗，而中间一列的上、下两扇窗则为上弦窗，其余为固定窗（图 9）。这样在晴朗的天气，可以开启两边平开窗，获得良好的通风；如果下雨，则可开启上弦窗，防止雨水溅入的同时，保持一定的通风效果。这一灵活的开启方式，对于实际使用考虑得非常周到。

食堂设计也十分注重功能，同时兼顾结构和经济性的多重考虑。建筑将就餐区大空间体量与厨房备餐小体量部分通过天井分开，局部连接（图10），便于各种功能的顺利组织和运行。就餐区大空间采用钢筋混凝土框架结构，而厨房备餐区采用砖混结构，充分考虑了造价的节省。同时，为了解决大空间内部常会出现的通风采光不好的问题，设计者借鉴了厂房的设计方式，将中间一列框架升起，利用其两侧高窗采光通风（图11），使得如此庞大的空间内部十分明亮通透，通风良好，现代主义建筑所追求的健康的室内环境在这里得到了很好的贯彻。同时在造型方面，结构所采用的框架形式清晰地展现在侧墙之上（图12），成为墙面肌理塑造的积极因素，体现了简洁而结构清晰的现代美学特征。

圣约翰师生所设计的这些校舍建筑具有注重功能、结构和经济性，外形简洁等特点，不过这些都属于现代建筑的基本特点。在这些略显笼统和表层的基本解释之下，是否还有更为深入的角度来诠释建筑？是否能从中总结出黄作燊等人所探询的不同于同期其他中国建筑师的现代建筑道路？通过对建筑的进一步解读，我们发现作品具有流动空间、造型"风格化"手法和多种材质组合利用等丰富的现代建筑设计手法。

图8　宿舍楼寝室窗户

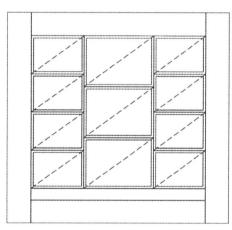

图9　宿舍楼寝室窗户开启示意

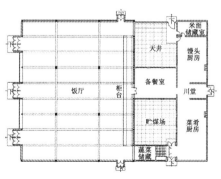

图10　食堂平面图

图11　食堂就餐区室内

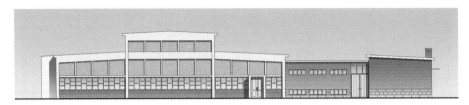

图 12　食堂北立面图

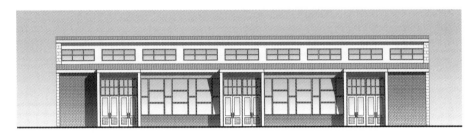

图 13　食堂东立面图

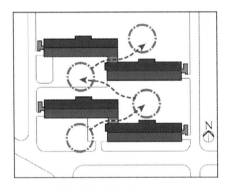

图 14　宿舍楼院落流动空间分析

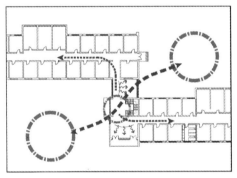

图 15　宿舍楼建筑内部流动空间分析

（1）流动空间的运用

学校宿舍楼具有"流动空间"的特点，这同时体现在楼群整体布局及建筑细部处理上。从整个形体来看，长条形的宿舍楼在中间被打断，前后错置平移后形成"Z"字形体，在打破刻板的长条形立面而使建筑形体更活泼的同时，形成了几个交错的内院（图14），这几个内院空间恰好以角部斜切的方式相连，形成了流动的序列。

流动空间的手法还体现在建筑内部处理上。建筑入口门厅并非采用学院派常用的轴线正交处理方式——设置在南北短轴入口轴线上，而是从西南侧的前院进入西向门厅，一方面斜切连接前后两个交错的室外庭院（图15），另一方面斜切转入前后两个体块的室内主交通空间。这里所有的流线和景观序列都是斜向展开的，与古典学院派沿正交轴线布置空间序列的方式截然不同，体现了对现代空间序列的流动和渗透方式的实验探索。值得注意的是两个方向都将局部走廊放大，设置了没有门的休憩室，使得休憩室和交通路线之间的空间流动起来，丰富了公共空间的同时，也将室外空间景色引入进来。

此外，门厅东北部休憩室处让人看到了后面另外有一个院落，却没有设门让人走出去，人们若想到达后院需要绕北部走廊才能出去，这也是圣约翰师生所追求的空间效果。王吉螽先生对此解释为："你可以穿透一些前景物体，看到或被暗示后面有更多的空间存在，引导你过去，但有时常常是无法直接过去的，需要转几个弯才能到达。人在这蜿蜒转折的过程中，视角不断发生变化时，可以体会到不同的空间效果[4]。"这原本是中国园林的一种空间处理手法，圣约翰师生将之和流动空间理论相结合，来塑造多变而富有趣味的空间。

建筑"流动空间"的设想更集中体现在端部的室外楼梯和门廊处理上（图16—图18）。楼梯没有紧贴建筑，而是离开山墙一段距离，由一堵坚实的片墙凌空支撑起通透轻巧的梯段，二层走廊楼板成为一层出口的雨棚，与地面高起的几级踏步一起，共同营造出一个具有灰空间性质的底层入口。这个入口与后面的庭院在视线上是通透的，却由下面砌筑的矮墙在流线上进行了隔断，人在前面能看到后面的空间，却要从旁边绕过去才能到达。而在凌空飞跃的楼梯上则可以在几个转折处交错体会前后两个空间，使得在蜿蜒的路径中产生步移景易的效果。室外楼梯不仅形体空透轻盈，具有简洁的现代特色和抽象雕塑感，在空间渗透和流动处理方面也颇具特色，堪称建筑的点睛之笔。

为了更好地产生流动空间的效果，设计者在不少地方处理得十分独到而精心，例如为保持入口处雨棚和室内的天花板一直连续无隔断，用顶面来引导流动空间，设计者将门上部的结构过梁上翻到二层楼板之上，结合在墙体之中（图19），形成了一层平顶面一直向外延伸的效果。另外，南面休憩室支撑二层阳台的外沿过梁也采用了上翻的手法（图20，图21），减少光线遮挡室内[5]的同时，更使休憩室和平台空间顶部保持了面的延续。王吉螽先生解释说，空间之间连续的界面可以引导空间的连续，因此他们常在两个相邻空间之间用墙、顶或地面连续的手法产生彼此空间的流动渗透。他还说，如果这些面被隔断了，各个空间就被会封闭静止。可见设计者细致地解决局部的结构问题，其目的是为了追求不间断的，连续而平整的面与面的交接方式，以及与此同时产生的空间的连续和流动性。

（2）建筑造型"风格化"的手法

宿舍楼在形体塑造、立面处理等方面具有20世纪初荷兰"风格派"所开创的将"实体"消解为"面"或者"板"的手法。

图16　宿舍楼端部楼梯间

4　2009年11月笔者访谈王吉螽先生。
5　王吉螽先生对建筑细部处理作了如此解释。

建筑体大多由片墙、片板进行看似松散的搭接，具有强烈的反古典实体的特色，体现出非稳定性、离散性和漂浮感的现代美学特征。

　　建筑主要由两个矩形体块构成，但设计者却故意在转角处将之处理成一个面的墙体微微突出于另一个墙面，同时屋顶也在主要立面上呈现为一片突出墙面的混凝土板。南面休憩室阳台部分板与板交接的构成方式尤其明显（图22），上下层的阳台和平台主要由两侧伸出的横墙限定，在离墙端稍稍退进的地方横插平楼板和阳台挡板，顶部则退离横墙端一段距离处延伸了屋顶的片状屋板，使二层休憩室在兼顾采光和遮阳的同时，在形体中突出了片状构件的交接方式。

　　这种片状构件相搭接的造型手法也进一步体现在山墙立面及宿舍单元立面的处理上（图23）。在这些立面中，设计者没有采用传统的在大片平整墙面上直接开窗洞的方法，而是将竖向窗带和竖向窗间墙用不同的色彩材质和空间层次区分开来。红砖清水窗间墙纵贯上下，再次体现出完整的板状构件特点；而灰色竖向窗带则微微退后于墙面，其中水泥材质的横墙与窗扇进一步构成几个层次面的组合效果。这些前后错置的竖向面层通过通体的三片水平向的板——屋面板、楼板、地板——而横向串织起来，使立面形成丰富统一的多层面板交织的视觉效果。

　　（3）对"材质"的精心的搭配及应用

　　建筑在造型方面还有一个特色，即运用多种质感材料进行了精心的搭配和构图组织。设计者充分使用了当地有限的建筑材料：砖、水泥、玻璃、石材，将这些材料有机地组

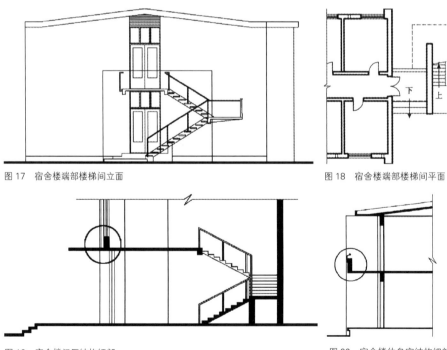

图17　宿舍楼端部楼梯间立面　　　　　　　　　　　图18　宿舍楼端部楼梯间平面

图19　宿舍楼门厅结构细部　　　　　　　　　　　图20　宿舍楼休息室结构细部

合起来，产生了丰富的视觉效果。

　　对于石材，设计者用乱石砌筑的方式做勒脚，用它粗糙的质感和其上承托平台的细腻的水泥抹面进行视觉对比；对于水泥，设计者分别将它分别做成抹平的细腻质感效果和拉毛的粗糙质感效果，结合两种效果对一些构件表面进行精致处理。如宿舍竖向窗间墙部分在和玻璃统一灰色调的前提下，用拉毛水泥窗间墙和抹光水泥窗台、楼板外端相结合（图 24），甚至在拉毛水泥窗间墙部分极细致地用抹光水泥的方式处理了其四个

图 21　宿舍楼休息室处立面

图 22　从南面休息室看过去的宿舍楼

图 23　宿舍单元立面

图 24　宿舍单元立面材质处理

图 25　宿舍窗部材质处理

图 26　宿舍楼片墙材质细部

周边（图25），室外楼梯支撑墙体也采用了类似的拉毛水泥墙镶嵌抹光边框的方式（图26），食堂立面处理也是如此（图27、图28），体现了设计者对材料和质感效果的充分想象力和掌控能力。两种质感的水泥面层和红砖墙搭配在一起，共同强化了面板搭接构图的风格化的立面处理特色。

（4）现代美学特征的构件和比例的运用

建筑中还运用了不少具有独特而新颖的美学特征的构件和细部。食堂和宿舍楼的部分窗户采用了不太常见的错置的玻璃分割方式，这一手法后来在同济教工俱乐部的花房窗户上有所延续。食堂的主要立面中间设计了两片较大的倾斜玻璃窗（图29、图30），虽然设计者将之解释为功能的需要——在这个玻璃内侧的窗台上可以放盆花，成为一个小花房，但是主立面上所呈现出的斜玻璃的独特美学效果也是作者默认并欣赏的。

现代造型特征还体现在一些小构件上：食堂两个主入口门廊顶部的半炮筒状落水口具有独特的塑性感（图31），令人联想起柯布西耶一些作品如马赛公寓的上大下小的鸡腿柱、自由曲面形态的屋顶烟囱等。对此设计者解释为当时试图隐喻中国传统建筑中的石质"吐水嘴"。这是作者灵活地将中国传统元素嵌入现代建筑形态之中的独特尝试。

图27　食堂局部材质处理

值得注意的是两组建筑主要窗户的玻璃分格看似随意，但仔细观察会发现这些大小不一致的玻璃都遵循了4：3的基本网格（图32、图33）。这使得每组窗扇都具有很统一的视觉效果。虽然本研究中并没有进一步发现除此窗扇分格外，设计者在多大程度上关注了比例的使用，但是据王吉螽先生回忆他们当时的教学，教师常会提醒学生采用一些比例较好的形体。他们当时认为现代抽象绘画作品是很注重比例关系的，特别是风格派的绘画，因此师生们在设计时也非常关注比例的使用。

图28　食堂山墙材质处理

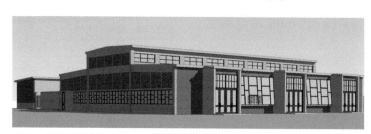

　图29　食堂斜窗剖面　图30　食堂模型（主立面具有两片倾斜玻璃窗）

三、建筑设计思想渊源的探讨

圣约翰建筑系设计校舍的现代手法来源于哪里？联系其主要成员的教育背景和圣约翰建筑教学情况，笔者认为其设计思想源自于包豪斯、风格派、密斯以及现代视觉艺术的综合影响，同时他们也融合了中国传统园林空间和建筑构件的某些特点。

图31　食堂门廊顶部落水口

1. 风格派和密斯的影响

圣约翰建筑系的直接思想渊源虽然来自格罗比乌斯和包豪斯，但其设计很大程度上借鉴了密斯沿承风格派发展而来的系列手法。

20世纪初荷兰风格派的出现与当时的哲学思考有关，它所追求的是最为本质和抽象、最具一般性（generality）的视觉艺术形象，认为这是最高层次的人类智能（intellect）境界的反映，也是永恒的真理[6]。在这一思想下，风格派在视觉艺术方面探索用基本形态和色彩：点、线、面；红、黄、蓝等因素构成抽象作品。在绘画中，他们采用冷静理性的构图（图34），在建筑方面，他们打破和解析实体，消解其稳定沉重的感觉，代之以离散的板状构件搭接，使作品呈现不稳定及反重力的漂浮状态（图35，图36）。

风格派的基本思想后来由密斯、柯布西耶等人进一步继承和发展。其中密斯1923年的乡村砖住宅（图37）被认为是发展"风格派"的代表作品，这里他受赖特作品启发，独创性地在风格派的离散板状构件中融入了"流动空间"的手法。比较"砖住宅"与早期风格派代表作如凡·多斯堡的"俄罗斯舞蹈的韵律"（图38），后者主要是不同长度的直交线段组成的韵律构图，并没有空间方面的考虑。而"砖住宅"平面墙体线条

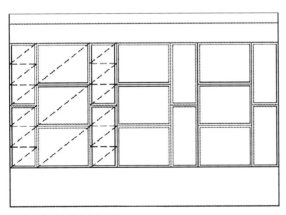

图32　食堂大玻璃窗构图分析

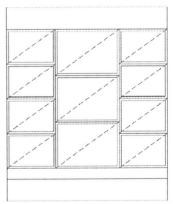

图33　宿舍单元玻璃窗构图分析

6　Richard Padovan, Towards Universality : Le Corbusier, Mies and De Stijl, Routledge, 2002.

在类似于后者韵律的同时，着意考虑了墙体之间的空间，形成了类似于图39的"风车式"原型构图，由墙体分隔出几个空间，并形成了空间A向B、C、D、E的渗透与流动。这种空间的穿透方式大多是从角部斜切进入，与传统的古典空间序列大多从中心轴线穿越有明显不同。

"砖住宅"的平面构图是在"风车形"原型的基础上大大小小多个风车相嵌套的结果，因此使得所分隔的众多空间以角部相连形成一系列复杂而流动的空间系列综合体。通过这一作品，密斯将"风格派"发展到了结合空间的新层面。后来他在众多作品中不断探索了这一手法。

由此反观圣约翰师生设计的校舍，两组宿舍楼都采用了"Z"字形体，即两个矩形体块错位平移，角部相接的方式，而这种形态正是密斯"风车形"的变体。"风车形"若单轴两向发展，就会形成"Z"字形平面。"Z"形平面同时构成了斜切的室外空间，互相之间形成了空间的流动。密斯在后来的作品中，也经常使用这一手法，如吐根哈特住宅上层平面（图40）、Robert住宅平面（图41）等，都是"Z"字形体的典型案例。

此外，这组校舍建筑在造型上的实体离散、板状构件组合的处理方式，其直接来源则是风格派的影响。乌德勒支住宅（图36）是应用这种手法的典型，其矩形体块上突出面板的构成方式，与圣约翰设计的校舍建筑的立面处理手法在本质上是一致的。事实上有证据表明乌德勒支住宅确实对设计者有参照作用。设计人王吉螽先生回忆他们当时曾在书上看到过这座住宅，其设计手法被他们视作一种现代的造型方式而经常学习和使用。而这组校舍建筑的细部反映并证实了他的这一说法。

圣约翰建筑系在设计方面很大程度上借鉴了密斯和风格派的系列手法，这种影响应该

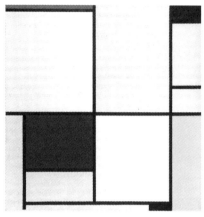

图 34　蒙德里安的绘画

图 35　凡·多斯堡的造型探索

　　图 36　里特维尔德设计的乌德勒支住宅

与格罗比乌斯的好友、CIAM 的秘书长 Giedion 有很大关系。在黄作燊就读哈佛期间，Giedion 曾在这所学校作了有关现代建筑的演讲，他 1941 年出版的 *Space*, *time and architecture* 一书更是对黄作燊有很大启发。李德华先生曾说当时黄作燊一直将这本书作为他们的重要参考书，可见他对该书的推崇。这本书介绍了密斯的作品及其流动空间的特点，并且将空间看成为四个维

图 37　乡村砖住宅平面（1923—1924）

度，在传统三维空间的基础上加入了时间这一纬度，认为新的建筑应该随着行进路线展现不断变化的空间，并借助爱因斯坦物理学上的四维空间理论将之提高至新时代特征的高度。且不去讨论爱因斯坦的理论是否和流动空间理论有密切相关性，当时 Giedion 对"空间"和"空间流动性"的推崇是显而易见的。考虑到格罗比乌斯和包豪斯并没有在"流动空间"方面有较多追求，黄作燊对"流动空间"的关注和后来的持续探索应该和 Giedion 的著作有很大的关系。

2. 包豪斯教育中对材质的关注

对于圣约翰建筑系具有更直接影响的是格罗比乌斯和包豪斯教育。上述校舍建筑所体现的善于精心搭配和组合多种质感材料的特点来源于包豪斯教育。包豪斯的基础教学十分注重对材料的研究，有不少各种材料组合练习（前文《圣约翰大学建筑系历史及其教学思想研究》图 11、图 12），学生要学会利用各种材料的不同效果进行创作。这种思想由格罗比乌斯带到了哈佛大学，影响了他在那里的学生黄作燊。黄作燊在圣约翰也十分重视学生这方面能力的培养，并且把它看作是设计现代建筑的基本手段。例如学生们刚开始学习时就有关于 Pattern & Texture 一类的作业练习[7]，这培养了他们对建筑材料视觉效果的敏感和善于组合操作的能力。

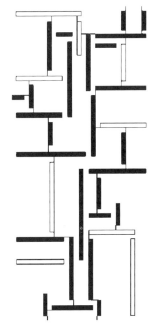

图 38　"俄罗斯舞蹈的韵律"

图 39　"风车式"原型构图

3. 对中国传统园林空间的感悟与借鉴

圣约翰师生的设计思想渊源虽然主要来自于西方的

7　2002 年 1 月访谈罗小未先生。

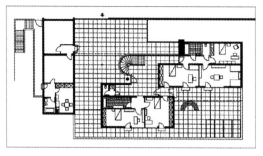

图 40　吐根哈特住宅上层平面　　　　　　　　　　　　图 41　Robert 住宅平面

现代建筑思想，但他们对中国传统建筑和园林空间的感悟与借鉴融合也不容忽视。

　　黄作燊所接受的早期教育中并没有太多关于"流动空间"的内容，他只是通过Giedion 的著作对此有所了解，相信他对这方面手法的热衷在某种程度上同时得益于他对中国传统园林空间的感悟。出于对中国传统文化的情感，他认为西方具有颠覆性的空间思想其实暗合中国传统建筑手法，也由此对其推崇备至。因此圣约翰师生对流动空间手法的探索，一方面来自分析西方建筑书籍中的建筑案例——如密斯、风格派、柯布西耶等人的作品，正如上文所剖析；另一方面也直接来自他们对中国园林空间的体验和感悟。他们所使用的手法之一："人能透过窗洞看到后面的空间，却无法直接到达，要从旁边绕过去才能到"的方式正是典型的中国园林手法，这种做法似乎在西方的现代建筑案例中并不多见。可见，他们的"流动空间"手法除了对西方的借鉴，同时也结合进了中国园林的特色，呈现出自身一定的独特性。

结　语

　　黄作燊及其圣约翰建筑系的学生们设计的山东省中等技术学校校舍建筑是他们在同济教工俱乐部之前的重要实验作品。设计者在注重功能、结构等现代建筑的基本特征之外，更深入探索了"流动空间"的处理、"风格派"的造型手法、多种材质的精心搭配等多重现代设计方法。这些手法渊源于西方的现代建筑运动中的多条探索路线，包括格罗比乌斯和包豪斯的教育中对材质的关注、密斯的空间处理手法和"风格派"的建筑形态操作方式等，同时他们也受到西方现代视觉艺术的综合影响。

　　通过作品分析我们可以发现，圣约翰师生在中国探索的现代建筑具有西方现代主义运动的深厚思想根基，其空间手法、离散和非实体化形体和对材质的重视都是运动中带有深层变革性的探索方向，在这些方面，圣约翰师生的探索与西方先锋者是比较同步的。而在当时的中国，其他大量建筑师对于现代建筑的探索仍多集中在追求箱体建筑表面的净化和加强关注功能和结构方面。与此不同，圣约翰建筑系的探索更多借鉴和融合了西方先锋探索的多条途径和手法，他们在更为接近现代主义运动本源的层面进行了建筑实验。

　　同时也很值得关注的是，圣约翰师生的现代建筑并非完全是西方的简单克隆，相反他们积极融合了中国的传统文化。设计者们深受中国传统园林空间启发，将之与西方的"流动空间"思想相融合，探索出一种兼具现代和中国特点的空间建筑作品。他们后来一直坚持追求这一方向，使之成为他们设计的核心特点之一；除关注空间艺术外，他们在设计中也试图唤起对传统建筑构件的记忆，但他们采用了现代造型手法将之陌生化，表达意象性的形态隐喻。因此无论是追求空间艺术，还是传统意象的表达，他们的关注点都并未停留在建筑形态和装饰的浅层层面，他们追求的传统文化更多体现在意境之中。这也是他们与同期其他建筑师借鉴传统手法的不同之处。

图片来源

图 1　黄植提供

图 2　李德华先生提供

图 2　邹德侬.中国现代建筑史［M］.天津：天津科学技术出版社，2001.

图 3、8、11、16、21—23、24—29、32　笔者拍摄

图 4　山东大学档案馆

图 5—7、9、10、12—15、17—20、31、33、34　笔者绘制

图 30　吴强军制作

图 35—39　Richard Padovan，Towards Universality：Le Corbusier，Mies and De Stijl，Routledge，2002.

图 40、41　刘先觉.密斯.凡.德.罗［M］.北京：中国建筑工业出版社，1992.

图 42、43　Bauhaus Archiv and Magdalena Droste，Bauhaus，Benedikt Taschen.

（本文原载于《时代建筑》，2011 年第 3 期）

同济大学教工俱乐部/1956

　　编者按：同济大学教工俱乐部由李德华、王吉螽合作设计，建于1956年，位于同济新邨内，建筑面积918平方米，占地约0.3公顷，供教职工们工余休息、谈心、会议及文娱之用，内设音乐、棋牌、跳舞、阅览等活动室。该作品在20世纪中国现代建筑史上具有重要意义，突出特征是以空间思维主导设计，建筑"不论是平面的布置或内部的处理都叙述了设计者对空间的认识和塑造"，建筑功能的多样性是以空间相互渗透的方式形成富有趣味的组合，走廊被消解，房间之间通贯流畅，室内空间引申到室外，各种半围合庭院形成了景致的多样性。

　　同济教工俱乐部及吸收了西方现代建筑自由布局和流动空间的设计思想，又融入了中国传统民居的朴实和传统园林的情趣，为中国现代建筑的发展探索了新的设计语言，开创了新的空间品质。俱乐部建成不久，即引来全国各地建筑人的参观学习。然而在20世纪50年代后期的意识形态中，该建筑以"含有抽象美术的概念，有片面追求形式的倾向"而遭批评，之后又遭不合理的使用和多次改造。改革开放后，该建筑的价值逐渐获得重新认识，并在1994年获得中国建筑学会优秀建筑创作奖。如今，越来越多的学着对这座建筑展开深入解读，建筑本身也期待保护修复，重现风采，并尽早纳入我们的文化遗产名录。

图 1　入口（2014 年）

图 2　内庭院（2014 年）

图 3　内庭院（2014 年）

图 4　门厅（2014 年）

图 5　舞厅（2014 年）

图6 舞厅（2014 年）

图7 楼梯（2014 年）

图8 向北延伸的片墙（2014 年）

图9 透空楼梯（2014 年）

图10 二层走廊（2014 年）

图11 二层走廊（2014 年）

同济大学教工俱乐部

王吉螽[1]　李德华（同济大学建筑系）

同济大学教工俱乐部位于学校我职工居住的同济新村内，系供教职工们工余休息、谈心、会议以及文娱之用。设计要求以静为主，内设音乐、棋牌、跳舞、阅览等活动室，建筑面积918平方米，占地构0.3公顷。建筑物全部用砖墙承重、木屋架、机瓦屋面；二层部分采用钢筋混凝土预制槽形楼板造价75元／平方米。

这个俱乐部的设计任务是在1956年提出的，当时建筑的标准过高。以致在内容要求上，在建筑设计及房屋的建造上，对勤俭建国的精神很不相符。这里仅就一些建筑物本身的情况作简单的介绍。

图1　教工俱乐部全景

俱乐部的入口面对着一片草坪，这片绿地与原有饭厅的平台相连，俱乐部的门口是面向西偏北的，二层部分之南北向布置，可以遮蔽庭园中在夏日逼落的西晒，同时又把门前的草坪和俱乐部内部的庭园划分开来。建筑物的外观，依内部要求组合成简单朴素而具有居住风格的亲切感觉。色彩为红瓦，粉墙及部分清水红砖墙，以取得与周围环境的统一；门窗为松绿色，栏杆粉黄，封檐板为带蓝的灰色。在建筑体形尺度上也有如色彩一样，求与四周和谐。

图2　全景

中间一层部分是一大厅，设有舞池，天气晴朗的时日，室内的活动可以移至室外向阳的平台上举行。

平面布置：音乐、会议、阅览等皆不宜受其他活动干扰，所以布置在楼上；其余部分，因它们的活动性都比较大些，布置在底层，不论在使用上或在交通上都可较方便。一些服务性的用房都在西北隅，与原有厨房相近。楼上的会场如

图3　从外围处望休息室

1　王吉螽，同济大学建筑与城市规划学院教授。

图4 休息室外部空间用伸出的墙垣，分成内外两个庭园

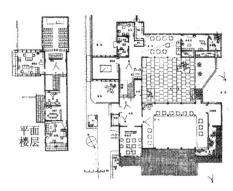

图5 底层平面图

平面楼层

图6 楼梯间内景

图7 舞厅一角

果将座位排列得紧凑些，容纳百人左右也不致显得拥挤。这会场虽然在楼上，然而它的门正对着楼梯，在使用及安全上，还是合理的。

建筑物西向的面积较大，但在整个使用空间的分布上，主要房间都能面向南及东南，只有一间小会议室是有西窗的，其他用房在朝向及通风方面都还是可以的。

设计中采用了传统的院落布置；利用房屋及墙垣，分隔有几个经营各异、景色互殊的庭院，增加了景色的变换。庭园之间，空间延续而不闭塞，扩大了空间的感觉。建筑内部采用了延续的墙面、楼面、透空的楼梯、门穹、立屏等，开畅了空间，以期达到开朗、活泼的气氛。

门厅右侧的活动室和大厅，只有空的门穹和磨砂玻璃屏，使视线不受阻碍。活动室门内竖一画屏。厅内地面为暗红水泥，墙面为鲜虾肉色，平顶纯白。活动室主要为浅绿色，画屏木框纯黑，增强线条的挺直感。

走入俱乐部的进厅往右是大厅和活动室，以画屏为视点，左旁的楼梯引向楼上的大幅壁画，楼上楼下的空间贯通更为明显，楼梯旁的墙是土黄色的菱苦土预制板贴面，墙身往上伸出二楼地面至栏杆的高度（图6），楼梯栏板为柠檬黄，扶手为黑色。

楼梯靠西的墙面因为是楼下墙面的延续，所以颜色也是一样的。平顶略带一点蟹青色。两端墙面的色彩在会场一面是浅灰色蓝灰，用来衬托画幅，裱画的棱边是深色蓝灰的；另一面为橘黄色，比较强烈。

图7厅可作为一般联欢之用。舞池

地面为绿色水磨石，周围嫩黄色，主要墙面为红褐色。柱子则为红褐与黄相间，使在视觉减小柱子的体积。

休息室窗前伸出的墙垣，将室外分隔为两个庭院。左边是硬庭，方头石块的方格填以红石板作为地面铺筑，庭中似乎是比较明净，另一面是较为宽广自然的景色，视线能够展得远些。

设计中的缺点：一、标准致高，如灯光、墙壁油漆、平台，以及用料方面都比较费。二、设计内容、任务不从真正的要求使用出发，以致设计的结果与目前使用不完全相符。例如陈列花卉的花房没有充分地被利用；有些房间如管理室、衣帽间，由于生活习惯及无暖气设备，故在使用上并不显得需要，(院后清洁室外) 和入口后的侧院并没有多少作用。三、中间的院子，四周墙高檐高不一，显得较乱。

（本文原载于《建筑学报》，1958 年第 6 期）

同济大学教工俱乐部

李德华

提要：本俱乐部坐落在同济大学教职员宿舍区内。以砖墙为承重结构，楼层为预制，槽形混凝土版（6公尺×60公分）。屋顶为木屋架结构。

同济大学的教工俱乐部是 1956 年春季设计的。它的位置是在校部以东教职工居的同济新村的东部、职工饭厅的前侧。

俱乐部的任务是要满足多样的文娱活动的要求；内容虽然很多，但是有要求适合年长教授的需要，因此以静为主。

这座建筑物建造之后将会填充职工饭厅和新村二楼宿舍之间从西南方向望过去的空隙。俱乐部的入口是西向的，它面对着大多数教职工前来的方向（大部分教职工住在新村的西部），同时它和饭厅从两个方向面对着一大片草坪；如果将入口一般化地设在整个建筑物的南部，将会使俱乐部和饭厅的两个主要面互相平行而不相对，从而隔绝了两者之间的建筑空间联系。俱乐部的入口如果从西及西南方向走来完全能够看到，面向北走近的时候就可以看到有一堵伸出的砖墙指示着大门，墙上有一具金属的雕刻标记，在夜晚这也是一盏门灯。这些都使大门并不非常突出，然而是明显的。

俱乐部附近的道路也作了一番重新布置，使能便利汽车的行驶（图 1）。汽车能够直驶到前面路口，并且能够回车驶出。在突出的管理室外的旁边，辟出一方硬地，以停放脚踏车。

俱乐部的具体内容要求的项目很多，在平面布置上形成了展开的形式，并不集中布置，这样可以使内部的功能分工清楚、使用方便，另一方面可以免除使用空间大小要求不一因而产生在结构上的复杂，简化了结构方式。在建筑体型上、不集中布置又避免了由于建筑物庞大而不能与邻近房屋相配的弊病。然而，这样布置的方法，主要是为了达到设计者对空间组合的意图。不论是平面的布置（包括室内、室外和室内外之间）或内部的处理都叙述了设计者对空间的认识和塑造。对于俱乐部的实际使用要求是能够满足的，非但使各部分联系紧密，而且使建筑物在使用时会更饶兴趣。

整个建筑的西部，靠近入口突出的部分，楼上是阅览室，楼下是弹子房。东部靠前面是舞厅，舞厅的尽端靠南面有曲尺形的花房；许多喜爱莳花的教师们可以在这里陈列他们所培育的名花奇卉。花房的后面是一间套间，在举行舞会的时候可以贮放多余的桌椅；这些桌椅在平时可以分布在舞池中便利其他的活动，因此这间在舞会时作为贮藏家具的套间也可腾让出来作为活动的余地。舞厅北面的一列是小吃的地方（图 8）和一间休息室（图 9）。小吃部当然也是聚餐宴客的场所，它的贴邻备餐室有一条走廊与原有厨房相连。服务是方便的。左旁的休息室是趣味的所在，临窗闲话，凭槛羡鱼，借此可以遣兴怡情，俱乐部总的要求是以静为主；这一列房屋隐在北侧，与舞厅之间有内院相隔，院内花木扶疏，斜阳弄影空气该是宁静的。我国建筑中院落平面的优点在这设计中尝试地被应用了；前后列房屋的组合，围墙的应用形成了好几处庭院，布置得各具一格。这几处庭院却各有它们所隶属的室内空间，使这些房间的活动可以引伸到室外去；从这些房间举目外眺，景致亦各不同，尤其是在休息室内，可以有三处不同的景色映入窗帘（内院、小院以及外园）。民族风格本来就不应该仅从形式上着眼而应该从各方面吸收，加以提取而融合到今天的建筑中去。在这方面，设计者确实作了一番尝试，也取得了一定的效果。缺点是在入口处的侧院和后面的后院，这两处的毛病在于没有明确的对象。在侧院这一点特别明显，而且侧院在体形上已消失了院子的意味。后院恐怕主要是为了清洁室所用，如果是这样的话，作为会议室景色的作用就不大了。在这里要附提一下，这间会议室的位置也比较偏了些，虽然有要求需要一间僻静的会议室。在庭院的立体体型上也有缺点，譬如在中间的内院中，如果能够把前后两列房屋的檐口做成一样高低，再在院子西面沿墙筑一排廊檐能连接前后两列房屋檐口的廊子，那么整个院子会觉得更为完整。

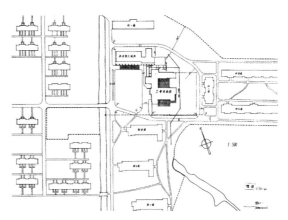

图1 总平面图

图2 俱乐部东立面图

图3 俱乐部南立面图

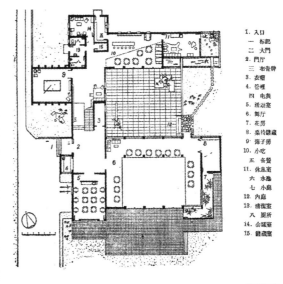

1. 入口
一 布跑
二 大门
2. 门厅
三 布告牌
3. 衣帽
4. 管理
四 电表
5. 活动室
6. 舞厅
7. 花房
8. 桌椅贮藏
9. 弹子房
10. 小吃
五 备餐
11. 休息室
六 水池
七 小庭
12. 内庭
13. 清洁室
八 围护
14. 会议室
15. 贮藏室

图4 底层平面图

175

图 5　俱乐部西立面图

图 6　俱乐部剖面图

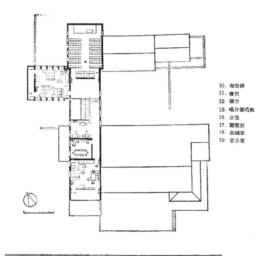

10. 布告牌
11. 书刊
12. 阁台
13. 唱片架唱机
16. 会场
17. 阅览室
18. 会议室
19. 音乐室

图 7　楼层平面图

南北向的中间部分，楼上有一间小型的会场（图 11），这里聚集的人比较密，布置在几间小面积的房间上面是确当的。楼上靠另一头有一间会议室和音乐室。在楼厅的一角还布置了一处打牌下棋的地方。像集会、会议、音乐欣赏以及阅读等等的活动都是要求更为安静的，故希望和其他部分远离一些，因此都被布置在楼上。

从楼下入口一进俱乐部是一间不大的门厅（图 13），这是分集交通的地方，人流在这里分往三个方向：向前是舞厅，向右是活动室，另一向通往后部和楼梯。门厅的四周都是无门扇的门穹，空间流动的幅度不仅是平面的，而且由楼梯及楼梯旁的空部和二层高的墙垂直引伸上去，这样的建筑空间处理使面积不大的门厅就不显得局促。门厅的深度只有六公尺，如果能够再加大些，效果会更好些。在这设计中有一些生活活动如上面提到的音乐、集会、会谈，以及其他（如备餐、厕所）等在使用上都要求各有各独立的房间，在它们相互之间和对其他部分都不致干扰。但是俱乐部其他活动的活动性较大，也不要求有一定的隐蔽性，这样就提供了条件使建筑物的空间并不停留限制在所谓"房间"之内

图 8　小吃部

图 9　休息室

而达到贯通流畅的目的。在这里，设计者提出了自己对建筑空间的看法。

过了楼梯部分往后，交通又是像门厅里那样地处理，分往三个地方，小吃部分、弹子房及对面的会议室和清洁室。从一个点分集交通，能够减少交通面积（图12）。连通前后部的平面交通和楼上下的垂直交通集中布置在同一地段上，无形中在感觉上紧缩了交通的距离。这一段平面交通的一端较宽，就形成了一处休息谈话的地方，中间的部分因为楼梯在这里逐渐提高，宽度也就觉得大些，布置招贴画廊就有了可能。这样一来交通面积就起了更多的作用。

设计者是在试着尽可能地集中交通面积，并且将交通面积的功能范围扩大。在有些场所中凡是交通影响很少的地方都不再另辟交通廊；像到休息室去要通过小吃部，在楼上到音乐室去要在棋牌部分的旁边走过，舞厅旁的贮藏室在平日作文娱活动时要横穿舞厅才能到达。粗一看似乎交通线对使用有了妨碍。但是在这三例中却不是这个问题。小吃部和舞厅受到交通的穿越而有所妨碍的情况关系极小的，何况在这两个例子中交

图 10　休息室外景

图 11　会场

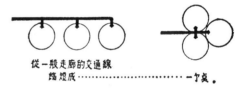

从一般走廊的交通线缩短成⋯⋯⋯⋯一个点。

圆代表使用空间，粗线代表交通路线。

图 12

通量本来就不多。在楼上一列中，是存在着交通线的痕迹，但是如果将交通线明显地分隔开来，那么所得到的效果将是空间的堵塞。目前在设计上的处理，并没有妨碍活动而是为活动取得条件，这种方法使建筑中的交通道逐逝消失，在俱乐部的设计中由于内容性质，是有条件而且应该这样做的，这些都应该是方法，又是结果，并不是仅有的目标。

交通道的消失不仅是将交通面积转化为有效面积，提高使用的效率，进一步地连带将走道、甬道、走廊等的意味都打消了，更重要的是由于这样的布置（不单是在平面上的），交通道（姑且仍称为交通道吧！）起了沟通建筑空间并引伸建筑空间的作用，使这建筑物的内容更为丰富更有趣味。这亦是符合俱乐部建筑应该使人感觉亲切多趣的愿望的。

（本文原载于《同济大学学报》，1958 年第 1 期）

上海市大连西路实验居住区规划/1957

编者按：1957—1959 年，民主德国专家雷台尔应邀来同济大学讲学，并于 1957 年指导了上海市规划勘测设计院与同济大学城市规划研究室合作进行的研究题目——上海市大连西路实验居住区规划。该实验居住区规划采用分类分级的道路系统和尽端式道路布置，住户入口距车道不大于 60 ～ 100 米，住宅、儿童机构和其他公建在小区内通过步行系统和绿地系统紧密地联系在一起。这种布置，车道比重较小，人行车行干扰较少，步行舒适安全。住宅类型，除少量塔式高层公寓和中心地段采用二层联立式住宅处，大部分是四层的外廊式公寓。住宅群规划中，把道路、绿地和地形有机地结合在一起，使行列式布置有些变化。

主要规划设计人：

钟耀华　金经昌　冯纪忠　方润秋　H. RAEDOR　顾宗涛　徐景猷　黄伟康　丁昌国
傅信祁　李德华　何德铭　臧庆生　李锡然　邱贤丰　陈运帷　陈亦清　黄富厢　吴铭承
朱锡金　邱舜华　张宋范　邓述平

主要规划指标：

规划用地 74 公顷；

人均用地 4 平方米／人；

容积率 0.45；

居住建筑密度 25.8%；

住宅平均层数 3.26 层；

人均绿地 2.0 平方米。

图1 民主德国专家雷台尔应邀来同济大学讲学

图2 上海市大连西路实验居住区规划模型

图3 上海市大连西路实验居住区现状图

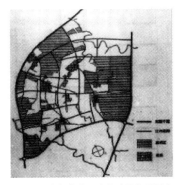

图4 上海市大连西路实验居住区原来规划的道路系统

图5 上海市大连西路实验居住区分区示意图

179

"上海市大连西路实验居住区规划"第一阶段工作介绍

钟耀华[1]　金经昌[2]

提要：上海市自 1952—1956 年底建造了 328 万平方公尺的工人住宅，解决了 47 万人的居住问题。今年又将出现其他的工人新村。为了收集新的经验，还将建造一个位于大连西路的实验小区。在规划中着重研究下列几个问题：

1. 经济利用土地；

2. 节省道路面积及管线长度；

3. 组织绿化及步行系统，配合分类分枝道路系统；

4. 行列式住宅的灵活布置；

5. 合理的居住建筑基础单元。

上海大连西路实验小区规划是上海市规划勘测设计院与同济大学城市规划研究室在 1957 年度合作进行的研究题目，研究目的是要通过实验小区的规划，探讨在规划设计中还存在而有待研究的一些问题，提出可能解决的方法与方向，并且从建段与使用中加以验证。

规划工作在 1957 年 6 月开始进行，而主要的工作阶段集中在年底以前的三个月里。在第一阶段工作过程中，先后参加规划工作的有上海市规划勘测设计院及同济大学城市规划研究室与民用建筑研究室的二十多名工作人员，并有同济大学建筑系民主德国专家哈·雷台尔教授担任指导。实验小区初步规划图纸于 12 月 10 日完成。本文仅就第一阶段的工作情况加以介绍。

缘　起

上海解放后，随着全市工业生产的恢复与发展，为了改善工人的居住条件，几年以来工人住宅建段事业发展极为迅速，从 1952 年开始到 1956 年底，全市为工人建造的住宅面积就有 328 万平方公尺，解决了 47 万人的居住问题。上海市在 1951 年建造了第一个工人住宅区——曹杨新村，其后几年，陆续建造的工人住宅区有鞍山、天山等十余个新村（图 1）。大批工人住宅区的建造对规划设计者提出一系列的新问题，如住宅区如何组织，住宅小区的规模，小区生活福利设施的内容、数量和分布问题等等。为了更多、更快、更好、更省地进行城市建设，小区规划设计中迫切要求寻求这样一种方案，那就

1　钟耀华时任上海市规划勘测设计院总工程师。

2　金经昌时任同济大学城市规划研究室主任。

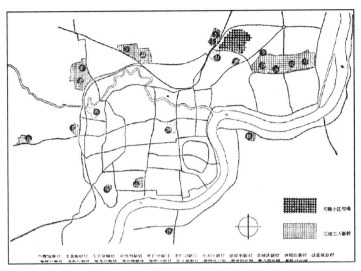

图 1   上海市工人新村分布图

是既能满足使用要求又要节约造价，更要节省城市土地，实验小区规划设计是针对着这项任务而提出来的。

实验小区地点与现状

实验小区位于上海市北区，四平路同济大学以西，大连西路以北，西体育会路以东，邯郸路与走马塘以南地段（图2）。该地段是近期计划建设的地区，1957年已经进行全区初步规划设计，其中紧靠大连西路的一个街坊已经在1957年建成（图3）。

小区四周有四条交通道路与市内各区联系，甚为便捷。四平路北行可到东北郊中心——五角场，南行直通上海市中心地区外滩，大连西路东行可达沪东工业区，西行接西体育会路而通虹口公园及上海市铁路客运总站。邯郸路两端连接西体育会路及五角场。

实验小区用地范围以内小河颇多，较大者西南有沙泾港，东部有北沙港。区内大部分为农地，地势平坦，农地中尚夹杂有不少的坟地。村庄中较大的有北沙港、梅港巷、鲁家巷、狄家浜、朱家巷、全家巷与中薛家宅等七处。另外，几户人家的小村庄也有四、五处。村庄农舍绝大部分为平房，有立帖瓦屋与草房两种。大村庄中瓦屋居多，虽有部分年久失修，但一般房屋估计尚可使用相当年数。村庄周围有不少树木与灌木。

小区四周有机关、学校等公共建筑，其中大专、中小学计有七所之多。

区内现有大连西路及东体育会路可以通行汽车。

图3是小区南区部分现状图。

181

小区用地规划

实验小区基地四周已经形成各种类型的建筑群，全区可供利用的土地面积约115.94公顷，其中村庄面积占11.56公顷，河流面积占9.40公顷。规划人口密度要求达到每公顷1 000人左右，约可容纳10万人。

全区面积较大，周围四条道路不足以解决小区对外的交通问题，区内除原有东体育会路可利用外，规划中将赤峰路向西引伸，与东体育会路丁字相交，成为区内的交通道路，同时将小区分为西区、南区与北区3个分区。各区土地面积见表1。

表1　　　　　　　　　　　　　实验小区用地现状统计　　　　　　　　　　（单位：公顷）

分区 项目	南 区	北 区	西 区	总 计
农田与坟地	—	—	—	94.98
河流	—	—	—	9.40
村庄	—	—	—	11.56
总计	73.94	26.10	15.90	115.94

小区用地规划是根据初步规划的居民总数10万人计算各项基地面积而得出来的（表2）。在小区内部交通道路选址确定以后，就开始进行各项用地布置、支路初步选线、公共建筑分布及绿地系统规划，尤其特别着重公共活动中心地点的选择，必须与车道和行人道两个系统密切联系。全区的中心要便于南区、北区和西区共同使用，因此，选定了赤峰路西段，南区北部的地点。

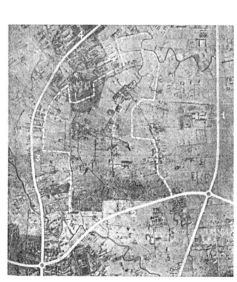

　图2　实验小区用地范围图　　　　　　　　　图3　实验小区南面部分现状图

表2

用地项目			面积／公顷	百分比
居住用地			46.47	44.5%
道　路			6.50	6.2%
公共建筑	学校：中学		4.28	—	—
	小学		3.25	—	—
	儿童机关：托儿所		0.56	—	—
	幼儿园		1.56	—	—
	运动场：区运动场		2.50	—	—
	分散运动场		2.00	—	—
	行政办公、派出所、街道办事处等		1.74	—	—
	电影院、俱乐部		0.48	—	—
	医院与门诊		2.95	22.01	21.10%
	商业服务：银行		0.48	—	—
	邮局		0.04	—	—
	饮食		0.15	—	—
	商业		0.70	—	—
	服务业		0.45	—	—
	公共浴室		0.20	—	—
	理发		0.07	—	—
	小菜场		1.60	—	—
绿　地			20.00	19.2%
河　流			9.40	9.0%
合　计			104.38	100.00%
村　庄			11.56	—
总　计			115.94	—

附录：1. 公共建筑用地面积按全区居住 10 万居民计算。
　　　2. 用地指标采用 1957 年上海市规划勘测设计院"上海市城市规划几项主要定额指标草案"。

小区用地规模还应该核算用地是否经济，根据民主德国的研究，建筑住宅的用地面积应争取达到小区用地总面积的 50%，否则不经济。实验小区建造住宅的用地面积经初步计算占全区面积 49%，在用地上认为合理。用地规划完成以后，即可着手各区初步规划。在第一阶段工作中只进行了南区的初步规划。

南区初步规划设计

南区初步规划分三部分：
一、居住房屋设计；

二、总体规划；

三、工程管线初步规划。

三项内容在设计过程中相互配合，反复研究，全面考虑决定。

居住房屋类型与小区布置的关系极为密切，实验小区住宅类型要求符合上海市工人家庭人口组成的情况，能够配合家庭大小灵活应用。住宅单元变化应该简单，构件种类要尽可能减少以适合大批建造。根据以上原则，实验小区住宅在每个单位开间中，前部布置卧室，后部采用小间，布置厨房和厕所（图5），形成基础单元，建造两层以上的住宅采用外廊式。

图4 大连西路实验小区用地规划示意图

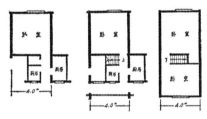

图5 住宅基础单元

底层平面　　　　楼层平面

1 居室 2 厨房 3 浴厕 4 贮藏

184　　图6 二层住宅平面图

三室户是两个基础单元重叠而成，内设小楼梯，楼上后部厨房与厕所面积改为一间卧室。用重叠式单元组成三层以上的住宅时，最高一层可以不必设外廊，并充分利用屋顶下的空间，将层高降低到2.10公尺。

实验小区利用基础单元组成四种不同层数的住宅，二层住宅平面如图6所示，四层住宅平面如图7所示。在四层住宅中，若将二楼减去可以改变为三层住宅；在二楼与三楼之间增加一层，也可以组成五层住宅。六层住宅考虑采用点状平面，供小户工人家庭居住，尚未进行设计。

南区规划在工作过程中，重点针对着前所提出研究的问题，归枘起来，可以分为以下4点：

1. 道路系统规划

以往上海进行的工人住宅区规划多采用路格的形式，在小区内布置了很多的行车道路，将小区分割成6～9公顷大小不等的街坊，只是在街坊群的集中点选一适当地位作为小区中心（图8），这种道路系统为小区带来很多问题，最主要的是由于区内道路功能划分不清，导使不必进入小区的车辆选择捷径穿过。同时，这样布置的道路网道路用地面积此重极大，最高可达15%（控江新村）。实验小区的规划尝试地采用了分类分枝道路系统（图9）车道尽端设回车场。住宅一般布置在尽头路的两旁，住户距离车道最远为60～100米。住宅与儿童机构、商店等公共建筑以及小区中心之间有完整的步行道路系统联系，使区内交通可以避免穿过车道。采用分类分枝道路系统后通行汽车的道路用地仅为全区用地面积的4.7%，这样不仅大大地缩短了车行道路长度，减少了建设资金，而且也省了用地。这种道路系统完全能符合远期汽车交通发达以后的要求，只需在预留的空地上增建一定数量的公共停车库即可。此外，由于每一分枝道路只负担它所服务地区的交通，完全保证没有穿境交通，因而可以肯定交通量不大，车道宽度亦不必做得太大。人行道与车道分开以后，居民，尤其是儿童，可以更安全地由行人道走到小区的各种公共场所及绿化地段。人行道的设计标准可以比车行道降低很多，因此它可以适应任何复杂的地形（图9）。

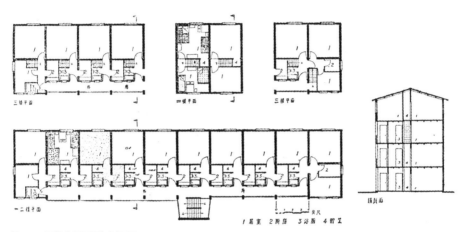

图7　四层住宅平面图与剖面图

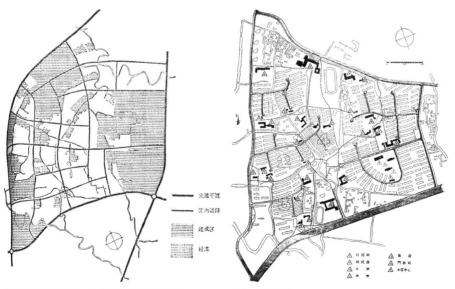

图8　大连西路实验小区原来规划的道路系统　　图9　道路系统

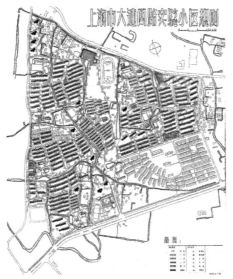

图 10　总平面图　　　　　　　　　　　　　　图 11　模型

2. 土地利用原则

为了节省土地，须提高居住密度与人口密度，同时也要保证满足居住的卫生要求。居住密度与人口密度的提高，主要是依靠以下 3 个途径：

（1）提高居住用地占总用地的百分比；

（2）提高建筑平面系数；

（3）降低建筑层高，减小房屋间距。

提高居住用地的百分此主要是采用分枝道路系统和集中布置绿地、公共建筑用地的办法。实验小区规划采用了这个原则，住宅组中不空出小片绿地，使绿地集中成片。儿童机构、学校一般与绿地紧靠，使绿地显得更大（图 9）。另外，住宅的间距，在不妨碍居住卫生的条件下也比以往设计的大大减小，这样，四层、三层住宅组的净密度可以提高到 1118 人／公顷。

3. 住宅组合问题（图 10，图 11）

（1）住宅朝向：上海位处北纬 31° 15′，夏季气温高而湿度大，当冷风向来自东南。因此，房屋朝向，最好采用面朝南或东南。冬季则寒流来自北方；多偏北大风，南向的房屋室内温度比其他朝向高，可以充分利用日光照射代替火炉，这是最便宜的取暖方式。夏季太阳照射角度高，室内可以不受东西晒的威胁，而且面迎季风，空气流畅，可以减轻酷热。

南区房屋排列最小间距是以冬至日太阳照射到窗户中点 4 小时计算得出，约为屋檐高度的 1.2 倍，比上海以往新工房所采用的房屋间距小些。

（2）居住密度与人口密度：习惯上常用人口密度说明居住疏密的情况，但实际上由于生活条件的改变，每公顷居住人数经常变化，所以最设计的人口密度不能完全代表居住的情况。要更清楚地说明问题，最好采用居住密度代替人口密度。居住密度以每公顷的居住面积或户数表示。

提高居住密度是实验小区研究的内容之一，以往看法认为提高人口密度通过提高房屋层数与建筑密度就可以达到，但是实际情况人口密度不因房屋层数提高而成比例地无限增高。房屋层数提高，为了满足日照的要求，间距随之加大，节省的土地面积也是愈来愈小。

南区规划是按冬至日房屋照射四小时的要求排列房屋，从日照图解计算（表3，图12）可以看出，一层半大户住宅人口密度也可以达到1 080人/公顷。

表3　　　　　　不同层数住宅最小间距，每公顷住户与人口密度（附图）

住宅层数	建筑高度 h	住宅间距 b	间距系数 n=b/h	a+b	开间数/100m（开间=4m）	户数（厨房数）/公顷（开间=4m）	住宅行数/100m	每户居室数	居室数/公顷	居民数/公顷（2人/每室）
1	3.5	2.8	0.80	10.8	25	9.3	226	1	226	452
1 1/2	5.5	5.9	1.09	13.9	25	7.2	180	3	540	1080
2	6.5	7.3	1.16	15.3	25	6.5	320	1	320	640
3	9.5	11.4	1.20	19.4	25	5.2	384 254	1 2	384 508	768 1016
3 1/2	11.5	14.2	1.24	22.2	25	4.5	220	3	660	1320
4	12.5	15.6	1.25	23.6	25	4.2	420 280	1 2	420 560	840 1120
4 1/2	14.5	18.6	1.28	26.6	25	3.8	276+98	2+1	552 644	1104 1288
5	15.5	19.9	1.28	27.9	25	3.6	450	1	450 600	900 1200
10	30.5	41.9	1.40	49.9	25	2	500		500 666	1000 1332

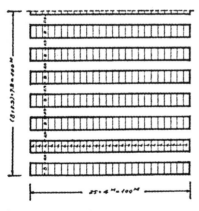

表3附图：1 1/2层住宅每公顷住宅总数图解

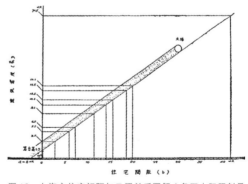

图12　上海市住宅间距与日照关系图解（冬至太阳照射最大角度为35°）

（3）行列布置住宅与空间组合：小区房屋布置除去首先要满足使用要求，符合经济条件与居住卫生条件以外，住宅区的美观不是依靠使用高贵材料或增加装饰而求得的，主要是在不增加任何造价的条件下注意利用地形，组织朴素的建筑。可以通过建筑物布

图 13

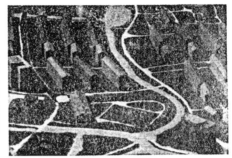

图 14

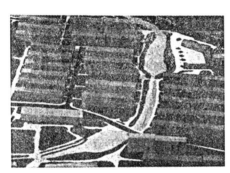

图 15

图 16

置和绿化环境组成一系列的既有统一性而又生动活泼的空间。

　　实验小区为了要利用良好朝向，住宅只宜面朝南向或东南向，这就决定了要采用行列布置的基本形式；但是，由于住宅长度的变化，错综组合（图 13），或是在成片行列住宅中改变少数房屋的方向（图 14），以及利用曲折的道路与整齐房屋良好的配合（图 15），都能打破平面布局上的单调；设计中亦可使用不同层数住宅的适当配合（图 13，图 14）利用绿化来解决空间组合的问题。

　　（4）公共建筑分布、步行系统与绿化问题：小区托儿所、幼儿园及小学根据不同的服务半径平均分布于全区，一般与成组的住宅毗邻，地点显著，儿童往返极为方便。零售商店与服务商店设于成组住宅的中心点，既接近步行系统，又与车道有联系。小区公共活动中心位于赤峰路以南，狄家浜以东，郎南区北面边缘，从北区、西区与南区三个区的关系来看，地点适中（图 4，图 16）。

　　全部儿童机构及公共建筑用绿荫遮盖的步行道路系统联系起来，从住宅通向儿童机构及公共建筑避免了穿越车道。

　　实验小区中要提高居住密度，在绿化用地的百分比上相对地要减少，小区绿化用地虽然每居民只有两平方米，由于集中布置，仍可获得好的效果。成片绿地犹如小游园，为居民经常游息最佳处所，同时也补充了全市绿化的不足。这样成片成带的绿地，可以把新鲜空气引入城市，以改善小气候（图 9）。

（5）河流与村庄的处理：河浜纵横，地势平坦是上海地形的特点。以往在小区规划中除主要河道以外，小浜填没的很多。大量填海非但土方难觅，增加土地平整费用，而且也破坏了地形赋予房屋布置变化的有利条件。实验小区在规划中保留了绝大部分河浜，并且加以疏浚整理，使成系统，以利雨水的排除。建筑布置也配合了河浜与地形的变化，更为灵活。

小区内原有大小村庄很多。村庄居民部分为产业工人，部分从事于农业生产。小区规划中，对村庄房屋均予以保留，与新规划房屋组合起来；这样，在近期建设中可以减少拆迁。

4. 工程管线规划

（1）污水排水系统：污水排水管网配合了住宅组合的特点。用最近的管线与小区外围干管连接，打破了管线一定要埋设在道路下面的做法，可以减小管径，缩短管线长度（图17）。

（2）雨水排水系统：屋面及地面排水均利用房屋周围明沟汇集，在房屋两端设进水口，再以极短沟管排入附近河浜（图18）。采用这种系统可以大量缩短管线长度（图19）。

（3）给水系统：给水管线配合住宅组合的特点进行全区一次规划设计，干管支管都选最短线路，可以做出比较经济的设计（图20）。

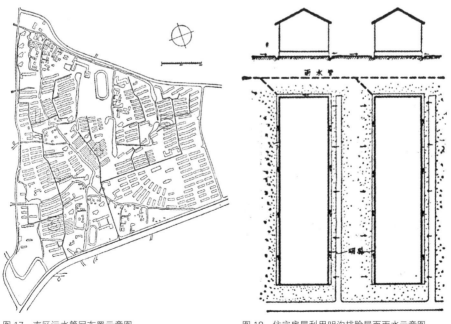

图17 南区污水管网布置示意图   图18 住宅房屋利用明沟排除屋面雨水示意图   189

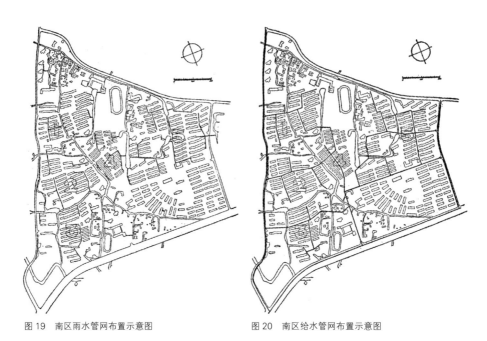

图 19　南区雨水管网布置示意图　　　　　图 20　南区给水管网布置示意图

南区规划技术经济资料与造价概算

　　南区规划技术经济资料与造价概算是以初稿为依据，但文中所附南区规划总平面已经修改，不完全相符，故所列数字仅供参考。

表 4　　　　　　　　　　　　　　南区规划用地平衡表

用地项目		面积 / 公顷	百分比
居住用地	1 区	7.44	—
	2 区	5.82	
	3 区	6.04	
	4 区	3.09	
	5 区	10.93	
	小计	33.32	53.40%
公共建筑		12.09	19.40%
绿　地		7.79 ⎫8.11	13.00%
运动场		0.32 ⎭	
道　路		3.27	5.20%
河　浜		5.62	9.00%
共　计		62.41	100%
小区公共建筑		0.84	—
小区运动场		1.58	—
保留农地		2.08	—
村　庄		6.93	—
总　计		73.94	—

表5　　　　　　　　　　　南区规划用地与现有工人新村用地百分比比较

项目	实验小区	长白新村	控江新村	凤城新村	鞍山新村	曹阳新村
居住用地	48.1%	51%	53.96%	36.99%	49%	42.5%
公共建筑	17.4%	19.5%	14.3%	14.54%	22.3%	17.8%
绿　地	11.6%	6.5%	6.9%	6.56%	6.4%	15.3%
道　路	4.7%	10.5%	15.19%	14.05%	12.1%	13.5%
河　浜	8.2%	3.5%	5.23%	3.18%	3.3%	1.5%
村　庄	10%	9%	4.42%	24.68%	6.9%	9.4%
	100%	100%	100%	100%	100%	100%

表6　　　　　　　　　　　南区规划居住用地与上海已建街坊用地主要指标比较

项目	实验小区	控江路南圆门路西街坊	黄兴路东松花江路南街坊	控江路鞍山路街坊	大连路控江路街坊
建筑密度	25.76%	22.1%	33.4%	21.8%	21.7%
平均层数	3.26	3	3	一般二层，个别三层及一层	二层及三层各占一半
居住密度 /（m²/hm²）	4470	3230	4756	2280	2400
人口净密度人 /hm²	1118	782	1189	567	600
居住用地面积 /m²	333200	—	—	—	—
居住建筑占地面积 /m²	85839	—	—	—	—
居住建筑展开面积 /m²	278877	—	—	—	—
居住总面积 /m²	163557	—	—	—	—
平均居住标准 /m²	4	—	—	—	—
居住总人口数	40894	—	—	—	—
居住总户数	8179	—	—	—	—

表7　　　　　　　　　　　南区公共建筑项目与用地计算

项目	数量	单位用地/公顷	用地/公顷	规模	计算方法
中学	1	1.92	1.92	900 学生 / 每校，18 班，每班 50 学生	适龄学生占 9.5% 4750 人，入学百分比占 70% 3330 学生，需设 2250 座位（二部制）
小学	6	0.7	4.2	600 学生 / 每校，12 班，每班 50 学生	适龄学生占 16% 8000 人，入学百分比占 90% 7200 学生，需设 3600 座位（二部制）
托儿所	7	0.38	1.84	50～125 婴儿 / 每所，1 所五班，6 所 2 班，每班 25 婴儿	适龄婴儿占 8% 4000 人，入所百分比占 10% 400 婴儿，需设 400 座位
幼儿园	6	0.27	2.22	120～150 幼儿 / 每所，2 所 5 班，4 所 4 班，每班 30 幼儿	适龄幼儿占 11% 5500 人，入园百分比占 14% 770 学生，需设 780 座位
商店	13	0.11	1.4		
诊疗所	1	0.49	0.49		
区中心	1	0.94	0.94		
总计	—	—	10.03	—	—

表 8 　　　　　　　　　南区规划每一居民投资分析

项　　目	每一居民造价 / 元
住宅（包括卫生设备）	360
道　　路	8.56
给　　水	4.44
污水排水	4.44
雨水排水	0.93
总　　计	378.37

表 9 　　　　　　　　　南区规划住宅造价计算

房屋层数	建筑展开面积 / 平方米	土建面积及卫生设备单价 / 平方米	造价 / 元
二层	34018	50	1703000
三层	145869	54	7880000
四层	89283	52	4645000
五层	9707	52	504800
合计	278877		14732000

$$平均每人造价 \approx \frac{14732000}{40894} = 360 \ 元$$

表 10 　　　　　　　　　南区规划道路工程造价概算

道路造价 8.56 元 / 居民

种类	泥结碎石路柏油浇面		弹街道路		水泥混凝土行人道			砖砌行人道		硬地
	路面	方头弹街侧石	路面	弹街侧石	路宽1.8公尺	路宽1.2公尺	路宽1.0公尺	路宽1.0公尺	路宽0.6公尺	红石板铺砌水泥嵌缝
工程量（m²）	29827	7698	10529	4303	1566	4901	3044	9396	1649	6002
单价（元）	7.1	2.3	4.3	1.1	3.2	3.2	3.2	0.7	0.7	3.8
造价（元）	211771	17605	45375	4733	5011	15683	9741	6577	11543	
	229376		50108		30435			18120		22808
	279484				48555					
单位造价（元 / 居民）	6.81				1.19					0.56

★注：单价依据 1956 年 9 月建筑规划管理局的城市建设工程单价表。

192

表11

南区规划污水工程造价概算

污水管造价：4.44元/居民

分区 / 工程量与造价 管径	1区 工程量/m	1区 单价元/m	1区 造价/元	2区 工程量/m	2区 单价元/m	2区 造价/元	3区 工程量/m	3区 单价元/m	3区 造价/元	4区 工程量/m	4区 单价元/m	4区 造价/元	5区 工程量/m	5区 单价元/m	5区 造价/元	公共管理 工程量/m	公共管理 单价元/m	公共管理 造价/元
管径 150mm	2903	9	26127	1993	9	17937	2160	9	19440	1638	9	11742	4872	9	43848	104	9	936
230mm	595	12	7140	—	—	—	—	—	—	198	12	2376	513	12	6156	—	—	—
300mm	58	16	928	337	16	5392	—	—	—	—	—	—	276	16	4416	—	—	—
居住区公共建筑 380mm	—	—	—	—	—	—	344	28	9632	—	—	—	257	28	7196	297	28	8316
150mm	76	9	684	174	9	1566	140	9	1260	346	9	3144	143	9	1287	—	—	—
280mm	150	12	1800	—	—	—	—	—	—	48	12	576	—	—	—	—	—	—
造价小计			36679			24895			30332			17808			62903			9252
造价									181869 元									

表12

南区规划雨水工程造价概算

雨水管造价：0.93元/居民

分区 / 工程量与造价 管径	1区 工程量/m	1区 单价元/m	1区 造价/元	2区 工程量/m	2区 单价元/m	2区 造价/元	3区 工程量/m	3区 单价元/m	3区 造价/元	4区 工程量/m	4区 单价元/m	4区 造价/元	5区 工程量/m	5区 单价元/m	5区 造价/元
管径 100mm	—	—	—	—	—	—	—	—	—	38	6.0	228	—	—	—
150mm	390	9.0	3510	99	9.0	891	263	9.0	2412	310	9.0	2790	652	9.0	5868
230mm	242	12.0	2904	228	12.0	3736	114	12.0	1368	41	12.0	492	310	12.0	6820
300mm	—	—	—	237	15.0	3555	24	15.0	360	—	—	—	216	15.0	3240
造价小计			6414			8182			4140			3510			15928
总造价									38177 元						

表 13

南区规划给水工程造价概算

给水管造价：4.44 元/居民

分区 工程量与造价 管径	1 区			2 区			3 区			4 区			5 区			公共管理		
	工程量/m	单价元/m	造价/元	工程量/m	单价元/m	造价/元	工程量/m	单价元/m	造价/元	工程量/m	单价元/m	造价/元	工程量/m	单价元/m	造价/元	工程量/m	单价元/m	造价/元
50mm	2404	10.0	24040	1677	10.0	16770	2010	10.0	20100	1469	10.0	14690	3729	10.0	37290	121	10.0	1210
100mm	412	15.8	6500	277	15.8	4370	240	15.8	3790	232	15.8	3520	420	15.8	2490	95	15.8	1500
150mm	—	—	—	—	—	—	—	—	—	64	20.9		240	20.9		—	—	—
200mm	212	25.5	5400	302	25.5	7700	371	25.5	9450	77	25.5	1965	661	25.5		293	25.5	7460
居住区公 50mm	127	15.8	2000	110	15.8	1736	104	15.8	1640	195	15.8	3040	238	15.8	3760	—	—	—
共建筑 150mm	—	—	—	—	—	—	—	—	—	70	20.9	1463	—	—	—	—	—	—
造价小计			37940			30576			34980			24678			43540			10170
总造价									181884 元									

（本文原载于《同济大学学报》，1958 年第 2 期）

莫斯科西南郊实验小区规划竞赛方案/1959

编者按：1959 年，苏联组织了莫斯科西南区试点住宅区设计的国际竞赛，以求进一步提高住宅区设计水平，制定出最合理的住宅区设计方案。参加这次国际竞赛的，除苏联外，尚有我国、保加利亚、匈牙利、德意志民主共和国、朝鲜民主主义人民共和国、波兰、罗马尼亚和捷克斯洛伐克，共提出 35 个设计方案。同济大学建筑系教师设计了竞赛方案，后与清华大学建筑系、北京工业建筑设计院合作形成整合方案，由我国中国建筑学会提出参赛，被选为优秀方案之一。

莫斯科西南郊实验小区规划方案中，试点居住区分三个大组，每组约 6 000 人，设八年制学校一所和食堂一座（结合在旅馆式高层住宅内），每大组分成两个 3 000 人的居住小组，每小组设服务点一个、学龄前设施两个，各大组混合地平均配置了各种户型的 2 层、5 层和 8 层的居住建筑，这样儿童机构和服务点的使用频率可以得到平衡，也为分批分期建造及房屋的分配工作创造方便条件。

居住建筑群采取放射式的布局，有很多优点；建筑物间距大、前后视野开朗、建筑物阴影相互影响较少、易与地形结合和节省土方工程。

道路采取分类分级系统；分车行的、人车合用的和人行的道路。人行系统贯穿在绿地里，与公共交通站相衔接，并到达分区中心。

分支式的行车系统有利于组织区内交通，节省行车路面，容易适应地形。

放射式的建筑布局和分支分级的道路系统结合，最大限度地保证儿童安全、住宅的安静、管网的经济和居住气氛的生动活泼。中心的布局紧凑，造成与居住组相对比的热闹城市气氛。

主要规划设计人：

冯纪忠 李德华 傅信祁 王季卿 赵汉光 陈运帷 李锡然

主要规划指标：

规划人口 17 208 人；

人口密度 255 人／公顷；

容积率 0.27。

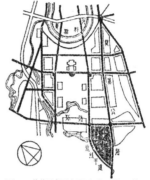

图 1　莫斯科西南区竞赛区块区位图

图 2　居住区规划总平面图

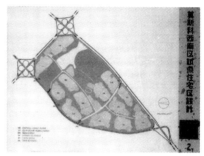

图 3　组团结构示意图

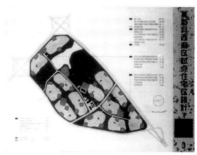

图 4　组团结构示意图

图 5　住宅效果图

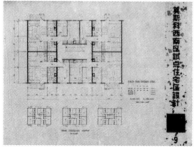

图 6　房型图（1）

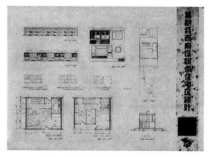

图 7　房型图（2）

华沙人民英雄纪念坛设计竞赛/1959

编者按：1959年，李德华先生参加了波兰华沙人民英雄纪念建筑国际竞赛，其作品
"华沙英雄纪念坛"（方案第193号）获得第二名（第一名空缺）。

设计者：

Wong Chi Chung（王吉鑫）

cheng siao cheng（郑肖成）

Li te Hua（李德华）

Tung Chin-Hua（童勤华）

Wong Tsung Yuan（王宗媛）

Chen Kuan Shien（陈光贤）

情景：

乌亚多夫斯基公园区，与韦兹沃莱尼亚（Wyzwolenia）大道相垂直。

评委会简要评语：

"整个情景角度选择的非常优美，也包括了作者对华沙英雄纪念碑诸多相关事件的
叙述……得益于互惠互助以及多元化的设计，因此花园—池塘—桥—建筑—广场以及独
具艺术风味的围栏显得非常连贯且也都是原创的。整个工程极具中国文化特色，当然也
充分体现了对当代建筑艺术的致敬。尽管作品非常优秀，但却触及了斯坦尼斯瓦夫轴线
内的部分结构，这些结构必须严格保留。"

——摘译自波兰《建筑艺术》杂志1975年第9期

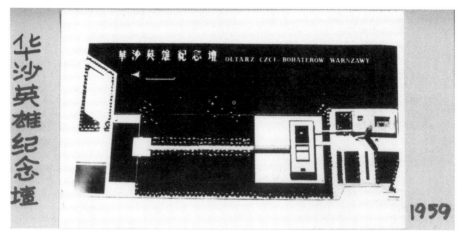

图 1　华沙英雄纪念坛平面图

　　图 2　波兰《建筑艺术》杂志对方案的介绍

阿尔及利亚新城规划/1986

编者按：1984—1985年，应中国建筑工程总公司的邀请，同济大学派出中国城市规划专家组赴阿尔及利亚，承接建立新城对地区影响的研究和布格祖尔（BOUGZOUL）新城规划及杰尔法城（DJELFA）扩建规划。董鉴泓、李德华先后担任专家组组长，参加人员有陈秉钊、翟良山、朱锡金、徐循初、陈亦清、钱兆裕。

李德华先生任中国赴阿尔及利亚城市规划专家组组长现场考察

中国赴阿尔及利亚城市规划专家组现场考察

中国赴阿尔及利亚城市规划专家组合影（前排左一李德华、前排右一王家章、后排左一朱锡金、后排右一陈亦清）

阿尔及利亚布格祖尔（BOUGZOUL）新城长期发展规划概述

李德华　中国专家组组长

陈秉钊　项目负责人

1985.2—1985.12

前言——建立新城的发展过程 / 战略地位

开发高原是阿尔及利亚领土整治的主要方向，而建立新城是开发高原的重要步骤。1985 年 1 月，领土整治署完成《新城影响区的研究报告》，确定新城为教育、科研中心，并分散首都的机构，人口规模为 10 万人。

规划的目标和计划——用地范围 / 目标和计划

布格祖尔新城位于高原的中北部，是国家Ⅰ级南北发展轴和Ⅲ级东西发展轴的交叉点，离首都阿尔及尔 170 公里。新城的用地范围参考周边公路和地形划定，界限内总面积为 5 956 公顷，其中新城用地约 1 451.0 公顷。新城远期发展规模为 10 万人，主要职能是为开发高原服务的教育和科研中心，并且设有部分首都行政机构，但在新城发展的不同时期，它的职能也具有不同的特征。最终建立一个方便、高效率、安全、舒适的城市，为开发高原迈出坚实的第一步。

规划总构思——长期发展计划

由于城市规模较小，城市用地集中紧凑布局，以便工作、居住就近。城市结构采用双带结构，它有利于节省城市基础设施，减少居民出行距离，利于经济有效地组织城市公共交通，同时具有高度的生长性。北部的第一带由 4 个低密度环境区和大学及中央机构组成。南部的第二带由 21 个中密度环境区及主要公建设施和工业区组成。两带相拼形成南北宽 3.5 公里，东西长 5.5 公里的紧凑城市地区。城市用地组织为建立既经济又高效率的公共交通系统提供可能性，不搞绝对的功能分区。大型就业区应较均匀地分散布置，以便避免造成交通

规划成果封面

过于集中，并可减少交通距离。公建系统采取二级配置，尽可能将为全市服务的设施集中布置，形成公共活动中心，日常生活需要的设施在全市生活居住用地的 25 个环境区较均匀地分布并形成区级中心。第二产业经济活动区（工业、仓库）采用离心的布局，分布在城市的外围（西端和南侧两处）。第三产业经济活动区采用向心的布局（分布在城市腹地）。由于新城市教育、科研的中心的城市职能，因此把城市教育科研机构集中成带布置在城市中轴线上。城市空间组织形成强烈的城市气氛，塑造城市的标识性、纪念性，彰显教育、科学文化城的特征。为改善城市小气候，利用河谷洼地有利草木生长的地带引进绿化，并形成完整的网络，同时和避难疏散系统相结合。建筑层数以 2～3 层为主，形成绿色覆盖的低平建筑中点缀着少数矗立蓝天的高层住宅、清真寺塔楼和高层办公楼等，形成高低错落，生动活泼的城市轮廓。

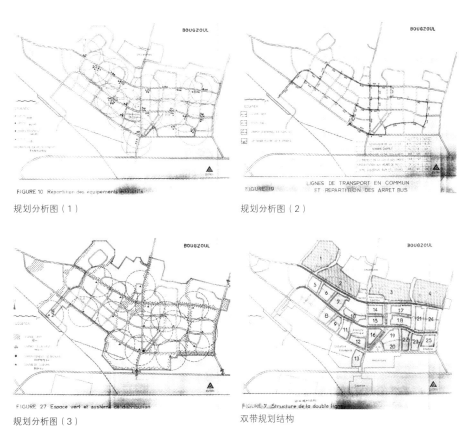

规划分析图（1）

规划分析图（2）

规划分析图（3）

双带规划结构

阿尔及利亚布杰尔法（DJELFA）新城规划

李德华　中国专家组组长
朱锡金　项目负责人
1984—1986

规划成果封面

杰尔法新城位于阿尔及利亚中部高原，是杰尔法省省会所在地。依照阿国国土发展计划，为了加速推进开发高原进程，需对杰尔法新城制定发展战略并赋予新的功能和发展预期。城市规划基于阿国相关法规和规划编制技术与程序规定，以中国城市规划理论和方法，结合法国等西方的城市规划经验与技术，研究和制定城市规划的工作方式。新城规划分有 3 个工作阶段展开，相应编制就 3 个阶段规划文件。第一阶段是对杰城的区域关系和自然与社会以及城市建设现状进行分析与评价，并对新城发展的要素做出预估和预测，在此基础上，通过 6 个发展模式进行新城的形态研究和评选；第二阶段是以选定的两个发展形态为依托，从预测的远期城市人口达到 25 万人和用地约 35km^2 为规模，进行功能组配，用地布局和支持性的系统与网络的建构；第三阶段是以最终方案制定规划实施的策略与进程。

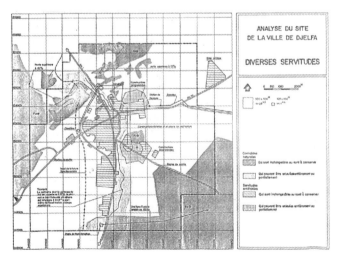

区位分析图

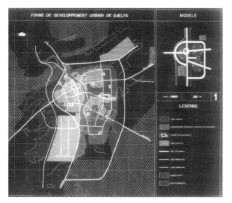

规划分析图（1）

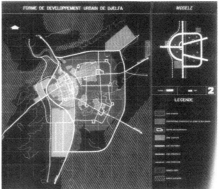

规划分析图（2）

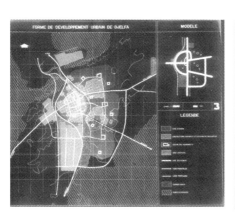

规划分析图（3）

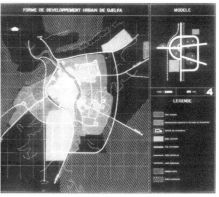

规划分析图（4）

阿尔及利亚住宅建设简介

华　实

　　阿尔及利亚位于非洲北部,濒临地中海。面积238万平方公里,其中84%是沙漠地带,人口极为稀少。沿海的狭长地区较为湿润,气候温和,这一地带的宽度仅100公里左右。稍南是高原,空气干燥。南部沙漠地区则更是干旱,年降雨量不到100毫米。

　　1962年从法国统治中解放独立后即大力发展经济建设,不断提高人民生活水平。近年来尤致力于住宅建设。笔者在阿尔及利亚高原地区工作了一段时间,在各城市中见到许多新建的和正在建造的住宅群,得到的印象颇深。

　　住宅有集合住宅和私人住宅两大类。其中绝大多数的是集合住宅,由地方、单位或建设公司投资兴建,大多在原有城区的外围成片地建设。每一片少者几十套住宅,多者达千套以上,都按照城市总体规划所规定的用地范围、密度标准,进行详细规划设计,按图施工。

　　阿尔及利亚的集合住宅以套为单位,每套一户,不以人均面积来计算。每套的居室数有二间、三间或四间。其面积大小并没有统一的标准,一般在 80 ～ 110 平方米之间,以总面积计算,不分居住面积和使用面积。用地密度,采用每公顷住宅套数为指标,由城市总体规划对每一住宅街区作出规定。高标准的独立住宅区密度较低;有者低于 10 套 / 公顷;多层的集合住宅区有高于每公顷一百五六十套的,密度高低悬差很大。

　　集合住宅的层数多为三层至五层,只有在首都阿尔及尔有为数不多的新建高层住宅。集合住宅的造价每平方米一般从 3 000 到 4 500 第纳尔（一第纳尔约合人民币 0.5 元）。

　　下面三例平面图是建在高原地区中、小城市具有代表性的住宅。图1与图2是阿尔及利亚建筑师设计,图3是西班牙公司设计施工。它们的共同点是采用等跨开间,简化结构布置。平面布局都不注重紧凑性和面积使用的经济性,交通面积和辅助面积都比较多。阿尔及利亚居民日常生活中,私密性的要求特别高,大部分妇女出门都身披大袍、头蒙面纱,并不轻易在生人前露面,因此在住宅设计中必须符合当地的生活习惯。阳台栏杆的高度往往在 1.5 米以上,超过认得视线高度,栏板制成镂空花纹;有的住宅的阳台,如图3所示,向外的板面全部是花格子。这样处理,使室外不能窥视到阳台上的活动,而在阳台上却能往外眺望。阿尔及利亚高原地带空气干燥,夏季酷热。为适应干热的气候,必须尽量避免日照,保持室内阴凉的感觉,当地所有住宅的窗上都装有百叶窗,同时又能起阻隔视线的作用。

　　阿尔及利亚盛产石油和天然气,能源充足,欠缺的是用水资源薄弱,但是,即是在二三万人口的小城市,新建的集合住宅内也是设备齐全。在住宅平面的公共交通部分都设置水表、电表、煤气表和阀门的壁柜，如图1、图3。在图2中，表柜集中设在底层的进厅内。高原不仅暑季酷热，冬季也相当寒冷，每套住宅在走道旁都考虑设置取暖炉的位置，还建有烟道。住宅中，厕所与盥洗浴室都分设两间，造价固然略有增加，在使用上却方便得多。蹲式厕所内，在蹲式大便器旁离地三四十厘米装有水龙头，这是符合阿尔及利亚人民生活中洗濯的习惯。

在结构方面，这三个例子分别代表三种不同的结构形式。图1是普通的砌块墙称重，预支混凝土楼。图2采用混凝土内浇外挂的方式。内墙浇灌用钢模，楼板、墙板和模板都用塔吊吊装。这种方式，目前见到的最多，尤其是较大规模的住宅区普遍采用。图3的结构式轻钢框架，内外墙用预制组合墙板，板之间夹以泡沫塑料保温层。墙板的隔热性能较好，但隔音甚差，估计墙板薄面大、自身振动的缘故。这一类型由于工业化程度比较高，因而形体整洁、线条挺括。有些外国公司建造住宅，对质量十分注重，特别重视房屋罗成后交付前的质量保持。住宅一完工，即把室内地面全部用塑料薄膜覆盖，薄膜的搭接处用胶带粘牢，保护面层不收污染，给人以良好的印象。

建筑造型比较丰富，每一住宅区或住宅群都各有特征，不求雷同，大多带有阿拉

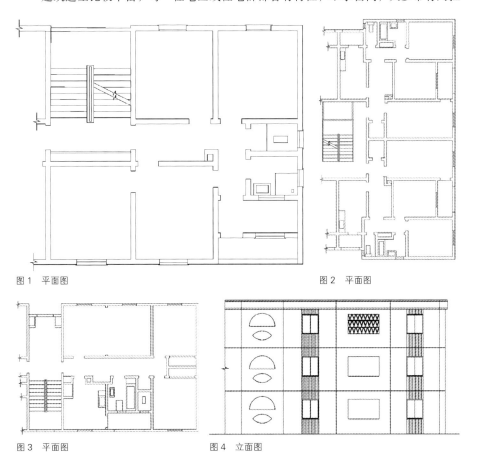

图1 平面图　　　　　　　　　　　　　　　　　图2 平面图

图3 平面图　　　　图4 立面图

伯建筑风格。传统的色彩以土黄色为主，与高原荒漠自然景观的色调相配，间或有白色外墙。窗框习惯用浅蓝色，阳台的内壁也多刷成浅蓝色。新建集合住宅的色态已不受传统的束缚，丰富多彩，很多住宅往往采用一个色泽为基调，配以比较深和较浅的同色，足额成和谐的色调。有的地方，同类型的住宅，在群体布置上，分区分不同的颜色，色彩十分轻快。可惜的是住宅区内无一树木，环境非常枯燥。

至于私人住宅，一类是独立式的高级住宅，多建在城市边缘和市郊，式样各不相同，不是带浓厚的阿拉伯风格，就是欧洲式的。另一类是为数较多的普通私人住宅，多数在城市里内部的街坊中，屋宇鳞比。这类住宅以一、二层为主，多半采用混凝土框架，结构简单。施工的方法是先建填充墙，留出柱的位置，墙的端面就自然地起了模板的作用；然后树立柱头的钢筋，再夹以木模板，即可浇注柱头混凝土。绝大部分的房屋，平屋面上都伸出柱头钢筋，以备今后加层使用。因此，大部分房屋都像尚未完工的样子，对城市景观不太悦目。

阿尔及利亚的生活习惯和技术条件方面与中国差异较大，然而他们对住宅建设非常重视，住宅设计多样化，不搞定型、统一，以满足多方面的要求。

（本文原载于《住宅科技》，1986 年第 4 期）

上海老虹口北部保护、更新与发展规划研究/2001

编者按：2001 年，由上海市虹口区城市规划管理局委托、沈祖海建筑文教基金会资助，李德华教授与罗小未教授共同主持了"上海老虹口北部保护、更新与发展规划研究"理论。

通过调查研究，课题组提出了历史文化风貌区的调整建议，并对老虹口北部地区的发展、风貌保护与城市更新的有机结合进行了有意义的探索，提供了前瞻性和可操作性兼具的思路与决策依据。研究提出"分类保护、分片控制、分区发展"策略及采用的政府、民间力量与高校合作建设的组织方式，对上海的旧城保护、更新与发展工作具有重要的参考价值。

2003 年，在课题研究的基础上，出版了《上海老虹口北部昨天·今天·明天——保护、更新与发展规划研究》专著。

图 1 《上海老虹口北部昨天·今天·明天——保护、更新与发展规划研究》

图 2　风貌保护区建筑物质量评价图

图 3　建筑与地块改造方式规划图

图 4　历史文化风貌区边界变更建设图

图 5　土地使用规划图

图 6　土地使用现状图

图 7　文保建筑与优秀历史建筑分布图

图 1 百货公司建筑

图 2 复兴中学

图 3 大陆新村 1

图 4 大陆新村 2

图 5 四川北路商业街 1

图 6 四川北路商业街 2

图 7 旧住宅

图 8 棚户区住宅

作为设计师的李德华先生：作品及其思想渊源

卢永毅[1]

　　李德华先生作为我国城市规划师及城市规划教育家的声誉和贡献，已经为我们广泛熟知。随着建筑学界近年来对 20 世纪 50 年代建成的同济大学教工俱乐部越来越多的重新关注和解读，并了解到这座中国现代建筑史上的重要作品的设计人之一亦是李德华先生，李先生曾是一位出色建筑师的佳话也日益得到传颂。然而，对于李先生还是一位优秀的设计师，曾做过一些富有探索性的现代产品设计的经历，大多数年轻人仍少有了解。因此，本文将暂离城市规划的宏观视野，转向微观世界的一系列设计作品，去认识在室内空间和日常生活设计中同样显现才华的李德华先生。这样的回顾不仅是为了展现李先生的多才多艺，也是为了更加完整而深刻地揭示李先生现代建筑教育理念的内涵，以及这些理念和实践与我们不断议论的"包豪斯——同济"渊源关系的历史。

　　历史的回溯从这条特别的格子围巾开始（图 1）。这条围巾是李德华先生在 1949 年赠送给自己新婚妻子的一件特殊礼物。说到特殊，不仅因为当年的新娘就是我们熟悉的、著名建筑历史理论家罗小未先生，围巾是两位先生爱情因缘的象征，更因为围巾的设计者就是李先生自己。这件罗先生已珍藏了 60 多年的心爱之物，一定会引起我们对这对规划建筑界著名伉俪的青年时代充满想象，事实上，无论那个时代的生活对我们来说陌生与否，有一点是肯定的，这条围巾当时在设计和制作上都有不同寻常之处：它由四色棉麻线编织而成，看似普通的格子图案，有序排列又层层交叠，绝无华丽之气息，却有淳朴的肌理和

图片来源：围巾由罗小未提供，徐静摄于 2010 年
图 1　李德华先生赠送给新婚妻子的围巾（李德华，上海，1949）

　1　卢永毅，同济大学建筑与规划学院教授。

温馨的质感。

　　罗先生告知我们，李先生设计的这条围巾是由当时上海一家叫作时代织造公司（Modern Textiles）的机构生产的。这是一家由谁创办的公司？为何可以制作个性化的产品？围巾从设计到制作背后内含着一种怎样的设计和工艺理念？这还是需要追溯到李先生和罗先生20世纪40年代共同学习和工作的地方——圣约翰大学建筑系。有关圣约翰大学（以下简称约大）及其建筑系的历史，在罗小未和李德华先生共同的回忆[2]，以及钱锋和伍江关于中国现代建筑教育史中，已有比较详细的叙述[3]。约大建筑系是中国最早自觉而全面地推行现代建筑思想和设计教学方法的机构，对李先生来说，无论是其现代建筑与城市规划思想的孕育，还是其现代设计理念与方法的培养，都从这个他浸淫多年的教育机构开始，尤其是直接引领其成长的两位关键人物：建筑系创始人黄作燊（Henry Huang，1915—1975，图2）及在建筑系任教的德籍建筑师理查德·鲍立克（Richard Paulick，1903—1979，图3）。

图片来源：同济大学建筑与城市规划学院提供

图2　圣约翰大学建筑系创始人黄作燊（上海，1942）

　　追溯黄作燊的留学经历，他在创建约大建筑系的过程中努力贯彻的建筑教育思想，仍是认识李先生设计思想形成的最重要的源头。黄作燊早在1933年进入英国伦敦建筑联盟学校（Architectural Association, School of Architecture）学习时，就已经接触到欧洲现代建筑思想。1938年毕业后，他转入美国哈佛大学设计学院（Graduate School of Design, Harvard University）攻读研究生，直接师从现代建筑大师格罗皮乌斯（Walter Gropius）和布劳耶（Marcel Breuer），成为最早亲历包豪斯设计教育理念和设计方法在美国传播、实践与发展的中国学生。1941年在哈佛结束学业后，充满爱国情怀的黄作燊带着新婚妻子在抗战的硝烟中回国，立志将海外学到的现代建筑教育思想和设计方法引入中国，以改变源自美国宾夕法尼亚大学的布扎建筑教学体系（Beaux-Arts）在中国的广泛影响，推动中国现代建筑教育的改革与发展。1942年，

图片来源：E. Kogel 的博士学位论文，Zwei Poelzigschüler in der Emigration：Rudolf Hamburger und Richard Paulick zwischen Shanghai und Ost-Berlin（1930-1955）：275

图3　德籍建筑师理查德·鲍立克（上海，1947年）

2　罗小未、李德华. 圣约翰大学最年轻的一个系：建筑工程系［M］// 杨伟成. 杨宽麟：中国第一代建筑结构工程设计大师. 天津：天津大学出版社 2011：47-51.
3　钱锋，伍江. 中国现代建筑教育史：1920s—1980s.［M］北京：中国建筑工业出版社，2008：101-118.

应时任约大工程学院院长、著名结构工程师杨宽麟教授邀请，黄作桑在学院内创建了建筑工程系，也正是这个时刻，李先生改变了他的人生轨迹：这年他终止了在工程学院土木系的学习，成为约大建筑系第一批学生中的一员。

约大建筑系创建人黄作桑的基本办学立场鲜明，教学充满了探索性：一方面对布扎教学体系中固守古典传统、形式先入为主、忽视对社会基本需要的深入认识以及新技术新材料对设计的直接影响等一系列问题持有鲜明的批判态度，而另一方面，他也竭力反对将现代建筑简单认定为一种时代风格。他致力推动的教育改革，旨在引领学生获得"技术的与智识的"（the technical and the intellectual）双重培养，学习"如何从问题的本质入手，寻找出解决的途径"。[4] 因此，从科学地分析使用功能需要，到对新旧材料以及建造技术的认知，从模型推敲，到建立空间与形式的对应关系，从立足现实社会条件，到发挥天马行空的形式想象，数年间，迥异于布扎传统的教学模式在约大建筑系初步形成。[5]

约大建筑系的培养模式不仅在推动形成一种科学理性和艺术创新并驾齐驱的设计教学，而且还将现代建筑师的作用扩展到对生活世界各个领域的更新改造上，黄作桑在这一点上深受其老师格罗皮乌斯"全面建筑观"（Total Scope of Architecture）的影响。格氏的思想在包豪斯创建之时已经形成，他将建筑看作是"我们时代的智慧、社会和技术条件的必然逻辑的产品"，其内容包括了"从生活日用品、建筑以致城市和区域的规划与设计方面……"[6] 黄作桑深谙其中的思想内涵，并与现代建筑师的这种时代使命形成强烈共鸣。这种热情和抱负不断地感染着约大的学生，更重要的是，还落实到设计教学的具体环节，成为一种日益坚实的思想认识与设计方法。[7]

与当时中央大学等建筑院系的建筑教学相比，约大建筑系的教学在课程内容设置上似乎并未面目一新，但是在具体教学方法上，却表现出显著差异，尤其是基础课程。如，绘画课以现代抽象艺术的引入，训练学生无约束的想象和形式组织的能力，迥异于古典建筑立面的渲染训练（图4）。"工艺研习"（workshop）的设计训练最有特色，旨在培养学生发现和认识材料性能以及建造工艺的新的可能，实现基于技术理性的创新设计。例如，在设计课上的一次"垒墙"练习中，学生要求通过对砖砌方式的选择，保证墙体的坚固稳定，同时也确定墙面的图案（pattern）和质感（texture）表现，在建造与形式的综合把握中完成作品。[8]

由此我们可以再来细察这条棉麻线编织的格子围巾，其设计理念根本上与垒墙练习并无二致：线、块、面的组织相互交叠，让人联想起莫霍利-纳吉（László Moholy-

4 黄作桑.一个建筑师的培养［M］.// 黄作桑纪念文集.北京：中国建筑工业出版社，2012：6-7.
5 钱锋，伍江.中国现代建筑教育史：1920s—1980s［M］.北京：中国建筑工业出版社，2008：101-118.
6 罗小未.现代建筑奠基人［M］.北京：中国建筑工业出版社，1991：25.
7 黄作桑.一个建筑师的培养［M］.// 黄作桑纪念文集.北京：中国建筑工业出版社，2012：3-7.
8 钱锋，伍江.中国现代建筑教育史：1920s—1980s［M］.北京：中国建筑工业出版社，2008：114.

图4　圣约翰大学建筑系学生基础课程作业展（上海，1940年代）

Nagy）式的几何形式的透明穿插（geometrical forms in transparent penetration），[9]但形式的实现又是图案、材料、质感及制作工艺有机结合的产物。事实上，当年李先生为其新婚生活还设计了一系列家具，包括衣柜、书柜和凳椅（图5）。这组带有调节功能的书柜，呈现了李先生如何在有限空间中细腻周到地组织家具功能的设计巧思与匠心：书柜、可抽拉便于伏案工作的桌面，高度不一的系列抽屉，以及存放图纸的专柜，俨然一个建筑系教师方便自如地工作的小天地（图6）。与书柜相配的这把木架藤面椅，是李先生当年的一件设计力作：毫无装饰线脚和图案的形态充满了现代气息，而硬朗的造型又因传统材料及其本色的质感表现被柔化了，人体坐靠其上，便立即感受一种编织材料所带来的弹性和舒适；木椅架和编织面的衔接节点可谓天衣无缝，是最显设计功力之处，而椅架由于将靠背和椅腿分离，使制作椅子的木材用料规格大大降低，小块材料做成的四条椅腿似有模仿板凳的造型，显得轻松惬意，而实际上这样的支撑又让椅子的受力格外坚实（图7）。

　　回溯约大建筑系的办学，学生的许多设计训练事实上并非在教学课程里完成，而是在许多课余活动以及社会实践中展开的。这种"放出去"的教学方式，让学生在现实中不断体验设计要"适用"于各种生活需要的应对力，从而将设计创造拓展至建筑之外各种领域，并日益融会贯通。例如，抗战胜利后，约大建筑系师生有机会承担当时上海著名进步剧社"苦干剧团"演出场地的改建和舞美布景设计，其中在老师黄作燊为这个剧团演出的话剧《机器人》所做的舞台设计中，就有李先生的参与。这个设计将以往舞台空间的中心性和稳定感一一消解，各个独立元素通过离散、层叠或悬置，组合在一个

9　Rainer K. Wick，Teaching at the Bauhaus，Hatje Cantz，2000：136.

深邃莫测的背景前，完全脱离了传统透视学控制下的场景塑造，空间形成了很强烈的流动性与渗透感，而这个极具抽象性的装置场景，却又让人觉得与这出话剧的剧情和性格十分契合（图 8）。类似从建筑拓展到设计领域的实践探索在约大还有更多例子，其中黄作燊带领学生利用当时的毛蓝布设计的绘图工作服，成为约大师生"跨界"设计的又一段佳话。这种被他们自豪地称为"系服"的设计，初看像中山装，但细看许多细节，都藏着设计的匠心：考虑为绘图方便，衣服前排纽扣均为暗扣，只有最上端领口处的为明钮，明钮以不同颜色区分不同年级；衣服下端开衩，既便于行动，又便于弯腰绘图；而衣服上的小口袋，正是放画笔之处。[10]

为进一步了解李先生在设计领域的成长，必须提及他在约大学习和工作期间另一位对其产生深远影响的启蒙老师，那就是德籍建筑师鲍立克。约大建筑系在初创时期，

图片来源：吕恒中摄于 2014 年

图 5 李德华先生为自己新婚卧室设计的衣柜（李德华，上海，1949）

图片来源：吕恒中摄于 2014 年

图 6 李德华先生为自己书房设计的工作书柜（李德华，上海，1949）

图片来源：徐静摄于 2010 年

图 7 李德华先生设计的椅子，时代公司生产（李德华，上海，1949）

10 钱锋，伍江.中国现代建筑教育史：1920s—1980s［M］.北京：中国建筑工业出版社，2008：117.

离不开一批中外教师及建筑师的参与支持，鲍立克是其中一位举足轻重的人物。[11]

时间回到 1941 年底，太平洋战争爆发，上海进入日军占领下的孤岛时期，约大的一些英、美教授遭到日本人监禁，当时师资短缺的状况可想而知。鲍立克于 1943 年进入了约大建筑系任教。看他的背景，应该能理解他与创建人黄作燊志趣相投的原因。鲍氏在德国德累斯顿高等工程学院毕业后，于

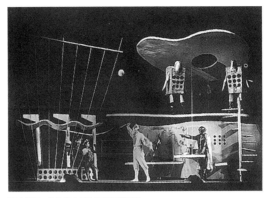

图片来源：黄作燊之子黄植及钱锋提供

图 8　为话剧《机器人》所做的舞台设计（黄作燊等，上海，1945 年）

1927 年进入包豪斯创建人格罗皮乌斯在德绍的工作室，并于 1928 年 4 月成为那里的负责人，其实在这之前，他已经参与了格氏主持的、著名的德绍包豪斯校舍的设计工作，以及其他一些住宅项目。鲍立克与包豪斯的同仁在格罗皮乌斯工作室一起工作了 3 年，并于 1931 年在德国开创了自己的工作室，独立设计了德绍 DEWOG 住宅区 4 栋住宅建筑、柏林康特现代车库（Kant-Garage in Berlin）等项目。[12]

从德国学者爱德华·科尔格（Edward Kogel）博士的研究中得知，受当时德国纳粹上台的时局影响，鲍立克在其老同学、20 世纪 30 年代初就在上海公共租界工部局担任建筑师的德国人鲁道夫·汉布格尔（Rudolf Albert Hamburger，1903—1980）的帮助下，于 1933 年来到上海，投入了这个当时远东发展最快的现代大都市的生活，也开始了他在这个城市持续 17 年的设计师生涯。17 年中，鲍立克踏足了从舞台设计、室内和家具设计，到公馆、俱乐部、火车站等建筑设计，再到矿城、"大上海都市计划"等城市规划的广阔领域，也身兼了从设计师、规划师到大学教师的多重身份，甚至在上海的商界、政界到文化界都可以看到他的身影。鲍立克当时是由约大工程学院院长杨宽麟引进建筑系的，而向院长推荐这位德国建筑师的，正是已在哈佛设计学院任教、并积极推动美国建筑教育改革的格罗皮乌斯。

鲍立克在进入约大建筑系教授室内设计和城市规划课程之时，他已经在上海有了持续近 10 年的职业设计实践，因为他初来上海，就开始在汉布格尔创建的现代之家（The Modern Home）设计事务所中任职，触及室内与家具设计。1937 年起，鲍氏与其兄弟

11　前后参与约大建筑系教学的除了鲍立克，还有画家程及、匈牙利建筑师 Hajek、园林专家程世抚、英籍建筑师 A.J.Brandt、建筑师 Nelson Sun、Chester Moy、王大闳、郑观宣、Eric Cumine、陆谦受以及城市规划专家陈占祥、钟耀华等，后来还有比利时归来的画家周方白以及教授建筑历史的陈从周也加入教师队伍。参见罗小未，李德华．圣约翰大学最年轻的一个系：建筑工程系［M］.// 杨伟成，杨宽麟．中国第一代建筑结构工程设计大师．天津：天津大学出版社 2011：48-49.

12　Wolfgang Thöner，Peter Müller：Richard Paulick-Wiederentdeckt．In：Bauhaus Tradition und DDR Moderne-Der Architekt Richard Paulick，2006.

成立了时代室内设计师公司（Modern Homes, Interior designers），以及鲍立克与鲍立克建筑工程公司（Paulick & Paulick, Architects and Engineers），主要开展室内设计业务，并在二战后在南京开设了分公司（图9，图10）。鲍氏公司的作品涉及为上海德侨等剧社演出的30多项舞台设计，以及战后完成的上海淮阴路姚有德住宅、南京孙科住宅等室内设计项目。正是在1947至1951年间，李德华先生获得在鲍氏公司工作学习的机会，上述两个室内设计的项目他都有直接参与。抗战结束后的1946年起，鲍立克担任大上海都市计划委员会的工作，已经成为约大年轻教师中的一员的李德华，与部分师生担任鲍氏的助手，得以在都市计划的实践中获得学习和成长。

图片来源：E. Kogel, Professor Dr. phil. habil. Dieter Hassenpflug. Zwei Poelzigschüler in der Emigration : Rudolf Hamburger und Richard Paulick zwischen Shanghai und Ost-Berlin（1930-1955）[D], Bauhaus-Universität Weimar, 2006 : 161.

图9　轮渡服务中心水上酒吧和餐厅（时代室内设计师公司，上海，约1935年）

图片来源：E. Kogel, Professor Dr. phil. habil. Dieter Hassenpflug. Zwei Poelzigschüler in der Emigration : Rudolf Hamburger und Richard Paulick zwischen Shanghai und Ost-Berlin（1930-1955）[D], Bauhaus-Universität Weimar, 2006 : 166.

图10　时代室内设计师公司的餐厅设计（鲍立克，上海，1940年左右）

不久后的1948年，鲍立克和弟弟鲁道夫、建筑师钟耀华以及圣约翰的毕业生程观尧、李德华、曾坚和王吉螽一起，创办了时代织造公司（Modern Textiles）。它是时代室内设计公司的一所分公司，也是一家手工织造厂。本文开始回忆的那条李先生送给罗先生的格子围巾，就是产自这个织造机构。当时成立这家公司，是迫于内战期间家具布料紧缺的情况。1949年4月鲍立克在给乔治·莫奇（Georg Muche）[13]的信中写道："我除了剩下的工作，还要为手工作坊的事情担忧。我反复实验，在这里这不是件容易的事。我自己不会编织，所以就由手工艺人指导中国的纺织女工工作。"1948年7月在他给格罗皮乌斯的信中又提起："最近我们开了一家手工织造厂。我们生产套在家具上的织物，手摇织布机生产的窗帘，还有衬衫布料和其他时尚物料。中国近两年来一直禁止这类货物的进口。"[14]当时公司中鲍立克占50%的股份，他的中国学生们则每人出资100美

13　乔治·莫奇（Georg Muche, 1895—1987），德国艺术家、建筑师、作家及教师，于1919年应格罗皮乌斯的邀请，加入包豪斯设计学院。

14　参见E. Kogel博士学位论文 Zwei Poelzigschüler in der Emigration : Rudolf Hamburger und Richard Paulick zwischen Shanghai und Ost-Berlin（1930-1955）: 184.

金入股，每月除了固定工资外，还享受分红。公司的经营、技术和内部管理分工明确。后来公司由于原材料补给问题无法继续生产，只能结束经营。[15] 而据李先生回忆，送给罗先生的这条围巾是由公司里的犹太妇女编织，以使她们在困难时期获得一点就业机会。由此也可以窥探到鲍立克与当时来沪犹太难民的联系。

如果说黄作燊是李先生走进现代建筑的启蒙人，那么鲍立克就是带着他走向现代室内与产品设计以及城市规划的最重要的引路者。鲍立克的设计作品留存甚少，但其现代设计的理念与风格特征仍然可以从学者爱德华·科尔格的研究史料中窥见一斑。鲍氏的剧院及舞台设计大胆打破19世纪西方传统剧场形式，有明显受到老师珀尔齐格（Hans Poelzig）表现主义风格的影响，但同时他也会依据不同剧目的要求，在传统与现代中作出选择。他在室内和家具设计业务上，显现出其非同一般的职业能力，因为他既能面对不同文化背景的业主和摩登化商业环境的需要，又能坚持自己对现代设计的不懈追求。在他的设计中，强调设计创意和工艺品质而非以材料和形式的华贵取胜的理念一直贯穿，这在当时深深地吸引着年轻的李德华。作为鲍氏的学生，李先生不仅在课堂上，还获许进入老师的工作室里学习，深得熏陶（图11）。1948年，李先生与同时成为约大年轻教师的王吉螽一起，有机会跟随鲍氏为上海富商姚有德在西郊淮阴路上的住宅做室内设计，将现代设计的功能性、舒适感和简约性带入了这座阔绰的郊区别墅，甚至还在高敞的、覆盖着玻璃顶棚的起居室中引入了中国传统庭院的元素，为中国人的家庭生活塑造了一种全新的空间氛围和审美趣味（图12，图13）。

跟随鲍立克的学习经历，对于李先生在发展室内与家具设计上的深刻影响是毋庸置疑的，而从另一方面，也正是李先生自己对现代设计思想的领悟力，使得他经短短几

图片来源：E. Kogel, Professor Dr. phil. habil. Dieter Hassenpflug. Zwei Poelzigschüler in der Emigration：Rudolf Hamburger und Richard Paulick zwischen Shanghai und Ost-Berlin（1930-1955）[D]，Bauhaus-Universität Weimar，2006：166.

图11　鲍立克工作室。后面含烟斗的是鲍立克（上海，20世纪40年代）

图片来源：卢永毅摄于2013年

图12　姚有德住宅起居室（协泰洋行，鲍立克，上海，1948年）

15　徐静、卢永毅访谈王吉螽先生，2010年2月。

图片来源：卢永毅摄于 2013 年

图 13　姚有德住宅衣帽间的家具设计（鲍立克，上海，1948）

年的浸润，就能成就出色的作品。就在 1948 年，李先生为一位爱好摄影和音乐的朋友在静安寺附近开设的、名为"艺苑"的照相馆设计了室内，设计不仅形式别致，而且还在内部辟出一个排布了沙发和小摆设的角落，供来访的人们在此购买唱片和小玩意，还可以品咖啡赏音乐，完全改变了商店购物空间的一般概念。据李先生回忆，当时这个落成不久、不同一般的照相馆吸引了一位有心的过路人，他十分赏识，走进店内打听设计师，恰好与李先生相遇，两人就此结识。这位过路人就是李先生在转入同济大学建筑系后成为同事的、著名的建筑师和建筑教育家冯纪忠先生。[16] 令人遗憾的是，照相馆在后来的城市建设中被拆除，至今未能寻见相关的照片资料。

　　一段历史的回望，帮助我们更好地认识李先生在 1949 年为自己的新婚生活设计的这一系列家具和那条别致的围巾的现代特征及其渊源。事实上，李先生对西方现代建筑与现代设计的接纳和学习是十分开放的，在黄作燊的影响下，不仅是包豪斯式的教学思想，而且勒·柯布西耶、密斯、莱特及阿尔托等现代建筑大师，甚至一些西方现代艺术家，都影响着这位年轻人的事业成长。这里还需提及新中国成立后约大年轻教师队伍中的新增力量对建筑系的影响，如，原本也是该系毕业生的李滢，于 1951 年从美国麻省理工学院和哈佛大学设计研究生院学成归来，不仅带来了更多现代设计教学理念和方法，还带来了她留学期间亲历马歇尔·布劳耶和阿尔瓦·阿尔托（Alva Aalto）两位现代建筑大师事务所工作的一些经验，为约大设计教学注入了更丰富的内容，李先生及其年轻同事们受到影响，也是理所当然。

　　无疑，新中国成立之时，是风华正茂的李德华对事业充满期望的时代，也是其自己的设计能力迅速成长的时期，但同时，这也是中国人的社会生活和工作环境经历巨大转变的时期。1949 年，本在约大建筑系任教的多名外籍教师离开中国，包括鲍立克。[17]1952 年，圣约翰大学也结束了半个多世纪的历史，黄作燊带着建筑系的师生们及 10 年现代建筑教育探索的经验，一起加入了新成立的同济大学建筑系，为推动同济建筑系的现代建筑教育起着举足轻重的作用。在最初的几年中，李先生不仅能投入教学，还有机会发展自己的设计实践。例如，他为建筑系的教师办公室设计过适用于建筑系教师需要的教学档案柜，至今还有留存。柜子为储存卡片、幻灯片、图纸作业和幻灯机等各种功能——安排了大小形状各异的抽屉和专柜，统一在了尺度怡人、比例和谐和形式简洁的整

16　由罗小未先生及女儿李以蕻转述。2016 年 3 月 25 日。
17　鲍立克于 1949 年 10 月 10 日离开上海，想转入美国未成，最后选择回到民主德国，成为那里的重要建筑师。见吕澍、王维江．上海的德国文化地图．上海：上海锦绣文章出版社，2011：95。

体中。当然，这个时期李先生设计实践的高潮之作，就是 1956 年他与同事也是约大老同学王吉螽先生共同设计的同济教工俱乐部。俱乐部因其显现出迥异于布扎主流传统的设计构思和空间艺术，在建成伊始就成为建筑界师生热衷造访的一座现代建筑，而半个多世纪后的今天，其在中国现代建筑进程中的重要历史地位已获建筑界的共识。

关于教工俱乐部的建筑设计特征，已在当时李德华和王吉螽发表的两篇文章中做出了全面介绍，[18] 并有当代学者展开进一步的历史研究和作品解读。[19] 这里我们特别关注俱乐部的几个室内空间，来体味设计师独到的理念和手法。先看入口门厅，这里没有对称轴线和隆重的装饰，而是将由二楼密肋楼板形成的天花板韵律、一个装饰墙面的抽象图案以及北侧的一部通透的楼梯，作为核心空间的表达与强调，因此它既是门厅，更是整个俱乐部展开流动空间的序幕（图 14）。再看舞厅空间，各种元素以最简练的形式组合，突出的是以南向开敞明亮和北面低矮亲密的两个界面围合的宽敞舞池（图 15）。转向俱

图片来源：李德华，王吉螽．同济大学教工俱乐部．同济大学学报，1958，1：13。

图 14　教工俱乐部门厅（李德华，王吉螽，上海，1956 年）

图片来源：李德华，王吉螽．同济大学教工俱乐部．同济大学学报，1958，1：19。

图 15　教工俱乐部舞厅（李德华，王吉螽，上海，1956 年）

图片来源：李德华，王吉螽．同济大学教工俱乐部．同济大学学报，1958，1：9。

图 16　教工俱乐部小吃部（李德华，王吉螽：上海，1956 年）

图片来源：李德华，王吉螽．同济大学教工俱乐部．同济大学学报，1958，1：9。

图 17　教工俱乐部休息室（李德华，王吉螽：上海，1956 年）

18　见本文集中收录的《建筑学报》及《同济学报》上的两篇论文。
19　卢永毅．"现代"的另一种呈现：再读同济教工俱乐部的空间设计．时代建筑，2007，5。刘东洋，为 1958 年 6 月《建筑学报》上的 5 张黑白照片补色，《建筑学报》2014.9，10：46-52。

图片来源：李德华、王吉螽．同济大学教工俱乐部．同济大学学报，1958，1：11.

图18　教工俱乐部二楼会议室（李德华，王吉螽，上海，1956年）

乐部庭院北面的小吃部和休息室，长窗景色、天花、重色隔墙和轻便家具，都作为独立的元素，打破习惯布局，以使用者最惬意的方式重新组合在一起（图16）。在休息室里，露明木屋架让人联想到江南民居的亲切，又有莱特草原住宅的意味，和散布的家具组合出了"家"的感觉（图17），而在二楼的小会议室中，当露明人字屋架再次出现时，它又成为塑造一个小型仪式空间的关键元素（图18）。在这座不足1 000平方米的建筑中，没有什么额外的装饰，更没有一样贵重的材料，但室内空间却有意想不到的丰富，设计师靠的是各种材质、色彩及窗外景观等各种要素别出心裁的组合，形成场所的氛围和表现力。就是通过这些多样、精心而又巧思的设计，这个具有民居般朴素外表的建筑，被塑造成一个亲切、闲适而又充满现代气息的职工之家，并在建成之后，很快成为同济及多个建筑院校师生学习现代建筑的活版教材。

　　然而，就在教工俱乐部得以兴建之时，国家社会政治环境的日益变化，接二连三的意识形态干预，使得现代建筑探索和自由创新的试验变得日益困难，设计的自主发展开始遭遇从未有过的困境。在同济教工俱乐部刚建成不久，引来一位国家建工局官员的视察，校领导担心俱乐部不符合当时国家已经开始倡导的、社会主义的现实主义艺术精神，即刻叫人将入口处带有抽象雕塑意味的标志灯拆除。在1958年6月《建筑学报》登载的两位设计师关于俱乐部设计理念的文章中，被迫附加了"编者按"，指出俱乐部"含有抽象美术的概念，有片面追求形式的倾向"。[20] 此后俱乐部继续遭遇了一些莫须有的批评，并在之后的20多年里，经过了多次不恰当的改造，设计师许多最初的设计理念和情趣早已难以寻觅，这实在是历史的遗憾。

　　当然，对李先生来说，约大期间现代建筑设计思想与设计教育的学习和工作经历是刻骨铭心的，因此，即使在受压抑的岁月里，这些思想和方法仍似涓涓细流，始终贯穿在他的设计教学中，这从李先生在1962年写给同学们的几句话中可以清楚地看到（图19）。他要以清晰而精辟的语言告诉学生，什么是设计：设计首先是"要用眼仔细观察"，观察生活的需要、环境的状态和技术的条件；接着是"用脑深入地分析、思考"，思考问题的所在，以及超越习惯思维迎解问题的可能途径；然后是"用手细腻去做"，就是说，制造的潜力和新形式的可能性，必然通过设计师的手得以探究和呈现，"细腻"既是对使用者关怀到深处，又是匠心与巧思用手渗透到物的每一个细节。这也就是李先生进一

20　李德华，王吉螽．同济大学教工俱乐部［J］．同济大学学报，1958，1：19.

步说的"眼中、心中要有人，手下要有物"。

从圣约翰到同济，从迥异于布扎体系的设计教学探索，到同济教工俱乐部的设计实践，回溯李先生设计事业的成长，正是西方现代设计思想和教学方法在中国传播的一条重要轨迹，而这条轨迹中无疑充盈着包豪斯的设计理念与理想精神。深谙其启蒙老师传道授业之内涵的李先生，很早就领悟到包豪斯和现代设计不是一种新风格，而是一种新的思维，一种强调设计为科学理性与个人创造相结合的智力活动，也是一种"从做中学习"（learning from doing）、以探索物质世界的无穷潜力、从而创建一种新生活方式的实践活动。在这种认知与实验中，现代设计形式和工艺的创新其实并非完全依赖新技术的应用才能成长，也不必依附于物质生活的富有才能付诸实践，它可以从朴素中透出新意，在闲适中蕴藏精致。更有启示意义的是，这样的现代设计探索，并非是简单地投身于一场激进的设计革命运动，学生们的设计既有时代精神的追求，却从不离开人本主义的根

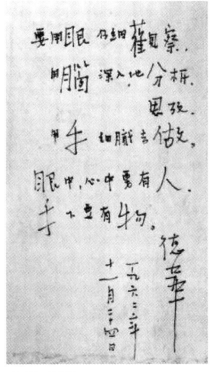

图片来源：栾峰提供

图19 李德华先生给学生的现代设计箴言（李德华，上海，1962年）

本价值。学生们既能聆听他们的主任大谈柯布、密斯或毕加索，也会转到苏州园林中去发现流动空间的另一种意境，[21] 他们可以用陌生化的眼睛使传统的固有形式转身，融入一种为普通人富于智性的现代生活的塑造中，这从同济教工俱乐部的空间与景观意象中充分地显现出来。这种对包豪斯的接受和超越，对于中国现代建筑与设计的发展，有着极为深刻的历史意义和当代启示。

或许可以说，黄作燊经常引述给其学生的、英国建筑师托马斯·杰克逊爵士（Sir Thomas Graham Jackson）的这句话，"建筑学不在于美化房屋，正相反，应在于美好地建造"（Architecture does not consist in beautifying buildings；on the contrary it should consist in building beautifully.），[22] 就是为李先生现代设计作品特征的最好的诠释。

（同济大学建筑与城市规划学院博士研究生徐静对查询本文的部分历史资料有贡献）

21　徐静，卢永毅.王吉螽访谈，2010年2月。
22　罗小未、李德华.圣约翰大学最年轻的一个系：建筑工程系［M］//杨伟成.杨宽麟：中国第一代建筑结构工程设计大师.天津：天津大学出版社2011：48-49.Sir Thomas Graham Jackson, 1st Baronet（1835—1924），英国建筑师，其同时代英国建筑界最有影响的人物之一。大量作品建于牛津。

衡水市总体规划方案讨论（前排从
左至右:董鉴泓、李德华、陶松龄、
杨贵庆；后排从左至右：郭清栗、
张兵，1991 年）

建设部优秀规划设计
评审会（后排右三，
1993 年）

担任新上海国际广场
建筑设计方案国际征
集评选会专家（前排
右二为李德华先生，
左三为罗小未先生）

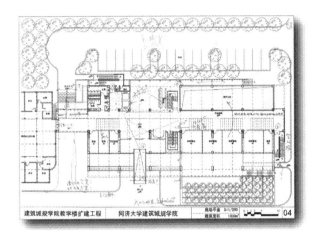

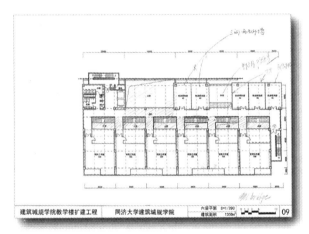

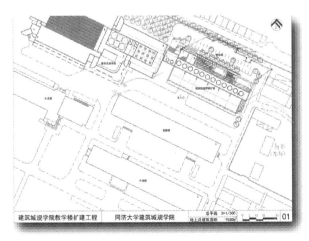

2002 年同济大学建筑与城市规划学院教学楼扩建工程方案设计修改手稿

大学精神的传承与创新

包豪斯

小 未[1] 华 实

我们常在市上看到一种钢管帆布或钢管尼龙布的椅子。可是，很少有人会想到这种钢管椅子的初型已经有近六十年的历史了。最先设计和制作这类椅子的是德国的一所以建筑为主设计学院，院名包豪斯；设计人是马赛尔·布劳耶，当年他还只是该学院的学生。图1就是他所设计的第一只钢管椅子。整个椅子线条简洁明快，充分发挥了材料的性能。它与当时一般使用的家具相比，最大的特点是能适应大工业生产的方式，不受任何传统观念的约束，从工业生产制作中体现造型的美。工业给时代带来了新的材料，新的生产方法，就完全应该有一种与前时期迥然不同的表现时代的美。一把椅子，只是包豪斯成就中的一个小例。包豪斯以它创立的设计理论以及以此理论指导的实践，在世界的建筑和设计领域内开创了新的方向、新的美学观念，对后来的建筑界，工业设计界产生了巨大的影响。

包豪斯学院的专业，除了建筑之外，还从事室内设计、家具、陶瓷器皿、织物等工业生产日用品的设计，同时，还研究绘画、摄影、舞台演出和印刷装帧等。在包豪斯，认为所有这种种方面，和建筑设计一样，都应该用同样的科学原则和概念来指导设计。

包豪斯的创办人是"现代建筑"开创的建筑大师之一——格罗佩斯。该学院罗致的人才济济，许多教师

图1 1924年，布劳耶设计的钢管椅子，开这类椅子的先声

图2 1922年，奥斯卡·希莱默设计的包豪斯徽记

1　小未为罗小未先生笔名。

227

图3 1924年，布兰德设计的台灯

图4 包豪斯校舍鸟瞰，总布局丛功能考虑，一扫形式主义

图5 包豪斯校舍，实验工场的一角

图6 包豪斯校舍内一办公室。室内设计、陈设及建筑风格全然统一

都是20世纪20年代初各个领域中勇于探索的佼佼者，抽象艺术流派的先驱，如康定斯基、克利、弗宁格和蒙德里安等，都是该院的教师；以光影、色彩、视觉图像著称的艺术家和设计家约翰内斯，伊登和莫霍理·纳其主要负责启蒙教学阶段的基本课程。建筑的教授中有格罗佩斯本人和密斯·凡·得·罗。前面提到的布劳耶，毕业后也留下任教（后来到美国受聘于哈佛大学建筑学院任教）。他们都在国际学术界、设计界享有崇高的声誉。

包豪斯于1919年在德国的魏玛成立。它是由格罗佩斯将魏玛工艺学校和魏玛美术学院改组合并而成的；1925年迁至德绍，建造了新的校舍（见图4，这校舍也成为建筑史册上光辉的一页）。1932年遭希特勒纳粹党迫害封闭，教师们多被迫去他国流亡。先后仅短短的十三年，却培养出一批在各个领域中领先的人才。崭新的设计理论和设计教育思想，使包豪斯在建筑和工业设计的发展史上流下的不仅是一个校名，而是以一个主要的学派而闻名于世。包豪斯是"现代建筑"的发源地之一，也可以说是现代工业设计的一个摇篮。

自从产业革命以后，手工业向机器工业过渡，现代工业大大发展，生产的方式方法有了急剧的变革，使用的材料也更为广泛；随之，社会的生活也发生了变化，人们对建筑，对生活日用品的需求，无论在数量、品种、质量上均与手工业时代大不相同。然而，在工业生产发展后的很长时期中，建筑和生活日用品的设计却不能适应。人们并没有去思考工业生产及受此制约的产品设计（包括建筑）这一新问题的本髓，只是套用过去的样式，以历史的纹样作为装饰。材料、工艺制作与造型全然脱离，建筑和产品本身造型的美消失了，剩下的只有附加在外壳的式样和装饰物。包豪斯认为建筑与生活日用品的设计和生产，如果落后于时代，被动地徘徊于手工业和机器大工业之间，必然后患无穷。因而，它提倡设计与生产必须主动地与时代结合。产品的设计不仅要使成品在功能上、在美学上都符合社会的需要，还要使它在生产上也能适应工业大生产的要求。包豪斯宣言的第一句话便是："建筑师、艺术家、画家们，我们一定要面向工艺。"它的教学计划也即是用这精神来指导的。每个学生在各个阶段都要训练用手和用脑，而且要使二者统一。通过实际操作，使学生们对各种材料的性能和工艺加工的特性获得个人的体验，从中培养设计的能力，以达到符合使用、符合工艺的要求。训练学生从问题的原始性出发，使他们完全从固定风格形式的程式中解放出来。这是包豪斯同过去所有学院式教育基本的区别。

包豪斯认为新的材料、新的技术、新的生活内容，必然要有新的美学观念来与之统一协调。造型美，再不能是外加物，它应该是内在的，通过材料、技术、功能来表达，同时又表现出技术、材料和功能来。格罗佩斯曾经说过："机器产品笨拙地模仿手工制作的物品，肯定会带上马虎凑合的赝品的痕迹。"他指出每种不同的技术工艺，都会赋予其产品以独特的美感。附图的钢管椅子、家具用具、包豪斯的校舍等，都表现出前所未有的一种新颖美感，挺拔、精密、明朗、强劲有力。呈现一种融合功能、技术、高效能和经济相统一的美。这正是包豪斯所提倡的要"以机器为工具来表达构思"。

建筑、生活日用品，都不是纯粹的艺术，不能脱离人们的生活，也不能脱离社会生产，然而却又必须具有美的质量，包豪斯的设计思想，在今天来应用也是不无裨益的。

包豪斯设计和制作的产品，包括建筑在内，既符合实用要求，又利于生产，造型力图同材料与工艺技术一致，不堆砌任何传统的装饰和纹，因而不受时尚的淘汰。在20年代内设计的建筑物和用具等，直至今日还呈现着新颖的面貌。

(本文原载于《实用美术》，1984年第10期)

图 7　包豪斯设计的瓷器。包豪斯设计的产品，当时厂商采用为大量生产的原型，对欧洲的工业设计产生很大影响

图 8　歌剧《霍夫曼轶事》的舞台装置设计，1929 年演出于柏林国家歌剧院，莫霍里·纳其设计，由非现实手法的抽象形体构成，产生特殊舞台效果，情感与剧情密切联系当时厂商采用为大量生产的原型，对欧洲的工业设计产生很大影响

图 9　包豪斯出版物的印刷编排，版面活跃，打破常规对称平衡的陈法，在当时使人耳目一新。包豪斯还首创全部采用小写，有时还将拼音文字竖排

圣约翰大学建筑系的历史及教学思想研究[1]

钱 锋 伍 江[2]

李德华先生早年就读于上海圣约翰大学建筑系（1942—1952）和土木系，曾获得土木工学和建筑学双学位。圣约翰大学建筑系（下文简称"约大"）是中国最早全面传播现代主义建筑思想和探索现代建筑教育的机构。该系由毕业于伦敦 A.A. 建筑学院和哈佛大学的黄作燊创办，在教学方面实施了一套新颖独特的思想和方法，在中国近代建筑教育史上具有独特的地位。

系主任黄作燊先生曾于 1933—1938 年就读于伦敦建筑学会学院（A.A.School of Architecture, London），他学习的这段时间恰好是 A.A. 学校改变教学体制，从布扎体系（Beaux-Arts）一度转向基于现代主义原则的课程体系的时期。[3] 之后他追随现代建筑大师格罗比乌斯至哈佛大学设计研究院（1938—1941 年在校）学习，是格罗比乌斯的第一个中国学生（在他之后还有贝聿铭、王大闳等）。黄作燊接受了全面的现代主义的建筑教育，回国后，他将这些新思想引入国内，在当时中国其他建筑院校大多采用"学院式"教学方式的情况下，在约大建筑系中率先进行了现代建筑教育的独特实验和探索。约大建筑系在引入和发展现代建筑思想、培养具有现代思想的建筑和教育人才方面发挥了重要作用。

李德华先生是约大建筑系的首届学生（1942—1945 年就读建筑系），早年接受了现代建筑思想的多种熏陶，后期直接在该系任教，为建筑系的发展做出了重要的贡献。本文试图梳理约大建筑系发展的整体情况，以了解李德华先生所接受的建筑教育，理解他思想形成的脉络，以及他之后学术思想的早期基础。

1. 圣约翰大学建筑系概况

圣约翰大学是中国近代史上最早成立的教会学校之一。1879 年美国圣工会将培雅

1 本文为国家自然科学基金资助项目（项目批准号：51108321）。
2 伍江，同济大学建筑与城市规划学院教授。
3 根据 A.A 建筑学校提供的有关档案（AA Archive）。

书院（Baird Hall）和度恩书院（Duane Hall）这两所教会创办的寄宿学校合并，成立圣约翰书院。1892 年增设大学部，以后逐渐发展为圣约翰大学[4]。

圣约翰大学很早设立了土木工程系，并逐渐发展成土木工程学院。1942 年，黄作燊应当时土木工学院院长兼土木系主任杨宽麟邀请，在土木系高年级成立了建筑组，后来建筑组发展为独立的建筑系，黄作燊一直担任系主任。

开始时，教员只有黄作燊一人。第一届学生也只有 5 个人，都从土木系转来，李德华先生便是其中的一位(1941 年入土木工程系)。当时第一届的学生还有白德懋、李滢、虞颂华等。

后来黄作燊陆续聘请了更多教师，参与建筑系的教学工作，学生数量也逐渐增多。教师中有不少人为外籍，来自俄罗斯、德国、英国等国家。其中有一位很重要的教师鲍立克（Richard Paulick），曾就读于德国德累斯顿工程高等学院，是格罗比乌斯在德国德绍时的设计事务所重要设计人员，曾参与了德绍包毫斯校舍的建设工作。[5]第二次世界大战时，因为他的夫人是犹太人而一家受到纳粹迫害。包豪斯被迫解散后，他们来到了上海。鲍立克约 1945 年左右来到圣约翰建筑系任设计教师。在上海期间鲍立克留下了不少作品。他曾为沙逊大厦设计了新艺术运动风格的室内装饰，并在战后开办了"鲍立克建筑事务所"（Paulick & Paulick，Architects and Engineers，Shanghai）和"时代室内设计公司"（Modern Homes，Interior designers）。当时李德华先生已于 1945 年毕业（获得建筑和土木工程双学位），和在读的王吉螽、程观尧等约大建筑系学生一起随鲍立克工作，设计了姚有德住宅室内（图 4）等富有现代特色的作品。

在约大的教学中，黄作燊教设计和理论课，鲍立克教规划、建筑设计及室内设计等课程。同时在圣约翰任教的还有英国人白兰德（A·J·Brandt，教授构造）、机械工程师 Willington Sun 和 Nelson Sun 两兄弟（教授设计）、水彩画家程及（教授美术课）、海杰克（Hajek，教授建筑历史）、程世抚（教授园林设计）、钟耀华、陈占详（教授规划）、

图 1　黄作燊

图 2　杨宽麟

图 3　鲍立克

4　圣约翰大学 1905 年底在美国华盛顿哥伦比亚特区注册，为在华教会大学中第二个正式取得大学资格的院校。徐以骅．上海圣约翰大学（1879—1952）[M]．上海：上海人民出版社，2009．
5　罗小未，李德华．原圣约翰大学的建筑工程系，1942—1952 [J]．时代建筑，2004, 6．

图4 姚有德住宅室内

图5 海杰克

图6 白兰德

王大闳、郑观宣、陆谦受，等等。

1949年新中国成立之后，外籍教师相继回国，其他一些教师也因各种建设需要而离开，黄作燊重新增聘了部分教师。聘请了周方白（曾在法国巴黎美术学院及比利时皇家美术学院学习）教美术课程，陈从周（原在该建筑系教国画）教中国建筑历史，钟耀华、陈业勋（美国密歇根大学建筑学硕士）、陆谦受（A.A.School，London 毕业）先后为兼职副教授，美国轻士工专建筑硕士王雪勤为讲师，以及美国密歇根大学建筑硕士，新华顾问工程师事务所林相如兼任教员。[6]

圣约翰大学培养了不少具有现代思想的建筑师，他们在各个方面做出了各自的贡献。其中1945年毕业生李滢[7]，经黄作燊介绍，1946年前往美国留学，先后获得麻省理工学院和哈佛大学两校建筑硕士，并在1946年10月至1951年1月跟从阿尔瓦·阿尔托（Alvar Alto）和布劳耶（Marcel Breuer）等大师实地工作。她当年的外国同学们对她评价甚高，公认她是一位"天才学生"，说她当时的成绩"甚至比后来一位蜚声国际的建筑师还好"[8]。

除了李滢之外，另一位毕业生张肇康1946年毕业后，于1948年也前往美国留学。他先在伊利诺理工学院（U.IIT）建筑系攻读建筑设计，之后又在哈佛大学设计研究生院学习，同时在麻省理工学院（M.I.T.）建筑系辅修都市设计、视觉设计，获建筑硕士学位。他在伊利诺理工学院时曾遇到了毕·富勒；而在哈佛大学学习时，又受到格罗比乌斯直接指导，各方面都有较深造诣。

1955年张肇康与贝聿铭、陈其宽等合作完成了台湾东海大学校园规划及学校部分建筑，1963年又设计了台湾大学农展馆。王维仁在《20世纪中国现代建筑概述，台湾、香港和澳门地区》一文中评价该作品："具有王大闳早期作品相似的手法，表现出隐壁墙，

6 圣约翰大学建筑系1949年档案记载中有教师有林相如，但建筑系学生对此人并无记忆，推测为原计划聘请该教师，但实际由于某种原因并未来系任教。
7 圣约翰大学档案中原为"李莹"，是其曾用名。
8 转引自：赖德霖.为了记忆的回忆［M］//建筑百家回忆录.北京：中国建筑工业出版社，2000.

光墙混凝土框架和以当地产的天青石砖为填充墙的三段划分式立面，它也是把密斯的平面和勒·柯布西耶的细部与中国传统的庙宇组合原理巧妙地融合为一体的杰出范例。"[9] 并认为他的实践在台湾现代建筑的发展史上具有重要的地位。陈迈也在《台湾50年以来建筑发展的回顾与展望》一文中指出张肇康等这几位建筑师为台湾建筑教育所作出的贡献："贝（聿铭）、张（肇康）、王（大闳）这几位都是美国哈佛大学建筑教育家（Gropious）的门生，深受德国包豪斯（BAUHAUS）工艺建筑教育的影响，将现代主义建筑教育思潮及美国开放式建筑教育方式带进了台湾……"[10]

张肇康在美国的设计作品"汽车酒吧"（AUTOPUB，图7、图8）十分具有创意，曾被《纽约室内设计杂志》评为纽约室内设计1970年首奖。1972至1975年他在纽约自设事务所期间，设计作品中国饭店"长寿宫"（Longevity Palace）被《纽约室内设计杂志》评为纽约室内设计1973年首奖。[11]

张肇康取得如此的成就不仅与他后来在美国深造有关，也得益于他在圣约翰大学时打下的良好基础。他本人曾经表示出非常感谢在圣约翰建筑系时所接受的启蒙教育，并称赞黄作燊"是一个伟大的老师"[12]。

约大的不少早期毕业生后来成为该系的助教，协助黄作燊共同发展教育事业。这些人中包括李德华先生，还有罗小未、王吉螽、白德懋、樊书培、翁致祥、王轸福等各位先生，李滢也在1951年回国后在建筑系任教一年。黄作燊很想自己培养一支完善的教学队伍，因为他在圣约翰开创的是一项全新的事业，此时中国与他学术思想完全一致而又能专心于教育工作的合作伙伴很难找到。他所聘请的不少教师大都是兼职，无法将

图7 汽车酒吧一　　　　图8 汽车酒吧二

9　转引自：龙炳颐，王维仁.20世纪中国现代建筑概述：第二部分 台湾、香港和澳门地区［M］//20世纪世界建筑精品集锦（东亚卷）.北京：中国建筑工业出版社.

10　转引自：陈迈.台湾50年以来建筑发展的回顾与展望［M］// 中国建筑学会2000年学术年会会议报告文集.

11　Wei Ming Chang, et al. *Chang Chao Kang 1922-1992* //Committee for the Chang Chao Kang Memorial Exhibit，1993.

12　根据张肇康的妹妹，圣约翰大学建筑系1950年毕业生张抱极回忆.

图 9　圣约翰大学建筑系师生在自己设计的旗杆前合影
前排：黄作燊（左一）、王吉螽（左三）
中排：罗小未（左一）
后排：王轸福（左一）、陈业勋（左二）、翁致祥（左三）、周方白（右二）、李德华（右一）

图 10　圣约翰大学建筑系教室

精力全部投入教学。因此，黄作燊必须培养一支比较稳定的师资队伍，共同实现他的理想。1949 年不少教师离开中国，而此时约大又面临新中国的教育部门要求扩大招生规模，因此出现师资紧缺。于是，不少毕业生纷纷回到系中承担起教学工作。圣约翰的这些毕业生为探索新建筑教育之路做出了重要贡献。

约大建筑系一直延续到 1952 年全国院系调整，之后该系并入同济大学建筑系，李德华、罗小未等教师随系一同前往，在传承和发展现代主义建筑思想方面继续发挥作用。在十年期间，圣约翰建筑系培养了不少具有现代思想的建筑人才。该系教学思想的开放，涉及范围的广阔，学生们根据各自的兴趣爱好在不同的方面有所建树。他们在自身发展的同时，也将现代主义思想带入了各个领域。

2. 从早期课程看圣约翰建筑系的教学思想、方法及特点

圣约翰大学建筑系是一项全新的教学尝试，教学方式十分灵活，并一直处于探索之中。学生和老师人数不多也确保了这种探索和灵活性的实现。李德华先生回忆，"每个学期，每个老师的课都在不断地变化，几乎不做同样的事情"。虽然课程具体内容有所不同，但是该系的根本教学思想及基本方法始终是一致的。它的教学思想在课程设置中有所体现，并显示了包豪斯和哈佛大学影响的痕迹。

这里将圣约翰建筑课程分为技术、绘图、历史、设计四个部分，将它们与同时期的其他一些学校课程体系相比较，其基本内容和教学重点有很大的不同（表 1）。

表 1　　　　　　　　圣约翰大学建筑系课程与 1939 年全国统一课程比较

		圣约翰大学建筑系	1939 年全国统一课程
公共课部分		国文、英文、物理、化学、数学、经济、体育、宗教	算学、物理学、经济学(1)
专业课部分	技术基础课	应用力学	应用力学(1)
		材料力学	材料力学(1)
		图解力学	*图解力学(3)
	技术课	房屋构造学	营造法(2)
		钢筋混凝土	钢筋混凝土(3)
		高级钢筋混凝土计划	木工(1)
		钢铁计划	*铁骨构造(3)
		材料实验	*材料试验(3)
		结构学	*结构学(4)
		结构设计	
		电线水管计划	*暖房及通风(4)
			*房屋给水及排水(4)
			*电焰学(4)
			建筑师法令及职务(4)
			施工及估价(4)
		平面测量	测量(4)
	史论课	建筑历史	建筑史(2)
			*中国建筑史(2)
			*中国营造法(3)
			美术史(2)
			*古典装饰(3)
			*壁画
		建筑原理	建筑图案论(4)
	图艺课	投影几何	投影几何(1)
		机械绘图	阴影法(1)
			透视法(2)
		建筑绘画	徒手画(1)
		铅笔及木炭画	模型素描(2,3)
		水彩画	单色水彩(2)
			水彩画（一）(2,3)
			*水彩画（二）(3)
			*木刻(3)
			*雕塑及泥塑(3)
		模型学	*人体写生(4)
	设计规划课		初级图案(1)
		建筑设计	建筑图案(2,3,4)
		内部建筑设计	*内部装饰(4)
		园艺建筑	*庭园(4)
		都市计划	*都市计划(4)
		都市计划及论文	
		毕业论文	毕业论文(4)
		职业实习	

★资料来源：圣约翰大学建筑系课程根据樊书培 1943—1947 年所修课程整理，其中部分是选修课。

与其他学校比较接近的是技术类课程。这一方面因为技术课通常与土木系学生同时上课，而各校土木系的课程基本类似；另一方面也由于建筑系教师开设的构造、设备等技术课程大多采用类似的教学模式及内容，因此这类课程与其他学校差别不大。但是圣约翰建筑系也有独特之处，它在课程开始之前安排了初级入门的准备内容，这在其他学校是没有的。下文将对此进一步介绍。

从绘图课程来看，除了基本机械制图外，美术课程的比重要比学院式体系低很多。从学生樊书培所修科目来看，素描和水彩画总学分只占专业课总学分的 3.8%（5/132），远远低于中央大学 19.6% 的美术学分比例。同时，美术课程的严格程度也远不及学院式教育要求之高，"素描的过程很快，主要画一些形体、桌椅等，水彩画静物、风景，常常在街边和公园写生"[13]。黄作燊之所以要学生进行该项练习，其目的主要是为了培养他们对形体一定的分析表达能力，而不在于仅仅训练学生的绘画表现技能。他设置美术课程是让学生学会观察和捕捉，并通过绘画与观察产生互动，培养对形体敏锐的感觉。他对于最后的图面效果并不十分强调，更侧重于学生在练习过程中的提高。另外，在绘画过程中，圣约翰也没有像学院式体系那样让学生花费大量时间进行严格细致的渲染练习。

除了纯美术课程的差异外，圣约翰建筑系在绘图类课程中还增加了一门"建筑绘画"课，与以往的绘画课有所不同，这门课的要求是"培养学生之想象力及创造力，用绘画或其他可应用之工具以表现其思想"[14]。从对创造力的培养这个核心目标来看，这一课程应该源自包豪斯的十分重要的"基础课程"（Vorkurs）（"建筑绘画"课即是后来圣约翰建筑系进一步发展的"初步课程"的前身）。

"基础课程"是包豪斯学校最具有独创性和影响力的一门课程，对于后来很多国家的建筑和艺术教学向现代转型都产生了重要作用。在包豪斯学校，学生进入各个工作室学习核心课程之前，都必须有 6 个月时间学习该课程。课上伊顿（Johannes Itten）让学生们动手操作，熟悉各类质感、图形、颜色与色调。学生还要进行平面和立体的构成练习，并学会用韵律线来分析优秀的艺术作品，将作品抽象成基本构图方式，领会新型艺术和传统艺术之间的关系。这门课程为开启学生的创造能力作了初步准备。

格罗比乌斯来到哈佛大学后，在教学中沿用了

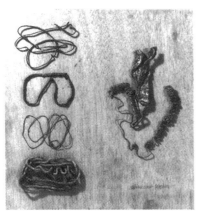

图 11　包豪斯基础课程作业

图 12　基础课程作业二

13　2003 年 11 月访谈樊书培、华亦增先生。
14　转引自：圣约翰大学建筑系档案。

"基础课程"的教学内容。因为他和其他包豪斯学校的教员一样，认为这一课程是培养建筑师创造力的理想方法。他让学生学会用线、面、体块、空间和构成来研究空间表达的多种可能性，研究各种材料，通过启发学生而让他们释放自身的创造潜能。

黄作燊在哈佛学习时，深受这一课程的影响，回国后，也将此类训练引入了圣约翰建筑系的教学。在初级训练中，他让学生通过操作不同材质来体会形式和质感间的关系。他曾布置过一个作业，让学生用任意材料在 A3 的图纸上表现"pattern & Texture"。围绕这个题目，有的学生将带有裂纹的中药切片排列好贴在纸上；有的学生用粉和胶水混合，在纸上绕成一个个卷涡形，大家各显其能，尝试各种办法来完成这个十分有趣的作业。通过这类练习，黄作燊引导学生们自己认识和操作材料，启发他们利用材料特性进行形式创作的能力，从而使他们在以后的建筑设计中能够摆脱对古典样式的模仿，根据建筑材料的特性进行形态和空间的创新探索。

另外，在美术课程中，他还增加了一门模型课。在具体实施时，该课程结合建筑设计进行。学生的设计过程及成果都要求用模型来探讨和表现，以充分考虑建筑的三维形体及各种围合的空间效果（图 13、图 14）。通过这种方法，学生能够更加直观地进行创作，杜绝"美术建筑"或"纸上建筑"的学院式倾向。

历史课程方面，早期圣约翰教学内容与其他院校有着很大区别。这门课最早由黄作燊讲授，开始时几乎讲授范围都在近现代建筑之内，没有像其他多数学校那样从古代希腊一直讲到文艺复兴。这可能是因为黄作燊受格罗比乌斯影响，担心过早地将古代建筑历史教授给建筑观还不太成熟的学生，他们容易受到以往建筑形式的影响。因此他的历史课大多介绍现代建筑历史及其产生的时代、经济、社会背景等，使得该课程带有建筑理论课的特点。

后来，黄作燊认识到建筑历史和文化背景对于全面培养建筑师来说仍然具有重要作用，因此将历史课内容扩展至整个西方建筑史，他曾聘请过 Hajek 和 Paulick 讲授这门课程。传统的建筑历史课通常只是介绍各个时代的建筑样式。与之不同，圣约翰的建筑历史课重点讲解什么时代，什么社会经济条件下产生什么样的建筑。黄作燊更注重对历史上建筑产生背景的理性分析，这也是与现代建筑创作思想相一致的。

图 13　学生作业模型（一）　　　图 14　学生作业模型（二）

从核心课程设计课来看，圣约翰大学也与其他建筑院系的教学有所不同。首先，设计课十分强调建筑理论课的同步进行，以此作为设计思想和方法的引导；与学院式教学体系中理论课将构图、比例等美学原则作为核心不同，该理论课着重于讲解现代建筑的理论，建筑和时代、生活、环境的关系等。从以下建筑理论课程的教学大纲中可以看出不同学校的区别（表2）：

表2　　　　　　　　圣约翰大学建筑系"建筑理论课"课程大纲

· 建筑理论大纲（七）	1. 概论：建筑与科学、技术、艺术
	2. 史论：建筑与时代背景、历史对建筑学的价值
	3. 时代与生活：机械论
	4. 时代与建筑：时代艺术观
	5. 建筑与环境，都市计划与环境
（一下）讲解新建筑的原理，从历史背景、社会经济基础出发，讲述新建筑基本上关于美观、适用、结构上各问	
题的条件，以及新建筑的目标。	
（二上）新建筑实例底（的）批判（criticism，"评论"的意思，引者注）新建筑家底（的）介绍和批判	
· 该课程的参考书籍有：Architecture For Children, Advanture of Building, Le Corbusier 著 Toward a new Architecture, F.L.Wright 著 "on Architecture", F.R.S.york 著：A key to Modern Architecture, S.Gideon 著 "Space, Time and Architecture"	

　　★资料来源：圣约翰大学建筑系档案，1949 年

作为理论课程的一部分，初级理论课是圣约翰大学重要的教学创新。黄作燊针对刚入门的学生缺乏对建筑整体认识的状况，向学生介绍建筑的基本特点，用浅显易懂的方法让学生对建筑有一个比较全面而准确地把握，以利于下一阶段教学内容的展开。学生心中对此基本构架有所认识后，可以逐渐形成自己关于建筑学科的知识网，同时也形成合理的现代建筑设计方法。

将圣约翰建筑系初级理论课的内容与同时期较典型的学院式教学体系内的建筑理论课程内容相比较，可以发现二者之间有很大区别。现列举同时期之江大学建筑理论课程大纲如下（表3）：

表3　　　　　　　　　之江大学"建筑图案论"课程大纲

1. 建筑定义 Difinition of Architecture	10. 平面的构图 Composition of Plan
2. 设计之统一性 Consideration of Unity	11. 平面与立面的图案 Relation between Plan and Elevation
3. 主体的组合 Composition of Work	12. 效用的表现 Expression of Function
4. 反衬的元素 Elements of Contrast	13. 效用设计的观点 Functional Design
5. 形式与主体的衬托 Contrasting Forms and Mains	14. 阳光与窗户 Sunlight and Benestration
6. 次级的原理 Seecondary Principles	15. 地形与环境 Site and Environment
7. 细节的比例 Proportion in Detail	16. 居住房屋之设计 Domestic Building
8. 各性的表现 Expression of Character	17. 学校之设计 School Design
9. 比例的尺度 Scale	18. 公共建筑物之设计 Public Buildings

本学程之内容以分析建筑设计原理及指示设计要点为目的，于讲授原理时拟将世界各建筑物用图片或幻灯映出举例，以使学生于明了设计原理之前，用并对于世界古今各名建筑物之优点及充分了解之机会向之学习，以补充今日学生不能实地参观之困难，令学生于设计习题时将有所标榜而不致发生严重之偏差。

　　★资料来源：之江大学建筑系档案

从之江大学建筑理论课程的大纲中，能明显看到以形式美学作为入门教育的学院式的特点。虽然教学后期也有关于使用功能等内容的加入，但是其以美学原则为基础的

出发点并没有动摇。同时该课程强调对于世界经典建筑的形式借鉴，这也在某种程度上巩固了建筑的根本在于"样式"的观点。而圣约翰建筑系的理论课程并没有将注意力集中在经典"样式"或"美学原则"等方面，而是强调建筑与人的生活及时代等方面的关系，从现代建筑的根本意义上启发学生。从二者的对比中，可以看出圣约翰建筑教学所具有的现代特点。

其次，从设计课的具体练习来看，圣约翰建筑系与传统的学院式方法也有很大差别，分别表现在以下三个方面：

设计内容方面，圣约翰教学强调设计从生活出发。教师要求学生先学会分析和解决房屋与生活的直接关系，进而将关注点扩展到结构与技术方面。设计题从简单过渡到复杂：从单体小型住宅，到设计稍大一些的建筑（如制造厂等），再发展到结合生活、结构、建筑为一体的更为复杂的公共建筑（如商场及医院等）。教师选择的题目都十分贴近生活，具有实用性、科学性的特征。这种选题本身就能够影响学生所形成的设计观。该系的设计题目与学院式体系中设计题大多关注古典艺术修养训练（尤其低年级设计题）的特点非常不同。

设计方法方面，圣约翰建筑系在现代主义理论指导下，设计练习要求学生从实用功能和技术出发，关怀使用者、满足使用者需求，创造性地运用新技术和材料，采用灵活多变的形式来完成建筑创作。这与学院式教学中强调古典美学原则的运用，有时会约束使用者的方法有所不同。

引导学生方法方面，约大也有着独特之处，黄作燊受哈佛大学时期格罗比乌斯的影响[15]，将设计的过程看作一个不断发现问题、不断解决问题的过程。他在进行设计教学时，也将这一方法引入其中。格罗比乌斯面对美国诸多冲突的社会状况和多方面的合作要求，重视研究具体问题及如何协调解决这些问题。受他的影响，黄作燊在教学中，也将解决"问题"看成一系列设计过程的线索，引导学生以理性的方法来完成创作。在教学中他往往引导学生自己独立思考，自己提出问题和解决问题，并不给予现成的答案或让学生简单照搬现实中的案例。他常常要求学生们自己去摸索各类建筑的不同要求。

例如，他布置的作业"周末别墅"要求学生自己提出该建筑要解决的问题，如安全问题、设施问题，等等。他布置的"产科医院"设计题，除了请产科医生给大家讲解医院内部运作关系之外，还要求学生去医院作调查，并各自在不同的岗位上实习半天，回来后相互讨论交流，依照岗位的不同要求进行设计。为培养学生的独立思考能力，他甚至尽量找一些现实中不常见的建筑类型给学生进行练习，如当时还很少见的幼儿园等，让学生自己提出设计要求，自己设计，以避免现存建筑形式对学生思想的禁锢，使他们能发挥自己的独创性。[16]

15　格罗比乌斯来到美国后，并没有直接延续他在包豪斯的实验，而是针对美国的现状发展出一套应对实际情况的设计思想方法。参见：(意) L·本奈沃洛. 西方现代建筑史 [M]. 邹德侬, 巴竹师, 高军, 译. 天津：天津科学技术出版社, 1996.

16　2000 年 4 月 19 日笔者访谈李德华先生。

从问题出发的引导方式除了运用在物质和精神等多种功能要求方面，还体现在充分挖掘建筑材料特性方面，这也是促发创造力的重要源泉之一。建筑材料的特性如何在建筑的结构和形式方面充分发挥作用，是黄作燊要求学生去思考和研究的重要问题。黄作燊十分反对用固定僵化的古典美学原则束缚学生对建筑形态的塑造。他认为形式的产生是具有各自特性、质感的建筑材料被有意识组合的结果，因此他很强调学生掌握材料的特性。他十分欣赏阿尔瓦·阿尔托的作品，欣赏他对不同质感材料的出色把握和组合能力。黄作燊除了在初步课程中启发学生领悟材料和质感的关系外，在设计中也一直贯彻和强化这一思想。他曾给学生布置过一个设计作业——荒岛小屋，要求在与外界无法联系的情况下，于荒岛就地取材用以设计。这促使学生完全从当地有限的材料出发，脱离一切既有样式的束缚，以材料的本真状态进行设计创作，并在此期间体悟建筑的本质，以这种方法来避免"美术建筑"的影响而突出"建构建筑"的特质。

黄作燊引导学生从"问题"出发的教学方法，与传统学院式以体现古典美学原则的样式、构图为核心的方法有着根本的不同。这一方法启发学生进行理性和原创性思考，也不同于以往通常通过改图而使学生领悟的经验式做法。理性的引入使原本比较模糊的设计过程更为清晰，可以消除或淡化学生对设计的神秘感，易于他们把握学习过程。

从课程的基本结构来看，约大的课程与以往学式体系具有类似的特点，都是以技术、绘画、历史三个部分围绕作为中心的设计课程。但是从具体内容来看，圣约翰课程有一个突出的特点，就是更加强调入门的基础课程。基础课程以绘画课中的"建筑画"和低年级的"建筑理论"课两者为代表相互结合而成，分别从理论和实践两方面为学生建立现代建筑思想进行启蒙和引导。这两门课一是包豪斯教学影响下的产物，一是应对中国学生思想状况结合现代建筑教学的创造性尝试，具有重要的开拓意义。此后这两门课程分别发展成"建筑初步"和"建筑概论"课，成为基础教育的核心组成部分。从这方面角度考察，可将原学院式教学模式与圣约翰的新模式制成下表相比较。

需要进一步说明的是，传统学院式教学体系也有初步一类的训练，即"建筑初则及建筑画"课程，其主要内容是柱式描绘和渲染等，培养绘图能力和古典美学素养。这与圣约翰的初步课程有很大的区别。

另外，建筑概论是传统的学院式教学中所未见的。即使有些学校也有理论课程，但是并不在入门时讲授，大多在三、四年级时讲授。同时因为理论课在全国统一科目表

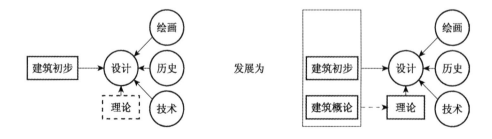

中是选修课，因此很多学校中并不一定开设。圣约翰开始的建筑概论类课程，转变了传统学院式教学方法以渲染绘图为入门，不加任何解释的经验型训练方法，避免了学生绘图时往往不知所以然的情况，使他们的学习由被动状态转向理论指导下的主动状态。

3. 圣约翰建筑系后期教学调整和发展

1949 年新中国成立后，包括外籍教师在内的一些教师离开了圣约翰建筑系。与此同时，在全国统一和新政权建立的局面下，国家教育部门要求各高校扩大招生规模，以满足大量建设任务对于人才的急迫需求。圣约翰建筑系招生规模从原来的每年只有几个人扩展到三四十人。学生规模的急速扩大更突显了师资的不足。于是，黄作燊动员了不少圣约翰建筑系早期毕业生参与到教学工作之中，使建筑系过渡到第二发展阶段（表 2）。此时原来动荡混乱的政局已经结束，建筑系教学工作在举国上下一片欢腾气氛中进一步得到发展。

表 4 　　　　　　　　　　　　　1949—1952 圣约翰建筑系教师任课表

教　师	任　课	教　师	任　课
黄作燊	建筑理论、设计	*李德华	建筑声学、建筑理论、建筑设计
周方白	素描、水彩画、法文	*王吉螽	表现画、房屋建造
陈业勋	建筑设计	*翁致祥	房屋建造、建筑设计
钟耀华	都市计划讲授	*白德懋	建筑史、专题研究、建筑设计
王雪勤	建筑设计、专题研究	*樊书培	建筑理论、建筑设计
陈从周	中国建筑史、新艺学	*罗小未	建筑设计、建筑史
林相如	房屋建造	*王轸福	建筑设计
*李莹	建筑设计、建筑理论（一上）		

★注：带有 "*" 为原圣约翰建筑系毕业生；
资料来源：圣约翰大学建筑系档案。

在这一阶段，圣约翰建筑系发展了前一阶段的几类课程，同时有些作了相应调整。

作为 "初步" 类课程的 "建筑画" 在圣约翰毕业生手中得到继承和发展。李德华先生担任该课教学时，"内容以启发学生之想象力及创造力为主，及对新美学作初步了解，内容大部分抽象"[17]，樊书培先生担任该课时，曾经让学生用色彩表现 "噩梦""春天" 一类的题目，启发学生领会现代艺术思想[18]。图 15 展现了在食堂举办的设计作业展中学生所创作的抽象画，从中可见其现代美学思想的影响。

建筑初步课程不仅有延续，还有扩展。教师们将初步课程与技术等课程相结合增设了 "工艺研习"（Workshop）课，分成初级和高级两部分在 "初步" 课程后期相继展开。这门课强调动手操作，明显带有包

图 15　建筑系学生在展览作品前

17　1949 年圣约翰大学建筑系教学档案。
18　2003 年 11 月访谈樊书培、华亦增先生。

豪斯学校注重工艺的特点。圣约翰毕业生李滢从美国留学回来后在该系任助教时，曾在这门课中安排学生进行陶器制作训练。通过脑、手和塑造形体间的互动和统一，使学生得以体会形体和操作过程的关系。为了让学生能够从事该类练习，助教们还自己设计做成了制作陶器所需要的脚动陶轮。

该课程还注重培养学生对材料性能的熟悉，让学生领会建筑材料、构造技术和它们与建筑空间、形式的紧密关系。这里反映了材料运作技能的"建构"思想。教师们曾让学生进行垒砖实验，一方面增强学生对于砖块这种建材的力学性能的把握，另一方面也让学生领悟伴随砖块堆砌过程而产生的形式（form）。助教们设计了各种垒墙的方式，学生们通过推力检验，了解哪一种方式垒成的墙体最更结实，不易倒塌，并分析不同砌筑法及增设墙墩等方法对墙体稳定性的影响。这种训练使原来较为抽象的技术教学内容通过直观的方式为学生所接受。学生在了解砖墙力学性能的同时，还在老师们的领导下，领会其伴随产生的形式和空间。例如墙体的弯折在增强了强度和稳定性的同时，产生了空间；不同的垒墙方式同时会形成墙面的图案（pattern）及产生某种质感（texture），这种质感和图案成为形式要素，又在观看者心中产生某种美学感受等等。[19] 这样一系列练习以材料为中心，将结构、构造和形式美学等建筑各方面知识结合成了一个有机整体。它将现代建筑设计中除功能以外的另一关注点——"材料"通过简单直观的方法引入学生思想中。学生通过对材料的直接操作和感受，理解了现代建筑的本质特点，并在这一建筑观的影响下形成自己的设计方法。

这种教学方法改善了以往教学中经常存在的技术和设计教学相分离的局面。以往的技术课程往往独立于设计，按照土木系的教学要求自成体系，学生无法将它与建筑设计结合起来，甚至产生这类课程没有用或从属于建筑形式的思想，助长了"美术建筑"情绪。圣约翰开设的"工艺研习"课程在培养学生创造力的同时，为学生建立了材料技术是设计重要组成和基础的观念。它成为设计课和技术课之间联系的桥梁和纽带，促进学生全面建筑观的形成。

建筑技术课程方面，除了上文所述有了"工艺研习"课程的协助之外，原来的课程仍然得到延续。其中，房屋建造、暖气通风设备等课程由助教翁致祥、王吉螽等讲授。李德华先生还增设了建筑声学课。

历史课程方面，黄作燊可能出于培养学生全面素质考虑，除了外国建筑史之外，又增加了中国建筑史课程，由陈从周讲授。陈从周原是圣约翰附中的教导主任，对中国建筑历史和绘画等都有浓厚兴趣，早期曾在圣约翰建筑系中兼授国画课。他此时加入建筑系，教授中国建筑史。之后他边学边教，凭着自己深厚的中国文学功底和钻研精神，在园林和古建史方面取得了很大成就。

除了中国建筑史外，此时历史方面一度增加了艺术史课程，由美术教师周方白任课。后来该课受新民主主义文艺理论影响在教育部的要求下改一度为"新艺术学"。

19　2000年4月19日访谈李德华先生。

4. 黄作燊的建筑思想及其对教学的影响

在圣约翰建筑系中，教育核心人物是黄作燊，他所具有的独特的建筑思想对圣约翰的教学产生了直接影响。这些思想除了表现在上文提及的课程内容之外，在其他一些方面也有所反映。

（1）首先，黄作燊认为社会性和时代性是现代建筑的重要特征，建筑不仅是艺术和技术的结合，而且还和社会有着千丝万缕的关系，社会力量会对建筑产生重要作用。因此，他强调建筑师应该具有强烈的社会责任感。他于 20 世纪 40 年代末在题为"一个建筑师的培养"的演讲稿中写道："今天我们训练建筑师成为一个艺术家，一个建筑者，一个社会力量的规划者……最重要的变化是重新定位建筑师和社会之间的关系。今天的建筑师不该将自己仅仅看作是和特权阶层相联系的艺术家，而应该将自己看成改革者，其工作是为生活在其中的社会提供良好的环境。"[20]

图 16　学生规划设计模型

正因为具有现代主义的合理组织城市秩序的理想和责任感，他和鲍立克等人积极参加了 1947 年大上海都市计划的讨论和制定工作，并且动员了一些圣约翰的学生参与规划图纸制作。他还将这一思想的培养结合进圣约翰的教学之中。他曾带领学生们参观拥挤破旧的贫民窟，让学生体会社会下层生活的悲惨境遇，触发他们对社会平等理想的追求，并鼓励他们将这一理想贯彻于设计和规划之中。他不仅在高年级设置规划原理课程和大型住区规划的毕业设计内容（图 16—图 18），还倡导学生应有一些在政府部门工作的实践经历，以更好地了解现代政府管理的具体情况，帮助城市建立合理的秩序。[21] 这些都是他所具有的"社会性"思想在教学中的反映。

"时代性"也是现代建筑的重要特点之

图 17　教师观看设计模型

图 18　教师评论设计作业

20　黄作燊《一个建筑师的培养》，其为 1947、1948 年为英国文化委员会所作讲演的演讲稿。
21　黄作燊《一个建筑师的培养》，其为 1947、1948 年为英国文化委员会所作讲演的演讲稿。

一，黄作燊十分清楚现代建筑的基础是"时代精神"。因此，他在教学之中，十分注重在这一方面对学生进行启发。在理论课上，他除了介绍现代建筑大师及其作品外，还安排了很多讲座内容让学生了解当时（或者即将到来）的各方面的新动向。

黄作燊的讲座包括现代的文学、美术、音乐、戏剧等各个方面。他将与现代建筑密切相关的现代艺术展现在学生的眼前，让他们从艺术精神上把握时代特色。例如，在美术方面他介绍马蒂斯、毕加索、奥暂方（Ozenfant）等现代派画家作品，在音乐方面他介绍德彪西、肖斯塔科维奇、勋勃格（Schoenberg）、马勒等音乐家的作品，这些介绍使学生走出了当时中国盛行的古典艺术领域，接触到了更多具有现代精神的先锋艺术。

除了艺术方面以外，作为新时代特征的科学技术也是黄作燊要让学生们认识的内容之一。他曾请人来建筑系中做讲座，讲解有关喷气式发动机、汽车等先进工业产品的原理。通过这些讲座他试图让学生对正在到来的工业时代建立初步意识，使他们认识到时代对建筑的重要影响。

全方位与现代艺术和科学技术知识的接触使学生们对现代主义运动有了更全面的了解。他们由此可以更加深刻地领会现代建筑的实质，避免中国当时普遍存在的对现代建筑的肤浅认识。当时中国建筑领域不少人仍然将现代建筑看作只是时髦样式，认为其至多不过是实用性和经济性有可取之处，他们并没有在建筑的深层意识层面向现代转型。黄作燊的一系列相关领域的新介绍为学生整体现代意识的建立打下了十分可贵的基础。

（2）其次，黄作燊拥有全面的建筑观，[22] 在他的理解中，建筑领域包括人的各种大小尺度的生活环境，小至身边的用品，大至整个城市的环境、家具、室内、园林、建筑乃至规划无可不以尝试。他在自己的实践中也体现了这一点，例如他家中的家具都是他自己设计并动手制作的，简洁实用，有一些他老师布劳耶作品的特点。在建筑系的课程之中，他同时安排了室内、园林、城市规划等各个方面的课程和设计。这些课程并不是附属性的，都比较重要。室内设计方面，不少学生都进行了超过四个的设计作业，有些学生还加入鲍立克的"时代"室内设计公司，进行了大量的室内设计和家具的创作实践。在此基础之上，一些学生如曾坚等日后在该领域取得了很大成就；对于城市规划的重视，前文已经提及，一些学生日后在这一领域有所建树，如李德华先生等；园林方面，他曾聘请了专家程世抚指导学生设计，日后也有一些毕业生专门从事这一方向的研究，如虞颂华等。

当时，师生们的设计兴趣不仅限于几门课程领域，还延伸到了服装、舞台等多方面。黄作燊曾和学生们自己利用当时的土布(毛蓝布)设计绘图工作服。因为考虑到画图方便，衣服前面的纽扣大多做了暗钮，最上面一粒是明钮，明钮用不同颜色来区分学生的年级。衣服下面两侧开叉，方便于行动和弯腰画图。衣服上方有口袋，可以放画笔。衣服的形式、功能和材料结合得非常好。这套服装于普通中独具匠心，很快成为建筑系的系服。[23]

22　黄作燊的这一思想受格罗比乌斯的影响，并在后者的著作《全面建筑观》(Scope of Total Architecture)一书中有所反映。

23　罗小未，钱锋．怀念黄作燊［M］// 杨永生．建筑百家回忆录续编．北京：知识产权出版社，中国水利水电出版社，2003.

学生自己动手做工装的做法颇
有些包豪斯的作风，而服装的平
民粗布气质也与包豪斯有些类
似，这两所学校似乎在价值取向
方面具有某种一致性。

黄作燊还将设计领域扩展
到舞台设计方面，他曾和李德
华等学生们一起，帮助他的兄
长——知名戏剧导演黄佐临设
计话剧舞台。1944、1945 年左
右他们为话剧《机器人》设计了

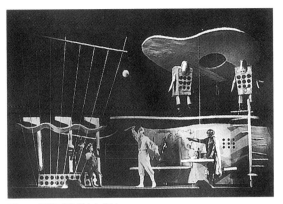

图 19　话剧 "机器人" 舞台

一个充满了未来幻想色彩的舞台布景（图 19）：一个没有天幕的布景，黑暗的背景上点
缀着一些小灯泡以表现浩瀚星空无限深远的效果；舞台道具有螺旋形出挑楼梯，以及带
有抽象艺术风格的组合构件；演员们则穿着奇特的连体服装在台上走动，具有未来人的
特点。这个舞台设计充分体现了现代艺术及建筑的特征。

（3）最后，在对中国建筑传统的继承上，黄作燊并不赞成当时学院式建筑师多采
用明清宫殿大屋顶式样或简洁符号作装饰的方法，他更注重从建筑空间效果上借鉴传统
特点。作为一个具有现代建筑思想的建筑师，他并非纯粹功能主义者，而是十分注重空
间的精神场所作用。其实，重视建筑空间艺术本身便是现代建筑的重要思想之一，密
斯·凡·德·罗的巴塞罗那馆便是建筑空间艺术的杰出作品。吉帝恩（S.GIEDION）在
Space，Time and Architecture 一书中曾用空间和时间的流动和结合，来说明现代建筑不
同于传统建筑注重固定画面效果的特点，反映了建筑理念上的重大变革。深受现代思想
影响的黄作燊同样也对 "空间" 给予了极大的关注。现代建筑通常体现出序列的空间艺
术，这引导黄作燊理解中国建筑时，更注重其中序列的空间给人的强烈感受。他突破了
前一阶段多数中国建筑师将宫殿样式作为中国建筑传统本质的观点，认为人在行进过程
中所感受到的建筑群体及其扩大的场所环境（树、石、山等）共同形成的一系列变化多
端的空间才是中国传统建筑的本质。

他曾指出，故宫建筑群的核心特色是系列仪式空间，从中单独取出任何一座建筑
都根本无法体现中国建筑，即使这座建筑有着单体宫殿建筑的所有特征。[24] 因此，他认
为前一时期流行的结合中国宫殿式外形与西方室内特点的 "中国固有式" 建筑并没有体
现中国建筑的特点，而只是一种急于求成和简单化处理的产物，而真正有传统特色的，
符合现代要求的中国的现代建筑仍需要广大建筑师认真而耐心地探索。他觉得从传统的
"空间" 角度出发，应该是一个很好的新途径。

在探寻中国建筑空间特色的过程中，黄作燊十分关注空间给人的精神感受。他和

24　黄作燊《一个建筑师的培养》，其于1947、1948 年为英国文化委员会所作讲演的演讲稿。

学生王吉螽去北京天坛时，十分赞赏天坛的空间序列给人的感受，觉得"走在升起的坡路上，两边的柏树好像在下沉，人好像在'升天'"；他们在午门时，觉得"高高的封闭空间，给人强烈的威压感，令人马上会想起'午门斩首'"，王吉螽记得黄作燊曾十分认真地感受这种气氛并研究产生这种气氛的手法。[25] 他还将故宫中轴线和建筑群体比作一种类似建筑群体中的"approach"的气势，并称之为"中国气派"。[26] 他对中国传统建筑的理解，更多在于空间对人的精神功能方面。

在这样的思想下，黄作燊在教学中十分反对学生采用"中国固有式"的复古样式，提倡学生用现代的建筑材料设计具有丰富空间特色的建筑，在空间营造的精神气氛中寻找中国建筑的"根"。这种思想一直主导着师生对现代与传统融合的探索，在他们后来建筑创作和教学过程中长期传承。师生们随后的一些建筑实践，如他和学生李德华、王吉螽合作完成的1951年的山东省中等技术学校校舍和1956年的同济大学教工俱乐部等，都在这方面进行了尝试。

结 语

圣约翰建筑系的教学在近代中国是一场创新的尝试。通过黄作燊的影响，建筑系借鉴和传承了从包豪斯发展到哈佛设计研究院的一系列基本思想和特点，如包豪斯的"基础课程"、对材料和技术工艺的注重、对社会问题的关注；哈佛的以"问题"作引导的教学思路、团队合作（Team Work）的模式等。而同时，黄作燊对哈佛及其导师格罗比乌斯也有所超越。他并没有拘泥于狭义的现代主义，而是倡导一种开放的、不断融入新时代新思想的思维方式。

出于对中国传统的热爱，黄作燊试图将中国的古建筑、园林、绘画等艺术思想结合进建筑创作，将中国文化的意境融会进去。这虽然在圣约翰的教学中尚未大量展开，但在某些局部领域如思想讨论或方案创作中已经体现出来，而他本人后来也一直在这个方向有所思考。

从学生的角度来看，圣约翰建筑系的教学最令他们感同身受的特点，是它的启发式教学方法。由于学生人数少，建筑系师生之间有着非常密切的接触。这某种程度上也是黄作燊在 A.A. 建筑学院和哈佛所受教学模式的直接反映。在十年时间里，黄作燊通过发动学生参与各种活动、动手制作各种物品、共同观看展览和戏剧、参观建筑及进行讨论等和他们融在了一起。他常以睿智的话语点拨和启发学生对建筑和艺术的理解，也曾用犀利和尖锐的评论令学生终身受益。他的热情感染了所有的人，使大家充满了自由探索的乐趣。学生们在圣约翰的热烈的大家庭氛围中，受到了良好的熏陶和启蒙。不少师生都对这种温暖的气氛有着美好的回忆。[27]

---

25 2000 年 7 月访谈王吉螽先生。

26 2001 年 6 月樊书培先生答笔者书信。

27 陈从周先生在文章"约园浮梦"中对此所作了生动的描写。参见：陈从周.约园浮梦［M］// 同济大学建筑与城市规划.黄作燊纪念文集.北京：中国建筑工业出版社，2012.

多年以后，李德华先生对圣约翰的学习生活和黄作燊先生的教学特点有这样一段评价：

"他（黄作燊）打开门，领你进去，他也并非带你导游，而是让你自由自在地随便走，随便看。我们在圣约翰的学习，觉得没有任何负担，在不知不觉中不断地开拓视野，让我们充满了对建筑、对艺术的热情，真正感受到了如外国人常说的'fun'……

他真像是一个火种，点亮了别人，然后让你自己发光……"[28]

表5　　　　　　　　　　　上海圣约翰大学建筑工程系毕业生名单

1945—1952年圣约翰建筑工程系历届毕业生名单

1945.6.2：	李德华、李莹、白德懋、虞颂华
1946.7.13：	卓鼎立、张肇康
1947.1.30：	程观尧
1947.6.23：	曾坚
1948.1.31：	张宝澄、周铭勋、周文藻、樊书培、华亦增、罗小未、王轸福、王吉螽
1949.1.5：	翁致祥、鲍哲恩、籍传实、何启谦、张庆云
1949.5.12：	徐志湘、郭敦礼、沈祖海
1950.7.8：	韦耐勤、欧阳昭
1951.7：	朱亦公、张抱极、徐克纯、舒子猷
1952.2：	周文正
1952.8：	唐云祥、江天筠、徐克纲、郭功熙、李定毅、汪佩虎、陈亦翔、王儒堂、陈宏荫、富悦仁、关永昌、吕承彦、刘建昭、倪顺福、潘松茂、沈志杰、汤应鸿、曾莲菁、姚云官

1952年院系调整前建筑系在校生
(后其中不少学生随系并入同济大学建筑系)

三年级：张岫云、赵汉光、赵宝初、江淑桂、范政、谢幼荪、徐绍樑、许文华、李名德、穆纬湧、沈仪贞、孙润生、曾蕙心、王仲贤、杨伯明

二年级：章明、赵竹佩、江圣瑞、诸菊馨、竺士敏、朱亚新、胥兆鼎、胡思永、华家驹、黄正源、顾定安、孔国基、盛声遏、史祝堂、池石荣、寿震华、舒朵云、孙珂君、王徵琦、王舜康、翁延庆、吴小亚、叶守明、颜本立、郁正荃

一年级：张有威、陈光贤、陈琬、陈文琪、陈毓、郑烨、江贞仪、钱学中、周惟嘉、周惟学、方兆华、黄文青、葛兴海、郭重梅、黎昌胤、黎方夏、林珊、马时伟、闽华瑛、盛养源、谭凯德、王兆龙、王功溥、王宗瑗、韦贤昭、韦尚强、魏敦山、杨本华、叶丹霞、殷晓霞、袁珏

★资料来源：圣约翰大学建筑系档案。（毕业时间按档案中毕业证书颁发时间。）

另：毕业生详细情况参见 钱锋主编，赖德霖、王浩娱合编，上海圣约翰大学建筑系毕业生档案，香港《建筑业导报》2005年7期

（本文是笔者在著作《中国现代建筑教育史（1920—1980）》中"带有包豪斯教学特点的上海圣约翰大学建筑系"一节基础上改编）

28　2000年4月19日访谈李德华先生。

《四十五年精粹——同济大学城市规划专业教师学术论文集》序

李德华

　　今年是同济大学成立以来的 90 周岁，为了庆祝并纪念建校 90 周年，建筑城市规划学院城市规划系编辑了几本集子，也是对自己的一次检阅、一个小结。结集在这里的是城市规划的教师们近年来所发表过的学术论文。这里收了共 59 篇，仅是一小部分，其余的不可能尽收于内。论文的题材、内容倒也较为广泛，反映的面和层覆盖也较宽深。至少能代表各位老师们在这片土地上孜孜不倦地辛勤耕耘的成果和贡献。作者中有前辈老师和出入与共的同仁们，更有很多年轻的教师，占的比重不小，这是十分可喜的。

　　回顾城市规划专业，在金经昌、冯纪忠两位老师的带领下创办，至今不觉已进入了第 45 个年头了，也很巧，刚是同济大学建校 90 年的一半历史。回忆当年首创的时候，步履维艰，很少有现成的经验可以借用。事事都摸索着前进，不断总结、变革、提高；加上领导部门的指引，参与实践以及实践部门的支持；路就一步一步艰辛地走来。45 年了，似乎是成熟了，步伐是踏实了，然而新的挑战不断，还是不断有蹒跚的步子探索往前。

　　作为社会实践的一项工作，城市规划专业在我国经历的道路是很为坎坷的，有过几次兴盛的岁月，也有多次衰落的时光。社会上的风雨对城市规划的激荡实在不小，几经起伏，最为严重的时候机构撤销，人员下放，甚至放到无有城市的地方。灰心丧气者有之，誓不再从事城市规划者亦不少。可是一旦阴霾尽散、改革开放、城市建设复苏，又不复消息，热诚地投身其中。这是为什么？很重要的一点是出自对专业的热爱和时代的责任感。从这本文集来看，同济城市规划专业的教师们也和其他同行们一样具有同样的这种精神。

　　从事城市规划是要有一些精神的。首先要有理想。翻开城市规划历史，许多思想先驱者无一不是心中装着理想的社会，并以此作为理论的基础，有理想就会有远大的目标，有理想才能激发社会责任心。有一种说法，认为"理想"是空泛的，只会脱离实际。

这种说法很容易导致城市规划平庸暗淡。理想并不是空想，更不是妄想。城市规划就是要为健康、美好的城市发展前景制订出美妙的蓝图，当然要有宏伟的目标，合乎理想的城市和环境。

从事城市规划工作还需要有任怨的精神，我想这是城市规划这项工作本身的特性所决定的，城市规划是应该以城市的整体利益为主的，要讲城市发展的长远利益。可是在现实生活中，城市中各个部门、单位在建设城市方面之间各自的需要和利益往往不能完全兼容，甚至互有矛盾；一个部门、单位的要求和利益有时常会与城市整体利益不符。城市规划的工作，尤其是管理方面，就必须对之协调、平衡。经常是不可能使每个部门、单位的要求得到完全的满足，也就不能全然满意。处于这样的协调、平衡局部利益和整体利益的关系中，应该以整体利益为重，这是城市规划工作的职责所在，任劳并任怨是理所当然的。

最后再想提一笔的是：城市规划专业涉及的面极为广阔，是一个宽广的天地、浩瀚的海洋，新的领域、新的挑战又层出不穷。在广博和专深两个方面，我们必须不断地进取，庶几能不负国家、社会和时代所赋予的使命。借这本集子出版之际，提这几点与同仁们共同勉励之。

1997 年 1 月 30 日

（本文原载于《四十五年精粹——同济大学城市规划专业纪念专集》,同济大学建筑与城市规划学院 编,中国建筑工业出版社, 1997）

城市规划专业45年的足迹

李德华　董鉴泓[1]

　　1952年全国高校按照苏联模式进行院系调整，华东地区十几所高校的土建系科集中到同济大学，同济大学也由原来的医、工、理、文、法五个学院的综合大学，成为全国最大的以土建为主的工科大学。当时成立了建筑系，以圣约翰大学建筑系、之江大学建筑系、原同济大学土木系部分教师、浙江美院建筑组，以及原交大、复旦、大同、光华、震旦等校部分教师组成，并成立了城市规划教研室（初名都市计划教研室），由金经昌、冯纪忠、哈雄文、李德华、董鉴泓、邓述平六人组成，金经昌任主任，在上海都市计划委员会工作的钟耀华兼任教授。

　　在建筑系筹建期间，金经昌、冯纪忠等先生考虑到国家大规模建设的需要，以及参照国外情况，提出要建立培养城市规划专门人才的专业。当时的教学改革非常强调一切要学习苏联，当时提供的苏联土建类专业目录中，并无城市规划专业，只有一个"Городское Строителъство И Хозяиство"专业内容较接近，就采用了这专业名称及教学计划，专业译名为"都市计划与经营"专业（后改为"城市建设与经营"），但原先意图办城市规划专业的初衷未改变，而只是对原苏联教学计划作了一些修改，如增加了规划初步课，将城市规划课增至三个学期，并安排详细规划与总体规划两个规划设计课，增加了建筑学的课程时数及设计课的分量，将原计划的几个施工性质的实习改为城市现状调查及规划实践。

　　关于培养城市规划人才的构想，也并非始于1952年的院系调整。金经昌先生在二战结束后，由德国回到上海在同济任教并开出"都市计划"课，同时在上海都市计划委员会工作，冯纪忠先生由奥地利回国后在南京都市计划委员会工作，并在同济土木系兼课，讲授建筑学，李德华先生1945年由圣约翰大学建筑系毕业后在上海都市计划委员会工作。早在1950年，金、冯二先生倡导同济土木系高年级成立市政组，金先生讲授都市计划、城市道路、给水排水、污水处理，冯先生讲授建筑设计、建筑构造、建筑艺

1　董鉴泓，同济大学建筑与城市规划学院教授。

术（建筑史），陈盛铎先生教素描，钟耀华兼任教授。在参加了治淮工程后于 1951 年毕业的市政组学生共十余人，有陈盛沅、钱昆润、肖耀鸿、刘朝北、郁雨苍、孙立成、董鉴泓、邓述平等，这可以说是建立城市规划专业的前奏及胚胎。

在专业的创建过程中，有两点一直贯彻在以后的专业建设中，一是城市规划应成立单独的专业，二是这个专业应具有建筑及市政工程两方面的基础。

1952 年成立专业时，一年级新生为统一招生，二、三年级学生由原同济、交大、圣约翰、上海工专等校并入的学生中转入，而由原同济土木系毕业班参加治淮后回校的部分学生作为本专业第一届学生在 1953 年初毕业（其中有葛起明、陈福瑛等）。1953 年秋，三年级学生提前毕业，大部分分配至北京，在中央建筑工程部刚成立的城市建设局工作，成为我国解放后第一批自己培养的专业工作者（其中有胡开华、许保春、孙栋家、张友良等）。

由于原以苏联教学计划为蓝本，又增加了城市规划及建筑学的课时，课程多达 30 多门，但根据城市规划学科发展中社会及经济学知识的需要，还开出了"基本建设经济"课，由当时上海市城市建设局局长汪季琦兼职讲授，后改为"城市建设经济"课。

专业开办之初，就强调了教学实践的密切结合，53 级的课程设计就选择在上海市郊的南翔镇。师生同去现状调查、测绘、访问领导及居民，现场作规划方案，这一传统一直坚持下来。1954—1955 年在嘉兴进行现状调查及总体规划实习，1955 年在金华做过总体规划，在兰州做过城市部分地区的详细规划及旧城改建的详细规划，在扬州做过全城的用地、建筑、人口等的调查并编绘详细的彩图。这些工作在国内是较早开展的，不仅为这些城市的建设服务，在学术上也作了一些探讨。1955 年的毕业班还有 6 人试行过毕业设计答辩。

1955 年正式申报高教部成立城市规划专业，1956 年即以新建城市规划专业与原城建专业同时招生，并将 1955 年入学的城建专业的 90 人中分出 30 人改为城规专业的第一班。

1956 年将城市建设与经营专业由建筑系调出，新建城市建设系。1958 年，原建筑系撤销，建筑学专业调入建筑工程系，城市规划专业也调到城市建设系。当时就发现城建与城规专业在培养目标及课程设置上有不少重复，曾合并成立了城市规划与建设专业，一年后又将两专业分开。城建专业的培养目标强调了城市道路、给排水、城市桥梁等工程方面，后来改称城市建设工程专业，而城市规划专业的教学计划则增加了建筑基础训练，增加了建筑设计与城市设计的分量。

1956—1958 年，城规专业聘请德国专家雷台尔教授两次来校，讲授"欧洲城市建设史"及"城市规划原理"，指导一批进修教师，参与合肥市及上海大连西路实验小区规划的实践，城建专业聘请苏联专家都拉也夫讲授"城市道路与设计"课。

1956 年城规教研室由邓述平负责筹建资料室，系统收集及制作教学用幻灯片。1957 年由城建系编印油印不定期刊物"城市建设资料集编"，城规专业调至城建系后，改为铅印的《城乡建设资料汇编》，先后出了 20 期，这是后来的《城市规划汇刊》的前身。

1955 年的毕业生，两人留校、四人分配至当时的重点建设城市包头、兰州、太原、成都，其余的均分配至中央城市设计院。1956 年毕业生除留校外也大部分至该院。1957 年毕业 60 人及 1958 年毕业 90 人，为满足各省市的迫切需求，由高教部单独开会分配，每个省分配 1～2 人，这些同学后来都成为各省的城市规划技术骨干。

1958—1959 年，配合当时大跃进的形势，城规专业 60 届学生由邓述平、何林、刘利生等带领作了江西全省 80 多个城镇的快速规划，对有一些地形图都缺乏的城镇适应当时的建设及今后的发展均起了积极作用。李德华、董鉴泓、臧庆生带领 61 届部分学生作过青浦县朱家角的人民公社规划，对城乡的结合也作了一些探索。何林、潘百顺带 61 届学生作的金华、绍兴、宁波等地十几个县的县域规划及陈运帷、沈肇裕参加的贵阳地区及重庆地区的区域规划。这些内容在当时国内也是较早开展的。

1959 年在城规四年级中分出园林规划专门化共 15 人（其中有丁文魁、陈久昆、何绿萍、阎文武、陈奇等），这是最早的由土建类专业培养的风景园林人才，也为后来创办园林专业打下了基础。

1960 年，城市规划专业开始招收硕士研究生，金经昌教授培养的第一名研究生是清华大学建筑系毕业的胡寅元。1961 年及 1962 年均收研究生，其中有沈德熙、邓继来、朱恒宪等（因文革而中断，后来邓继来由李德华指导完成论文）。

1960 年招收城市规划干部班，参加学习的有哈尔滨市周义珍、长春市汤全业、合肥市葛长荣等。1961 年又办一届，参加的有福建赵勤等，这是专业办继续教育的开始。

1960—1961 年由朱锡金等带领学生在江西新余钢铁基地作规划，并由城建系其他的道路、给排水专业和建筑系建筑学专业参加。

1963 年城市规划专业由城建系又调回到重新组建的建筑系，李德华任副系主任，董鉴泓任教研室副主任。

1965 年教研室教师大部分与同学一起分别参加了城市和农村的四清运动。

1966 年开始"文化大革命"，停课，专业停办，专业学生改学建筑工程等专业。1969 年大部分教师下放至宝山罗南公社项家宅生产队劳动，以后又分批至皖南歙县五七干校，也有部分教师参加教改小分队至南京 9424 厂及高桥化工厂、贵池小三线等地参加工程项目或现场教学。

1974 年，根据规划工作的需要招收二届城规干部进修班，教研室大部教师开始恢复专业教学工作，曾带领干部班学生作过河北廊坊、衡水的总体规划及桂林市的总体规划修订。

1977 年，城规教研室恢复，仍由金经昌、董鉴泓任正、副主任，城规专业也参加全国统一招生。

1979 年，调丁文魁、臧庆生、张振山、陈久昆等成立园林教研室，由丁文魁、陈久昆负责，并成立风景园林专业。1981 年由李铮生任园林教研室主任。

由于"文化大革命"而停刊的《城市规划资料汇编》复刊，1984 年公开发行，并改名为《城市规划汇刊》，成为专业的学术阵地，也逐渐成为国内城市规划学科的重要理论刊物。1993年成为国内中文核心期刊。

招收"文革"后第一批硕士研究生，张庭伟、马武定被录取。1979年成立城市规划与建筑研究所，金经昌任所长，城规教研室由董鉴泓、邓述平任正副主任。

受教育部委托组织编写城市规划专业教材如下。

主编的有：

《城市规划原理》

《中国城市建设史》

《城市对外交通》

《城市工业布置基础》

《城市园林绿地规划》

参编的有：

《城市道路与交通》

《区域规划》

《城市给水排水规划》

1980—1981年，金经昌受洪堡基金会邀请，李德华作为同济大学代表团成员，董鉴泓作为中国城市规划专家考察团成员，邓述平作为达姆斯塔得大学的访问学者，先后去德国访问、考察及学术交流。

德国达姆斯塔得工业大学贝歇尔教授、雷子科教授先后来同济讲学。

1981年，董鉴泓调任建筑系副主任，城市规划教研室分为总体规划教研室及详细规划教研室，由陶松龄、邓述平分任教研室主任。

1982年，城市规划专业被评为全国重点专业。

1984年，由城规教研室为主组织全校有关所系，承担山东胜利油田孤岛新镇的规划与工程设计任务，由邓述平主持此项工程，1986年获建设部优秀规划设计金奖，该新镇已基本建成。

1984—1985年，应中国建筑工程总公司的邀请，派出中国城市规划专家组赴阿尔及利亚，承接建立新城对地区影响的研究和布格祖尔新城规划及捷尔法城扩建规划。董鉴泓、李德华先后担任专家组组长，参加人员有陈秉钊、翟良山、朱锡金、徐循初、陈亦清、钱兆裕。

1986年，在建筑系的基础上成立建筑与城市规划学院。李德华任院长，下设建筑系、城市规划系，由陶松龄任规划系主任，李铮生、张庭伟任副主任，城市规划建筑研究所由董鉴泓任所长，徐循初任副所长。城市规划系下设城市规划专业与风景园林专业，总体规划教研室由宗林、阮仪三任正副主任，城市设计教研室由邓述平、黄承元任正副主任，风景园林教研室由丁文魁、司马铨任正副主任，城规研究所下设城市规划理论与政策研究室，朱锡金任主任，城市规划技术研究室，徐循初任主任，同时还与建设部合办"城建干部培训中心"，由阮仪三兼任主任。

1987年城市规划与设计被批准设博士点，冯纪忠为博士生导师。1989年，增补李德华，1991年增补董鉴泓、陶松龄，1993年增补徐循初、陈秉钊，1995年增补朱锡金、阮仪三，1996年增补王仲谷。

1987年，设风景园林规划与设计专业硕士点。

1987年，与中国城市规划设计研究院签订合办城市规划设计研究所的协议，由建设部颁发甲级城市规划资格证书。1988年在海南设立分所，1995年扩充为同济大学海南设计院，具有城市规划、建筑设计、市政工程三项甲级资格证书。

1988年陶松龄任建筑与城市规划学院副院长兼城规系主任。

1989—1992年，陶松龄担任建筑与城市规划学院院长兼城规系主任，钱兆裕、李铮生任城规系副主任，城规研究所由徐循初、陈秉钊任正副所长。

1991年，设立"城市规划与设计现代技术国家专业试验室"，由陈秉钊任主任，是目前国内城市规划领域唯一的国家级试验室。

1992年，城市规划专业设博士后流动站。

1993年，陈秉钊担任建筑与城市规划学院副院长，兼城规系主任及城规研究所所长。

1993—1995年，先后与加拿大、日本、英国、澳大利亚、中国香港进行合作科研。

1995年，陈秉钊任建筑与城市规划学院院长，城规系由周俭、彭震伟、赵民负责，城市规划设计研究所由宋小冬、夏南凯负责。成立上海同济城市规划设计研究院，具建设部批准的城市规划甲级资格证书。

1995年，成立金经昌城市规划教育基金会（筹），组织出版城市规划优秀论文集及论文竞赛。

1995—1996年，新修订了五年制的教学计划，调整归并一些原有课程，新开一些反映体制改革及科技发展的新课程，完成了系、所、室的负责人调整，换了"文化大革命"后的年青一代，在国外获得博士学位的数人回校任教，城市规划这个老专业正以新的面貌迎接新世纪的到来。

从专业走过的45年的道路中，可以认为下列一些是从实践中逐渐形成并应坚持下去的。

一、独立办城市规划专业符合国家建设的需要，也适应学科的发展。专业应以建筑与市政工程为共同基础，并适当增加一些社会经济方面的知识，专业应具有广博的知识，专业特色是博，专业具有较广的适应能力。40多年来培养了数千个学生，在城市规划设计、城市规划行政单位、规划管理部门、教学及科研单位都做出成绩，其中有建设部规划司司长、总工，中国城市规划设计研究院院长，担任省建设厅（建委）厅长、副厅长的也有十余人，担任大中城市规划局长、院长、总工职务的人更多。

二、一贯坚持教学与实践的密切结合，强调"真题真做""真刀真枪"。从1953年南翔镇作课程设计开始，几十年来一贯坚持下来。城市规划实践的地点遍及全国，既为国家城市建设服务，培养了学生的实践能力，也创造了一定的经济效益，解决了教学实践经费不足的问题。1992年的同济大学城规专业"坚持社会实践，毕业设计出成果、出人才"获得国家教委颁发的优秀教学成果国家级特等奖（全国共50项）。

在众多项目中，有胜利油田孤岛新镇规划设计获建设部颁发科技进步一等奖，有上海三林苑试点小区获多项部级奖。对一些城市进行多次的规划实践如合肥、嘉兴、泉州、福州、无锡等，对有的城市进行不同类型、系列的规划如温州、潮州等城市，并形成教学实践的基地。

三、坚持教学与科研两手抓，贯彻重点高校要建成成教学与科研两个中心的思想。

在本科教育与研究生教育方面，逐年增加研究生的比重，先后共培养硕士生 240 多名，博士生 20 多名，目前在校硕士生 101 名，博士生 33 名，与本科生的比例为 1∶3。

历年组织参加各项科研课题，共有 90 余项，其中有多项自然科学基金项目。有一些课题是在国内较早开展的，如关于大城市的发展战略、上海浦东地区的开发、历史文化名城规划、计算机技术在城市规划中的应用等方面。

在规划实践中也对一些新的问题进行探索并取得一定成果，对国内城市规划工作也起了一些开创性作用。如 1959 年即开始了县域规划的工作，以及 20 世纪 90 年代初关于控制性详细规划的工作。

近几年来与国外的合作科研工作也卓有成效，如与英国、日本、加拿大、澳大利亚的合作科研。重视对学术刊物的创办，创办的《城市规划汇刊》1978 年复刊已来出版 106 期，在国内外学术界有较大影响，并被列入中心核心期刊。还办过多期同济大学学报城市规划版，组织出版学术著作近 80 本。

四、实现多层次教育与重视继续教育与干部培训。目前已办了城市规划专业五年制本科、硕士生、博士生、博士后流动站，在国内是教育层次最齐全的。

20 世纪 60 年代即开始办干部班，至 1984 年由建设部委托办城建（规）局长岗位证书班，先后接受继续教育及短期培训的学员约 1 900 多名，其中不少人经过学习后担任了城市建设的重要岗位，如温州市副市长杨秀珠、哈尔滨市副市长王权等。从 50 年代接受兄弟院校派来教师进修有近 100 名，其中有重庆建筑工程学院的赵长庚、南京工学院的黄伟康、天津大学的魏挹澧和胡德瑞、哈尔滨建筑工程学院的韩原田、北京林学院的杨赉丽等。

五、重视学科的拓展与交叉。

从 20 世纪 50 年代即开出"城市建设经济"及"区域规划"课，80 年代初先后由陈秉钊开设"城市规划系统工程"、黄承元开设"城市社会心理学"、何林开设"城市环境保护"等课程，又先后引进经济地理专业人才，开出"城市人口学"、"城市地理学"等课程。

目前开出的新课程还有"城市发展理论与政策"、"居住区环境"、"房地产与城市开发"、"城市设计概论"、"城市规划法规"、"城市经济学"、"计算机辅助绘图"等。

（本文原载于《四十五年精粹——同济大学城市规划专业纪念专集》，同济大学建筑与城市规划学院 编，中国建筑工业出版社，1997）

李德华教授谈同济建筑与城市规划学院到2000年的发展战略

建筑学与城市规划都是同济大学的老专业。从世界上看建筑学的发展线索和别的专业不一样。它仍然是提高设计水平，本身没有根本的变革，而是用新的思想观点、新技术来处理建筑的功能、技术、经济、艺术问题，对学校教育来说还是提高教学水平。

同济建筑系从1952年到现在有一个不成文的方针，就是兼收并蓄，鼓励百花齐放、万家争鸣，思想纷呈，但现在这方面不显得活跃。在指导思想上，我们还是要强化它而不是淡化它。我们要注意培养科学的独立见解，而不能受流行的时尚影响。

要加强设计理论的研究，提高所有教师的理论素养，还要拓宽一些，不要只有专搞理论的人才去研究理论。世界上有名的建筑师都有自己的理论。建筑不像力学、数学那样具有共同的规律和理论，创作有自己个人的建筑师风格，基于自己不同于他人的理论。现在我们做设计，绝大多数是以集体的身份进行的，这样很难形成成熟的理论，已被几十年的时间所证明。很难进入国际平台，因为国际上要求有建筑创作的个性，集体创作很难有创作个性（当然这与通力协作并不矛盾）。我们应该鼓励个人努力，还要组成梯队，有几个人出来，形成特色，要有意识地培养特色。

还要加强技术，特别是新技术，包括计算机的应用。但应该明确，计算机只能辅助建筑设计而不能代替人。要特别注意不能用计算机来代替学生画图，不能削弱学生画图的基本功训练。我们现在还处在社会主义初级阶段，从全国情况出发，很多地方还没有计算机，不能只考虑几个大设计院。

同济风格是按双百方针办事，容纳多种风格。冯纪忠先生这次应邀去美国，受到了很高的荣誉，会议评价认为他个人在探索具有中国文化传统特色的新建筑的创造性方面是杰出的。给了他主持创作的方塔园很高的评价。这告诉我们应该追求真正的中国的现代的创作学术观点。只有这样才会有特色，才能走向世界。至于走什么样的途径去达到，往往多条道路。

在新办的从建筑派生出来的专业方向，步子要更稳健一些，已经上了工业造型美术和室内设计两个。再上要研究将来毕业生的社会与内部的师资、办学条件，如美术、古建筑保护与修复两个专业都要很好论证，正在论证之中。现在很热门的专业如建筑学、城规、园林也要预测、研究，不要等到已经饱和了才来调整。建筑学到2000年大概不会有问题，但室内专业就要随社会的需要调整。这几年宾馆建得多，需要较多，但毕竟我们的经济水平离大量花钱搞高档室内装修还有一定距离。因此专业的内容还需要兼顾一般的、更大量的社会需要方面的要求。

同济建筑学有30多年的历史，但要跻身于世界有名的建筑学专业的行列里去，还没有有计划地开始做工作，不敢说到2000年就能达到。因此我们必须狠下一番功夫。到2000年应该为此打下坚实的基础，至少应该做到社会上又重大项目要解决问题就会找到同济建筑系来的局面。

与国外比较，在建筑教学方面，方法、能力等差距不算大，但物质设备、学术思想的成就差距大。但教授的知名度差距大，他们往往有自己的一家之说的名人。总的说，我们的理论研究、著述不多，这一方面是我们在这方面系统的研究不够，另一方面是我们长期缺乏这方面的环境，现在逐渐有所好转。但很多人的年龄已经过了最佳期。大多已经没有这方面的精力和心思了。现在只能着眼于中青年。但也应该尽量给老的创造一些条件，使他们能够完成各自的最后的艰步。

城市规划学科内容在发展，很多关联的学科都渐渐融合进来了。经济学、人口学、城市社会学、社会心理学、经济地理专业都渗透进来了。使原来的主干更为粗壮些。2000年时需要的这方面的人才应是拿得起工作，做得出方案，主要应拓宽他们的视野。但现在培养不能把那时高层次工作需要的知识都塞给他，他受不了。应该给他们自己有可能不断深化提高的条件——那就是基础。现在全国93%的城市都做了规划，但绝大多数还做得不深，必须随社会发展的要求不断深化，从学校来说因看到这一点而超前培养。

城市规划的研究生特别应该招有实际工作经验、能力的人，因为它与社会联系的面很广，没有实践体验体会的学生做研究往往很空。

本科生的城市经济、管理方面的内容要求以后可能发展成一个专业，培养目标和工作方向是对应经做好城市规划组织实施及其后的管理。

研究生的专业方向拟开拓新领域，①交通规划及运筹学，计算机要求高；②城市规划与人文、社会、历史 这两个领域到2000年时可能抓住几个重点发展成方向。现在徐循初在交通规划方面已经走在前面了，中央办市长研究班每次都请他去讲交通规划。这几方面都是软课题，目前很难得到经费支持，这是困难。

我们的城市规划现在的内容是下及城市小区规划，上及城市所属地区的战略规划。大的区域规划没有形成重点，这方面拿不出重要成果，就在国家决策层次上发挥不了影响，专业的地位就受到局限。

讨论到2000年的战略发展，最重要的是人才问题。现在的中年骨干教师那时都是老年了，现在就要注重培养更年轻的人才。但人才的流动不解决就不能保持人员的精干性，流动式解决人才的特点适于做什么工作的方法，是一个筛选过程，这样才会保证

257

2000年时人才的精干性。从现有的年轻人中培养像冯纪忠先生那样有国际名望的人才是有潜力的。冯先生的特点就是要么就不做设计，要做就做出自己的水平来，这是他的风格，他所坚持的"艺术良心"。

要创造新的吸引人才到教学中来的环境，这要有政策的措施的保证。

我们应该使培养出来的学生既有理论基础，又有实践工作能力。我们在这一点上做得还不够，清华较好。我们必须在教学中加强接触社会，加强社会工作能力的培养。

关于整个学校的方向问题，我们在理科方面应该研究，但不一定按专业，学校发展需要的办，不需要的不办；医科与其花大力量去办，不如把条件用来加强发展现有有条件的专业，我们不能从感性出发，有些需要可采取与同济医科大学攀亲家的办法解决。总之专业应分大类培养有宽厚基础的，能应付工程技术科学发展的人才。文、法、经济也应按与我们发展有关的去办，这样做一是大家有积极性，二是有条件去办。

（本文根据李德华先生谈话采访稿整理）

圣约翰大学时期与同学在郊游途中（左为李德华先生）

圣约翰大学学校球队的合影（站立者左四为李德华先生）

同济大学建校八十周年庆典合影（前排左二罗小未先生，左三李德华先生，左四冯纪忠先生，
1987 年）

　　　　　　　　同济大学建校八十周年庆典活动（左三为李德华先生，1987 年）

参加同济大学建筑与城市规划学
院院史馆揭幕活动题字（2006 年）

参加同济大学建筑与城市规划学院院史馆揭幕活动（由左至右：吴志强、俞李妹、王伯伟、
戴复东、冯纪忠、周家伦、李德华、陶松龄、陈秉钊、鲍桂兰、刘云，2006 年）

参加同济大学百年校庆活动（左一冯纪忠先生，左二罗小未先生，左三李德华先生，
2007 年）

李德华先生城市规划建筑教育思想研讨

"李德华先生规划建筑教育思想"研讨会

编者按：2014 年 5 月 18 日，"李德华教授城市规划建筑教育思想"研讨会在同济大学文远楼举行，曾受业于李德华教授的历届弟子及李教授的同事、同济大学建筑城规学院师生约 200 余人与会。年届九十高龄的李德华教授全程参加活动。

研讨会上，同济大学校党委书记周祖翼做了嘉宾致辞，他感谢李德华教授为同济大学城市规划、建筑学科，为同济大学建设发展所做出的重要贡献。他说，李教授在教学、科研、实践方面都各有建树，可以说是实现了"立德、立功、立言"的人生追求，为我们同济教师做出了表率。举办研讨会，系统梳理李教授城市规划和建筑教育、研究及实践的思想，把这一宝贵的精神财富更好地传承给青年一代，是很有意义的事。

同济大学副校长伍江、建筑与城市规划院长李振宇、中国城市规划学会秘书长石楠、中国城市规划设计研究院院长李晓江到会致辞，建筑与城市规划学院董鉴泓教授、卢永毅教授、美国伊利诺斯大学城市规划系终身教授张庭伟、中国城市规划设计研究院总规划师张兵、同济大学副校长吴志强作主题发言，大会由学院党委书记彭震伟主持。与会嘉宾从不同视角阐述了李德华教授城市规划、建筑教育思想及其对同济规划建筑学科发展、对中国城市规划理论与实践做出的贡献和带来的深远影响。与此同时，他们还深情回忆、讲述了李德华教授的为人为学风范，以及李教授给予自己的受益终身的教诲，表达对恩师的崇敬与感恩之情，并向恩师九十华诞送上祝福。

本文集特将研讨会上嘉宾董鉴泓教授和张庭伟教授的发言稿整理后收入。

同济大学周祖翼书记到会祝贺
（江平摄影）

同济大学伍江副校长向李德
华先生赠送《大上海都市计
划》（江平摄影）

"李德华教授城市规划建筑教育思想"研讨会大合影（江平摄影）

在"李德华先生规划建筑教育思想"研讨会上的发言

董鉴泓

　　大家好！李德华先生作为同济建筑系城市规划专业的创始人之一，研究他的教育思想，回顾他对同济建筑系、特别是对城市规划专业及中国城市规划学术界的成绩和贡献，是非常重要的。

　　1952年院系调整以后，我和李先生一起工作已经60多年了，在人的一生中有这么长时间在一起是很难得的。在这些年里，李先生的为人处事和学识，对我有较大的影响。在"文化大革命"十年中，我们一起坐牛棚，也是患难之交。1956年，发展高级知识分子入党，李德华同志申请入党，组织上安排我做他的入党介绍人，我对他的家庭和历史做了一些了解。我知道他是上海本地人，他的先辈是农民，他们家的田地和房产就在现在的成都路这一代，后来公共租界发展，他们家就由农业户口转为非农业户口，他中学是在苏州的教会中学——桃坞中学，大学在圣约翰大学。

　　他接受现代主义的建筑学教育，从未有过古典形式主义的观念。据他自己说，"我在圣约翰大学学习的时候，1942年创办圣约翰大学建筑系。1944年鲍利克作为圣约翰大学的教授，给我们传达教授了现代城市规划的理论。我在圣约翰结业以后，参加了上海都市计划委员会的工作，作为一个秘书，每晚的讨论会由我负责中英文记录。第二天上午整理、汇报，下午又与勤工俭学的圣约翰高班级的学生一起参与讨论，并参加规划绘图"。上海城市规划院对"大上海大都市计划"进行了成果和背景的科研，举办了研究报告的研讨会，赵民跟我一起参加的，"上海大都市计划"的参与者，如黄作燊、钟耀华、鲍立克（Paulick）等都已经过世，现在只有李先生，他在研究中评价道，"大上海都市计划"中采用的规划理论对现代规划理论的传播起了很大的作用。

李先生的知识面很广，专业学问是多方面的，宏观到微观，他对中国的城市规划有很大贡献，他是中国城市规划学会的副理事长，他主编的大学教材被评为全国优秀教材，他与清华朱自煊联合主编的《中国土木建筑百科辞典》，城市规划等等条目很多。1958年夏天，我与他一起在青浦朱家角进行人民公社规划，后来在建筑学报上发表，对当时的规划工作起了很大的影响。

他对建筑设计方面有很深的造诣，但是作品并不多。他设计的同济大学教工俱乐部，体现了现代建筑与中国传统的结合。20世纪50年代末，东西德组织联合建筑师代表团来中国。从南到北，金经昌先生全程陪同，他们对其他地方没有说什么，但是看到我们的俱乐部，他们认为是在中国有代表性的一个建筑作品。但是这个建筑后来没有经过他的同意，改了很多，失去原貌。他爱好家具设计，城市规划教研室的家具都是他亲自画的施工图，他善于独立思考，他的才华是多方面的。但在50年代，由于一些原因，他的才华没有得到很全面的发挥，这也不只是他一个人。

他发表的文章并不多，还有比较少的学术报告，但与他接触的人感到他的学术知识非常广，涉及中外古今，他才华的多样化、内敛不张扬，为人诚实、严谨、重感情，他在多方面是我们的学习榜样，李先生已90高龄，今天我们的会议也是为他祝寿，我祝李先生健康长寿。

李德华先生规划建筑教育思想的若干特色

张庭伟[*]

李先生是我的博士导师，我是他的第一个博士生。1985 年开始，我跟李先生读了两年博士，1987 年我考上中美联合培养博士生，去了美国。我一直觉得遗憾，没有跟李先生读完博士。出去 26 年，回过头看看同济为什么会成为当代中国城市规划教育的重要基地，我觉得是有原因的。20 世纪三四十年代中国及上海的时代背景，1952 年院系调整后同济的特定条件，以及老师们包括李先生的教育、工作背景对形成同济特色都有影响。当时上海的圣约翰大学、同济大学为今天的同济建筑规划教育提供了良好的基础，这是我们不能忘记的。李先生是同济建筑教育的奠基人之一，他对 20 世纪 20 年代以后的现代西方建筑规划理论的启蒙及引介，是同济建筑规划教育形成"洋为中用"特色的重要因素。同济的"洋为中用"，跟清华的"立足中华"，有一点侧重上的区别。

同济形成洋为中用的特色，一个原因就是 20 世纪三四十年代上海在中国特定的社会条件，还有 1952 年同济院系调整的条件，以及李先生等人的教育背景，形成今天同济的特色。"文化大革命"后，李德华先生经常亲自接待国外学者，亲自担任翻译，对研究生提出外文要求，打下了今天同济建筑规划教育对外交流的基础。我们现在坐的文远楼 106 阶梯教室，是荣耀之地，也是痛苦之地，在这里我们听了很多好的国内外学术报告，但是"文化大革命"中也在这里批判过很多老先生，我当时就曾经坐在下面，看到过批判李先生，很痛苦的回忆。"文化大革命"中间，包括李先生、金先生、冯先生、

* 张庭伟，1986 级博士研究生，美国伊利诺伊大学教授。

董先生等，都受到批判。1966 年的夏天，冯先生就站在这个门口，一桶墨汁从身上把他浇到底。有人当时站在台上批判老先生，今天也坐在这里。

李先生影响了几代人，也包括我自己。我认为李先生最主要的贡献一个是为人，一个是他长期主持的城市规划原理的课程教材。这个教材是由李德华先生领头，有董鉴泓、邓述平、陶松龄、徐循初、王仲谷、朱锡金等先生参加，还有重庆建工、武汉城建几个先生参加的。1980 年夏天在北戴河，同济主编的这个教材由清华的吴良镛等先生来主审，我当时还是研究生，也住在一个楼，一个多月和几位先生朝夕相处，记忆犹新。

这个教材打下今天中国城市规划教育和工作途径的一个坚实的基础。为什么这样说？我们要建立中国自己的城市规划理论，当时就试图做这个事情，但是难在既要反映中国的国情，也要引入发达国家的现代规划理论，还结合了苏联东欧的城市规划理论，因为苏联是计划经济，跟当时的中国比较相接近。要结合美国的邻里单位，还有王仲谷、黄承元先生带回来苏联的那套居住区规划标准，还有中国的单位大院，要结合在一起，是一个巨大的挑战。在现代化过程中间西方的东西跟本土结合，对各发展中国家都是一个巨大的挑战。同济主编的城市规划原理进行了尝试，难是难在要反映当时中国的国情，反映处在计划经济条件下，又要引进非计划经济的规划方法，这是多大的挑战。现在想想也很困难，但是当时基本做了，这是一个巨大的成就。

同济规划系成为中国规划教育界对外交流的旗舰，也是中国规划教育师资的主要培养基地之一，同济的规划校友遍布中国各地的规划院校，其中李先生的功劳极大。记得改革开放以后，第一次请的美国学者是谢国权先生，他并不是特别有名的建筑师，但李先生亲自站在这做翻译。我出国以后才知道，谢国权先生其实不够李先生的辈分，应该不用李先生自己来做翻译的。但是当时没有人做现场翻译，李先生就自己做了。

同济注重规划教育的社会性及实践性，始于老先生们的言传身教。李德华先生自己就参与过上海大都会规划、古巴吉隆滩规划国际竞赛、同济教工俱乐部设计等项目，培养了同济规划教育特别注重实践的教育理念。

李先生让我印象最深刻的，一个是努力把中外的东西结合，一个是他的为人。李先生是高素质修养，却低调做人。他学识广博却含而不露，谦谦君子而外圆内方，杂务繁忙却不忘提携学生。他在困难环境中守住底线，成为同济规划建筑前辈、同辈、后辈的共同朋友。李先生为学生写了很多推荐信，很多事情，很小的事情找他，他从来不推辞，不忘记。1986 年他曾经推荐我到 MIT，那里的系主任 Lee 教授同意了，但当时出国没有钱，没有去成，但是我很感激。在"文化大革命"艰难时期，有人会忘记自己的底线，但是李先生从来没有。所以我觉得李先生成为前辈、同辈、后辈的共同朋友不是没有道理的，他的人品在那里，有一种定力。认认真真做学问，平平实实做人，在浮躁世界里有所为、有所不为的定力。这是同济特色，也是我在同济最大的受益。

最后，请看这些老幻灯片，其中的李先生一直是坐在在边上，从来不占据中间的位置，请看今天他的 90 大寿，他还是坐在边上，他从来不往前面坐，总是在后面。这是我 1981 年在文远楼教室的研究生答辩，前面第一排坐的是陈占祥先生、金经昌先生等，李先生又是在后排边上，这代表了李先生的为人，让我们敬佩。

1964 年的同济规划建筑师生毕业合影（前排左一为李德华先生）

1981 年"文化大革命"后首届研究生答辩（后排左一为李德华先生）

1981 年"文化大革命"后
首届研究生答辩

1985 年,成为李先生的第
一个博士生

2001 年参加首届世界城市
规划院校大会（由左至右：
杨贵庆、张庭伟、李德华、
吴志强、张兵）

"李德华教授城市规划建筑教育思想图片展"序

吴志强*

李德华教授城市规划建筑教育思想研讨会图片展，也是同济大学建筑与城市规划学院的诞生与发展的历史回顾展。李先生自圣约翰进入同济后，常年任职建筑系管理，积其数十年教育之管理经验，于20世纪80年代，以建筑系系主任之职，完成了同济大学建筑系提升为建筑与城市规划学院的历史性架构。从此，建筑、规划、园林三系虎虎生气，三位一体蒸蒸日上。李先生当年的大布局，奠定了学院今天的大格局。

李德华教授城市规划建筑教育思想研讨会图片展，也是中国现代城市规划学科诞生和发展的旅程展。从1960年的中国油印版的《城乡规划原理》到1961年建工版的《城乡规划》完成了体系奠基；从"文化大革命"后1980年第一版的《城市规划原理》，到1990年的第二版、2001年的第三版和2010年的第四版层层缜密，构筑起了中国城市规划学科的现代理论体系。李德华先生更以编目《中国大百科全书》《辞海》《土木建筑工程词典》等大型词典中有关城市规划与建筑的条目，既让城市规划融入了科学大系统，也将严谨的科学精神基因置入在中国城市规划学科之中。

李德华教授城市规划建筑教育思想研讨会图片展，也是我国城市规划实践的进步展。李先生以其圣约翰完成的土木工程和建筑工程学位为起点，以其心中的理想激情和创新创意的创作风格，带领规划实践，从单体走向群落，从建筑走向都市，从物质走向精神。从Artscope的音乐咖啡空间，到上海虹桥新市镇"梦想城市"规划；从山东中等技术学校的校舍，到"大上海都市计划"；从同济大学教工俱乐部，到"青浦县及红旗人民公社规划"；从武汉二所建筑规划，到老虹口保护、更新与发展规划研究。李先生以其不多的作品实践，在告诉业界什么是创意的才华，什么是规划的明天，先生更以其大江南北的规划点评的思想激越，留下了规划建筑的智慧光芒，激励后人永恒的创新能量。

李先生是建筑规划教育大家，培育了一代代建筑师和规划师，从校园走向祖国的

* 吴志强，1985届硕士研究生，同济大学教授、副校长。

四方；李先生是创新创意的思想大家，他永远创新的理念，激励学生们走向世界各地的学术论坛；李先生是系统构建中国现代规划理论体系统的一代宗师，由此中国有了规划理论的系统发展；李先生是中国规划走向世界的先行开拓者，阿尔及利亚的新城规划，是中国规划走向世界的启明星。有一天，这颗启明星，将带来世界规划夜空中，中国规划的满天群星璀璨。

为学生，尊师。是为此序。

2014 年 5 月 18 日

2014年5月18日"李德华教授城市规划建筑教育思想图片展"在建筑城规学院B楼评图大厅揭幕（由左至右：吴志强、李德华、杨贵庆）

李德华教授城市规划建筑教育思想座谈会

同济大学建筑与城市规划学院李振宇院长向李德华先生赠书

学 生 忆 文

编者按：先生自 1949 年投身建筑规划教育事业，桃李天下，培养了多名教授、高工等专家、学者。李先生的 11 个弟子怀着对李先生的深厚感情，从多方面回忆了先生的言传身教和日常趣谈，见文如见人，更全面地展现了李德华先生的修养和品行。

80年代的回忆

朱介鸣 *

　　1983 年本科毕业后即入李德华教授门下进行城市规划硕士课程学习。因为担任繁重的学院行政工作（首任建筑城市规划学院院长），李先生当时已经很少上课，与学生相互之间的交流更多地通过预约的师生讨论。李先生强调对事物的本质性认识，引出了我对城市人口密度的基础研究。以人口密度这个重要参数为入口，了解城市及城市规划的实质。硕士论文的主题是学生自己的选择，显示了李先生的宽容和信任。同济的研究生学习后从此建立了自下而上的城市规划方法，也进而决定博士论文的研究方向——市场经济下的城市规划。当时的女友在《读书》上发表了一篇小文章"苔的意趣与茶的滋味"，李先生居然也认真读了，说文章写得不错。李先生是老上海，从他那里学到一些老上海话，如我们说"钞票"，他说"铜钿"；我们说"阿拉"，他说"吾伲"。

汤黎明（左一）、朱介鸣（右一）与李先生、罗先生合影。

---

*　朱介鸣，1986 届硕士研究生，同济大学建筑与城市规划学院教授。

忆先生往昔二事

金云峰 *

　　记得 20 世纪 80 年代我们几个李德华先生的研究生同学与先生一起在讨论。讨论某处时，有一同学需要用笔，见先生办公桌上有一支，就随手去拿，并跟先生说了一声："李先生，我借用一下您的笔。"说着就拿起笔，却听先生的声言："慢！你在问我借，我还没有答应，你怎么就用呢！"同学瞬间脸红，感觉自己唐突失礼了。自此，我也明白了万事都要讲规矩，不能想当然。

　　1988 年同济校园的秋，梧桐叶子瑟瑟而下。我们两个同年级的研究生因为论文调研需要领用拍照的胶卷，请导师李德华先生在经费卡领料单上签字。第一次拿给李先生看时，先生说需要写个申请。无奈我们只好退出办公室去写，等再拿给先生看时，却因先生办公室鸿儒往来，而恭敬地在外面等了半天，好不容易终于面见了先生，却被先生告知申请上要写出有说服力的理由，比如为什么需要用胶卷等。我和同学只好再退出办公室重新再写。然后仍旧等了半天才能进得先生办公室。先生拿笔，我们都很兴奋，终于要批复了。先生对我说："你写园林论文调研有理由用彩色胶卷，可以。"又转身对我同学说："你的论文调研用黑白胶卷就可以了。"又对我俩说："看申请理由三卷胶卷改二卷足够了。"我俩瞬间诺诺。自此，先生严谨而勤俭的治学态度在我心中铭记。

2015.11.04
于同济科技园

---

*　金云峰，1989 届硕士研究生，同济大学建筑与城市规划学院教授。

1989 年 3 月参加弟子金云峰硕士论文答辩会（左一秘书佘寅，左二金云峰本人，左三李先生，中间钟耀华，右三吴振千，右二李铮生，右一司马铨）

1989 年 3 月与 86 级三名弟子毕业合影（左一潘志伟，左二金云峰，右一汤黎明）

2004 年 2 月李先生 80 岁生日宴会

难忘的教诲

刘奇志[*]

刘奇志[*]

　　1987 年通过研究生入学考试，我有幸成为李先生的学生，从而有机会向李先生学到了许多知识。时间过得真快！转眼 28 年过去了，可李先生对我的诸多教导都还历历在目。受篇幅所限，我就选几次对我学习和工作影响极大的教诲来予以重点介绍。

　　首先要说的是，我第一次接受李先生教导是在 1987 年 9 月 18 日，这是我开始研究生学习生涯的第一天，是一个让我终生难忘的日子。那天上午，李先生作为院长在建筑城规学院新大楼的大教室里主持召开了新入学研究生欢迎会，然后就作为导师带着我们到他新办公室去进行见面座谈。在路上，我们才发现李先生今年招的三个研究生全是外校生，而且三个人不同专业：胡智清毕业于杭州大学经济地理专业，张晓炎毕业于清华大学建筑学专业，我毕业于武汉建筑材料工业学院城市规划专业，这首先就让我们感受到了李先生的开放胸怀与规划理念。等在他办公室坐下后，我们更是真正感受到了李先生是在百忙中抽时间来对我们做学术引导，一时有人来报告、一时有人来签字、一时还有学校来电话通知，但即使这样他还是耐心地听我们做自我介绍和学习打算汇报，并一一予以指导。28 年过去了，他当时说的有一段话我至今还记得清清楚楚："奇志，你说的不错，我的英语是还可以，有时是有英语老师来找我讨论，但你想在这么短的时间里从我这里把规划和英语都学去那是很难的，因为英语学习是需要相应环境的，我从小就有而你们过去却没有，当然现在你们到同济来了，环境条件已上升很多，因此，建议你结合专业多看看英文资料……"正是听了李先生的这一番教导，我才坚持在图书馆里多读规划外文资料，从而发现并认识了"public participation in urban planning"，有了学习研究方向。

　　其次，是李先生让我认识到作为规划人员应该多从现象看本质、做规划分析研究。那是在刚入学不久的一次学院信息发布会上，李先生介绍完建设部在山东威海召开的城市管理工作会议精神之后，让大家看看他在当地参观农民新居时所拍的幻灯片，这一看全场惊呼，因为这些农民新居不仅内部空间宽阔、设备高级，而且建筑外部造型也是五彩缤纷，给人欧洲别墅之感。针对这一现象，李先生提出了一系列问题："这显然是当地农民富裕的结果，他们富裕的资金应该这样花费吗？这些农民真正富裕之后还是农民吗？他们的居住地还是农村吗？城市建成区是否应该将这些地区纳入考虑？……"说着说着，就由这一看似简单的农村现象引入了城市规划的长远思考。正当我跟着思考之时，坐在我旁边、与他此次同去参加了会议的郑师兄感叹道："我怎么就没有想到这些表面现象后面会涉及这么多的规划问题，看来我们还要多向李先生学习学习规划的观察、分

---

* 刘奇志，1990 届硕士研究生，武汉市国土资源和规划局副局长。

析与思考"这无疑也是给我的学习提了一个醒。

再要说的就是李先生让我知道了规划该如何思考、真正为人民做好服务。那是一次在李先生家的师生座谈会上，大家一进小客厅就惊叹说他家的台灯罩小巧玲珑、简洁漂亮，他笑着带我们到他卧室又去看了另一款同料不同样的精巧灯罩，然后回来坐下对我们说："这些灯罩是我 1982 年从丹麦买回来的，主要是觉得它们的设计考虑全面，制造简单、携带方便、造型别致……"说着说着李先生就又谈到规划的思考上来了，他说："规划思考这个问题说复杂很复杂，可能谈几天也谈不清楚，但说简单其实也很简单，关键看你是否真能为服务对象考虑。我们就拿上海街道旁的邮筒来剖析看看，你们现在所看到的邮筒多为一个投信口和一个取件门，多设在面向人行道一侧，这在步行时代是可以的，因为来投信、取件的人都是走人行道来的，可是现在骑自行车、摩托车甚至开车来投信、取件的人越来越多了，若邮筒还只是在面向人行道一侧设有投、取信的口和门就不能满足非步行者的使用要求了，这就要求邮筒设计时必须考虑在面向车行道一侧另设投、取信的口和门，而这种多向投、取的邮筒真正出来使用后，在其布局设置上就不能只考虑步行道一侧的使用与影响了，还必须考虑车行道一侧的使用与影响，特别是要考虑如何使停下来投信、取件的交通工具不影响道路的正常通行，所以说规划设计要适应时代的发展，多从使用者的角度进行全方位的综合思考。"

再要说一个难忘的日子，那就是 1989 年 4 月 18 日，在这一天李先生充分肯定并支持我选择了"公众参与城市规划"这个课题来作为研究方向，从而使我不仅顺利完成了研究生学业，还有幸能在中国城市规划研究史上留下了一笔难得的印迹。事实上，在此之前，我已苦苦思索了很久却难以选择，因为我觉得城市土地经济、动态规划、水系规划等也都大有文章可做，特别是陈秉钊老师还很欢迎我去参加他主抓的人工智能课题。那天上午，我带着诸多疑问和个人思索专门到院长办公室去向李先生进行讨教。听完汇报后，李先生对我说："这要从学科及个人两个方面来综合考虑，从学科角度来讲，这几个课题的确都值得研究，但其他几个题目都已有人研究过，只有公众参与城市规划这个在西方国家已很常规化的程序，在国内却还是第一次听你提出来说要研究的，你所做的分析有道理，这项研究的确对我国城市规划学科的发展很有意义；从个人角度来讲，计算机方面并不是你的专长，而大学毕业后工作了三年再来读研究生、能把理论与实践相结合进行思考，这才是你的优势，而国内要引进公众参与城市规划这一程序还真需要理论与实践相

1988 年，李先生和学生胡智清（右一）、刘奇志（左二）、张晓炎（左一）在院馆前

结合地进行研究。陈老师是专门到我这儿来了解过你的情况，当时我也是赞同他选择你去参加他的课题研究的，但今天听下来，我更赞同和支持你选择公众参与这个课题来进行研究，陈老师那儿我找机会去帮你解释。"当时我有多高兴，相信大家今天读来也能感受到。

最后，再讲一个不仅对我个人、也对我所在的城市——武汉大有帮助的故事。那是在1995年的春天，李先生受建设部和武汉市政府邀请来武汉参加城市总体规划纲要咨询研讨会，重点审查我作为项目技术负责人正在编制中的武汉市城市总体规划（1996—2020）。会上，李先生在充分肯定纲要的原则、指导思想及结构体系的基础上，对城市性质等五个方面提出了完善建议，这些建议不仅对我们完善总体规划起到了直接指导作用，关键是对武汉当时乃及后来这二十年的发展起到了极其重要的引导作用。当时正是武汉1992年开始引进外资进行房地产的热潮期，填湖造地建房正四处开花。针对这一现象，李先生说："湖泊的问题要慎重考虑，即使是有建设的需求，我们还是要考虑考虑是不是应该把它填掉，在这个方面，还可以从更积极的意义上去讲。武汉地区湖泊非常多，如果把这些湖泊组织到城市形象的塑造中去，会造出武汉市的特色来……我们应该珍惜这个，更不用说这些自然湖泊在生态平衡中起了积极的作用，我们现在要提生态、山水城市，我们需要认真地去研究这个问题……"李先生这一番话，不仅让新闻媒体间的记者们如获至宝、会后争相专访李先生并在报纸上予以专题报道；而且也给市领导们上了一堂课，使他们认识到湖泊的重要作用，要求我们编制创建山水园林城市规划、划定山体湖泊保护线，从而真正扭转了90年代初挖山填湖建房的不良倾向；同时，也让

1995年2月23日长江日报第2版的专访录

1995年2月21日长报头版头条报道的总规咨询活动消息

大家都认识到了武汉的城市特色中应该包括湖泊，国务院在武汉城市总体规划的正式批复中特意要求武汉应建成"具有滨江、滨湖城市特色的现代城市"。此外，李先生当时所提的建议中还有这样一条："水运还得看重些，因为长江是黄金水道，可以充分利用，我们现在对水运的重视程度不及其他的，如果城市经济真正发展起来了，水运将来还是会有很大的发展的。"很可惜当时的地方政府及沿线城市对此都不够重视，以至于到今天长江水运还处于劣势，但如今的发展已充分验证了李先生论点的前瞻性，庆幸的是发展长江经济带已上升为国家战略，水运又开始受到方方面面的重视，相信李先生的期望未来终将得以实现！

李先生给刘奇志写的书信

李德华先生与老庄哲学

胡智清 *

1987 年，工作数年后考入同济大学建筑城规学院，攻读城市规划专业硕士学位，师从李德华先生。

至今记得同宿舍的刘昭如大姐，同年入学的建筑学研究生，当年对我说过的一句话："能跟李先生学习是你的福气哦。老先生是座金矿，博大精深，你一辈子都挖不完。"的确如此。圣约翰大学毕业的李先生，据说英文说得与中文一样好。有问题向先生讨教，无论是在校读书时当面请教，还是毕业后遇到问题写信求教，先生总有办法为我指点迷津。

不过，先生给我印象最深、最让我感动的，还不只是他博大精深的学问，而是他的淡泊名利、从容淡定的处世态度。我由此推断，先生是信奉老庄哲学，知行合一的高人雅士，因而看淡了常人孜孜以求、难以割舍的东西。

一次，好像是先生为我和同年入学的师兄奇志、晓炎辅导论文写作之余，闲聊的时候，我谈起老庄，谈到他们的超然于物、自在逍遥，艳羡之情溢于言表。先生道："不过，他们的生活态度并不是消极的——他们其实是很积极的。"至于为什么，先生没往下说，我也没有追问下去。

关于老庄哲学，当年的我，尽管读过一点《道德经》和《庄子》，对此只是一知半解。又有点阿 Q，对自己无力把握的事，便以老庄为借口，让自己满足于后退，满足于心安理得的逃避。先生的话，有如当头棒喝。

先生的教诲，并非全是诸如此类形而上的问题，也有极实在的。撰写硕士论文开题报告时，因为缺少写作经验，在确定了论文题目、收集了一堆材料后，久久不知如何落笔，在先生面前叫苦。先生笑道："坐下来，不写完就不要站起来。"果然，就这样写成了。

1988 年，李先生给研究生上课用的手稿材料

2007 年初的春节，带当时还是初中生的女儿去看望她的李爷爷罗奶奶。

两位先生一团欢喜地让我和女儿在沙发上坐下，罗先生沏茶，李先生端起果盘，请我女儿吃糖果。两年多没见，期间李先生经历了第二次中风，身体大不如从前。所幸那次见面的时候，先生的状态已

* 胡智清，1990 届硕士研究生，浙江省城乡规划设计研究院副总规划师。

比刚中风后大有好转。发音也比之前在电话中的声音清晰，我全能听懂。

趁机向先生提了那个在心里藏了很久的问题：

"李先生，在中国传统的哲学流派当中，儒学、老庄、等等，您喜欢哪一派？"

"最喜欢庄子。"先生道。

"还有老子，也是喜欢的。"停顿片刻后，先生又道。

这证实了我多年前的推断，并非空穴来风。

"您认为他们是积极的？"

"是积极的。"

"那么，儒学呢？"

"不喜欢。"先生毫不迟疑地回答道，绽放出我熟悉的、飘逸而灿烂的笑容。

那次拜访先生后不久，我写了一篇包含以上主要内容的短文，寄给先生，请他老人家过目，提点修改建议。先生回信道："有问什么意见，有一条，就是读者要问为什么没有说出，怪就怪在你没有追问。要当时你追问为什么，说不上我会说出来，现在我过后就讲不出来了……事实上他（庄子）为人机智，出语诙谐，具雄辩之才，像《鱼乐之》'子非余不知余之不知鱼之乐也'其一例也。如此说来哪有一点儿消极耶？是他终生不仕导致消极之誉。"

其实，先生的行动，早已将他当年未说出来的，清晰地呈现出来了。数十年来，先生心无旁骛地投身于建筑与城市规划教育事业，以其学术严谨的学风，不知影响了多少同济建筑与规划专业的学子。我和同门师兄弟们，作为先生的弟子，更是终身受益无穷。先生得过几个大奖：1997 年获国家教委国家级教学成果奖，2006 年获城市规划学会突出贡献奖、第二届中国建筑学会建筑教育奖……这是先生应得的荣耀，尽管先生不是为了这荣耀而行动。

2014 年 5 月中旬，在同济大学举行

1990 年 4 月，李先生和胡智清论文答辩委员会成员、胡智清的合影，拍于论文答辩通过之后，院馆前（左一金云峰、左二黄富厢、左三邓述平、左四胡智清、右三李德华、右二陈业伟、右一柴锡贤）

李先生给胡智清的信件，谈及喜爱的庄子

的"李德华先生教育思想研讨会"上，听到满头白发的贾瑞云老师这样评价李先生："李先生总是不声不响地做一千件事情。"

听到这样的话，我感动极了。

这就是了。这就是了。

先生所言，老庄的"积极"，就应该是这样子的。

严 谨 与 创 新

杨贵庆 *

　　李先生英文功底深厚已广为人知,但先生更为厉害的是在学贯中西的基础上,对专业词汇的翻译体现出知识创新的精神。记得 20 世纪 90 年代初我担任了几年《城市规划汇刊》的英文编辑,翻译每期录用论文的中文提要。每次译完,陈运帏先生让我找李先生指导修改。李先生总是非常认真仔细地修改并教诲我。有一次谈及"Smart Growth"的中译,当时学界已有"聪明增长""智慧增长""精明增长""精明累进"等多种译法,对 Smart 的翻译都似乎不够准确。李先生提出"睿智增长"的译法,让我深感钦佩。因为在《现代汉语词典》中"睿"字是"看得深远",且有〈书〉标记,即一般用于书面语。而"睿智"是"英明有远见"〈书〉之意。因此,相比较来看,"聪明"太口语化;"精明"不准确,不够大气,往往未及长远;而"智慧"较为笼统,也未强调长远。只有"睿智"既体现了智慧,又强调了远见,这与城市规划注重近远结合的本质十分贴近。先生的这一译法,何等精准且精彩! 我曾在发表的一文中注释过,如今这一译法或被大家用开了,有时竟忘了其背后的故事。

---

* 杨贵庆,1991 届硕士研究生,同济大学建筑与城市规划学院教授,城市规划系主任。

"吃喝玩乐"与学业人生

孙施文 *

　　李先生说起话来，是轻缓而温雅的，很少能听到他声调高的时候，情感的变化通常是用语速不同来表达的。面对面聆听李先生教诲，他时而会用南腔的普通话，但更多说的是上海话，是那种带有本地口音、融合着更多吴语调子的上海话，对我而言，还是比较老式的那种。

　　我从李先生读完硕士和博士研究生，后又留在学院当老师，有专门的求教，也有一起的工作和出差。多年来的亲炙，留有许多值得铭记的教导。受教最多的当然是在学业上，其中最直接的教诲大多体现在学位论文或发表的文章中；而处事、为学、做人的指导则直接影响到我后来的思考与行为，现在要去分辨这些影响，怕是有些困难的。因为随着时间的流逝，这些谆谆教导要么已经融贯了，要么就已经被淡忘了。那些融贯了的，就很难再找到源头；而那些淡忘了的，或许是再也记不起来了。做学生的惭愧与懊恼往往就体现在这里。

　　李先生关注细节。细节并非只是体现了人的心思之小之慎，也非后来经管中所讲的是成败的关键，更是人的体验最扎实的基础，是各类趣味所扎根的土壤，也是对精致的追求所不可或缺的。热爱生活，才能更加关注细节，通过细节的完善使生活走向更加美好。细节涉及很多方面，日常生活中的，文章中的，设计中的，李先生都予以了关注。在对我的指导中，往往也都是从小的细节入手，很少有宏大叙事类的教导。记忆中，宏大叙事是我擅长的，时常会对某个问题建立一个庞大的框架，李先生耐心地听我的阐释，然后指出一两个我没法解决的细节问题，这些框架也就只能分崩瓦解。李先生还时常以亲身的经历来传达如何关注细节、运用细节。别的不说，我记得这样的事例：李先生有一套刻蜡纸的工具，除钢板铁针笔是现成有卖的，其他有十来件都是自制或用其他物品替代的，有些当模板用，有的当工具用。刻蜡纸最怕有错字要改，必用火或高温，通常我们是用火柴点火后将熄未熄的余烬来处理的，如果控制不好就会过度甚至烧穿，整张蜡纸前功尽弃。李先生就用一金属小勺来做这事，说再未坏过一纸。其他还有许多发明，因我说小学中学大学时都刻过蜡纸，所以还让我说各件可派什么用、怎么用。还有两不同形状的小棍是油印特殊效果用的。这套装备20世纪90年代初李先生还放在办公室，用一块灰色的麻布包得整整齐齐的。

　　在我的记忆中，李先生时常会用对日常生活中一些细节的体悟来阐释为学、为人、做事的道理。这些日常生活的细节大多与吃喝玩乐有关的。说起这些话语，通常是在为学生问学求教解惑之时，说到某个问题，然后话锋一转，李先生开始兴致勃勃地说起吃

288　　* 孙施文，1991届硕士研究生、1994届博士研究生，同济大学建筑与城市规划学院教授。

喝玩乐的事了。有时候，李先生会用"就好比我们吃饭……"这样的话起头，但大多时候是没有这样的转换的，直接就说吃喝玩乐的事本身了。待到这事说完了，也不会再回过来阐释他这段有关生活细节的话的含义，然后就接着说后面的事了。所以，这含义就是留待你自个儿去理解、体会的。这也许是李先生的一种训练学生的风格吧。比如，李先生改我的论文和报告，除了个别的错别字和标点符号会直接标注，没有过整段或整句修改的，通常都是在文稿的边上注上"结构""文"等字样，告诉你这里有某方面的问题。如果李先生认为论文或报告中的内容有问题，通常会在这段文字的下面用波浪线划出来，问题比较严重的会再加个惊叹号，有的在边上注上某人或某事，意思是你的论述没考虑到这些等等。我对此的理解是，作为学生应当自己去思考、去研究，导师的职责就是在边上敲打敲打你，把你存在的问题提出来，别走偏，然后你自己去体会为什么是问题，怎么去修改。路是要自己走的。

李先生有关"吃喝玩乐"方面的谈论应该不少，现在还记得的这些或许是对自己有所触动的，或者有所感悟的，所以记得比较深切。当然，下面记载的这些话语，基本的意思还在，但肯定已经不是李先生的原话了，已经是不确切的用语了。李先生所讲的也都是细节，我也只能凭借记忆复原一些前后的话题或场景，至于微言大义之类的，我就不再赘言，因为李先生并未阐释过，我的理解也仅仅只能是我的理解，每个人也都可以有自己的理解。

（1）酸甜苦辣咸都要能吃，喜欢吃辣的，多吃点没关系，但不能只吃辣的，其他的吃不了。人能辨五味，不能缺味，更不能只有一味，那是人的味觉机能的退化。

（2）吃饭吃菜，要会品，要知道好在哪。这不是在不同口味或者不同菜系中比较，而是在同一菜系同一口味中比较。比如同是辣菜，辣的程度差别在哪；不同食材放辣的程度是不同的，它们的口味如何，辣点或不辣点哪种更好；再辣的菜也要能分辨出其他的味，除非它真的没有。如果辣菜只有辣，那肯定不是好菜。同样是上海糖醋排骨，糖多糖少、酱多酱少、醋多醋少的不同搭配就有口味上的差异，而且和小地域差异也有关。

（3）不管是辣菜甜菜，要吃几个这个菜系中的经典菜，经典菜不一定都是大菜，不一定是高级饭店里的。吃过经典菜后再与这类菜中的其他菜比较，才能真正知道这类菜好在哪。再更广泛地比较，吃出同一菜系里的差异、菜系与菜系之间的差异，以及同样的菜在不同馆子里的差异，这样吃饭也就比较有乐趣了，口感也丰富了。

（李先生经常用中国各地菜的特征来说事，说过很多次，尤其是有关于辣和甜的口味问题。我这里只是把它们归结为这三段话，表达的是三种不同的意思。说这些话的场合都在办公室，说的都是和学习各种理论及怎么去学习有关的。记得我刚读研究生不久，有次李先生很突然地用上海话问我："能吃很辣的菜吗？"我说可以，他接了一句"蛮好"，再无下文。于是我思量了很久，所以到现在还清晰地记得。一直到后来带我去四川什邡参加学会活动，带我去吃当地老火锅，好像才是对这一问的回应，但这之间有差不多一年的时差，所以这两件事之间是否有关系我不肯定，我也没问起过。在我就读期间，李先生一共有两次为我推荐过书目，一次是我硕士毕业，3月毕业到9月读博士，有半年的空档期，我就去问李先生这期间可以读些什么书，我那时对城市规划早期历史有兴趣，他给我列了个书单，记得是四五本英文书，现在记得的是芒福德的《城市文化》和贝纳沃洛的《现代城市规划起源》，其他的记不住了。当时我已办离校手续，图书馆也不能用，他就把这四五本自己的藏书从家里搬来给我。后来我知道，学校的图书馆也没有这些书。另一次是在博士论文阶段，他见我那时对新马克思主义和福柯特别有兴趣，却向我推荐了帕森斯，说在当代社会学中很重要，值得好好读，他的结构化的思考方式对我的论文有用。这次荐书没有说具体的书名，还让我注意其前后期的变化，我就到处去找帕森斯的书读，没有中文版，我还动用了海外的关系才找到。这次，李先生还有句名言也值得一记："先要有建构才有可能解构。"解构是当时建筑学领域比较时髦的话题。这两次荐书时，李先生都说到了与前面这三段相类似的话。）

（4）吃虾和蟹，不能用手剥，更不能用工具把肉剔出来再吃，而是要用舌头把它们分拣开来，因为最鲜美的是肉与壳之间的汁水所包裹着的肉。这也是对舌头灵活度的训练，舌头灵活的人脑子也比较灵（这段话是在什么场景下说的，我现在已经记不得了，我的推测应该是在讲用适宜的方法时说的。或许是自己对这种吃法和某种现象有共鸣，所以对这内容才记得这么牢）。

（5）中国饭店里的菜单，是不标明食材的，用个漂亮的辞藻，让你去意会；国外的菜单是标明食材的，不糊弄你，让你明白吃的都是些什么，是可以实证的（这是在审阅我博士阶段的读书报告，看到我引用的一段文字时说的。后来我再也没敢引用过类似的文字，尽管那是中国大百科全书上的）。

（6）有次出国回来向李先生汇报，说起在外吃饭，菜单上有不少东西不知道是啥。李先生说，那就挑不懂的吃，吃过了就知道是啥了。每次挑一个，多了有点冒险，而且可能还是分不清楚啥是啥。

（7）学规划的要多吃蹄筋，可以长脚力。规划人就是要多走路的（这句话最初在什么场合说的也记不得了，但后来一起吃饭李先生点过这菜，是属于被唤醒的记忆。至于是不是有科学根据，未考证过，但至少是符合中国传统文化的）。

（8）常温的水最难喝，要么喝冰水，要么喝热水（这句话我能清楚地记得当时的场景，夏天，房间里很热，当时还没有空调，只有电扇。说到文丘里的后现代主义和建筑的复杂性与矛盾性时说的。李先生和我们谈话，很少喝水，有时大半天也没见他喝过水，所以我们都没有给李先生倒水的习惯，只是我们每次去李先生家，李先生或师母罗先生总是要先给我们倒水的，还都是亲自倒）。

（9）为什么上海的奶油蛋糕好吃，北京的不好吃？关键是奶油！奶油不只是油，口味也很重要，奶油的品质和制作水平决定了蛋糕是否好吃，形状什么都是不重要。上海的冰砖、雪糕好吃，北京的不好吃，样子像也没用，叫同样的名字也没用，道理是一样的（这是我博士论文送出去评阅后，有老师跟我说，论文没有图全是文字，不像是规划专业的论文。我当然心里忐忑不安，就转述给李先生，他说了这么一段，说得有点急。于是，我心里踏实了些。李先生在我就读期间，曾多次点评过上海各大西点店的糕点和几个西餐厅的饭食，关乎这些糕点和各类菜式的细微差别，好在哪不好在哪，这里就不述了）。

（10）上海以前有盐汽水、盐水棒冰，实质都是水加点盐，但口感就大不同，于是就有销量。很少有人喝水加点盐了事的，还要专门去买，还买特定的牌子（这段与上一段话的意思有相近的，但也有不同的。这是我毕业后，有次参加编写一本教材，李先生作为专家对该教材进行审查，在审查会结束后回校的路上对我说的。"特定的牌子"云云是有实指的，为避免广告的嫌疑，隐其名）。

（11）上海人说的西餐，里边有很多菜式都不是法式或者意式的，而是俄式的或者是中式化了的。有些说西餐好吃的人，如果把正宗的法餐、意餐端到他们面前，他们会说这不是正宗的西餐（这段话的由头是我在阅读中发现许多人对霍华德田园城市理论有误读，其中有一些是非常有名的海外学者，而且有些误读是非常明显的，而这些误读导致的一些错误认识，一直流传到现在。也正是接着这个话题，李先生又再一次强调，Garden City 不应翻译成"花园城市"，因为它和"花园"确实没有什么关系）。

（12）不要刻意地去运动，走路走快点，别搭车，一两站（指公交站）路走就行了，上下班、买菜、办事等等都是运动。专门的、定点定时的、以运动为目的的运动，那是浪费时间（这一段话和李先生常说的"读书也是一种休闲"的含义是一样的，就是不要刻意去做事，把运动和看书当作生活中的一部分，随时都可以去做。说这段的场景是我说时间不够用，没法分配）。

（13）多看看那些记者、电视评论员的文字（当然说的是英文），比较有意思，社会新闻的、制度的还有杂七杂八的各种东西都在里头，对了解真实的当今西方世界也有用（这是在我说到很多理论所产生的背景，我们很难有较深入的了解时，李先生做的引申，而且建议多看看记者写的专题性的报道和传记等。说这话的时候，李先生在读一位美国电视评论员的评论集，一本口袋书。并说，《纽约客》的文字比较优美典雅，可以多看看）。

（14）学外语口语，最好是看剧本、看演出，或者多看新出的小说，这样你才能知道人家现在实际上是怎么说的。口语变化很快。口语，语法派不上什么用，不信你试试，把说的中文录下来，分析一下没几句是符合语法的。但语调很重要，要别人理解你的意思，语调有时甚至比单词还重要（除此，李先生还分析过英国不同阶层的用语、语调等）。

（15）逛街有很多学问可以琢磨，要多逛逛，要逛出趣味来，趣味来自不断的分析与总结。不先想好要买啥东西的逛，才是真逛街（这是在讲市场规律时讲到的，"逛街不只是为了买东西"，然后还讲到商场内布置和不同商场之间的组合等）。

（16）牛是中国文明发展中非常重要的动物，理应得到中国人的善待，但现在农业不用牛了，动物园里也没有，以后的孩子都不知道"牛"这种动物了，只知道吃牛肉，说牛气了。南浦大桥桥头搞大桥公园，方案评审时提议做点田园风光，放几头牛上去，就是没人理会（这段话已经想不起是怎么说起的，但我记得李先生至少说过两次）。

（17）中国人吃饭用筷子，精细化操作，一点一点来，可随时调整；外国人吃饭动刀动枪，吃前要想好吃什么，好吃难吃都得吃下去（讲城市化，就讲到了农业的耕作制度和生产方式，也就讲到了文化和生活方式。原来农业生产方式与吃饭的方式之间也有联系，第一次听到）。

（18）外国人餐桌上夫妇不坐在一起，主人夫妇离得最远，而且要交叉搭配，要让大家谈得起话来。但坐车，就必须把前排座位留给他们夫妇，男主人开车，副驾驶座就要给女主人留着（这是在一次活动中说的，当然不限于这几句话，有理由的阐释）。

（19）定时吃饭也是一个很有意思的规矩。人的调节能力应该是很强的，吃饭的时间调前些、调后些，应该都没什么问题，都不会影响健康。但我们把吃饭时间限定在非常固定的、很短的时间内，就是社会规矩了。为什么不可以饿了就吃、不饿晚点吃呢？再想想国外，晚餐时间的早晚差异还是有阶级性的（这是有次出国回来，向李先生汇报所做的一个 lunch seminar 的情况，并说起国内外大学的上课时间、食堂供应时间和卫生的差异后，李先生说的。至于最后的一句话，以前没注意过，后来出国还进行了有意识的专门观察）。

（20）Thinking from smoking（这句话是褒是贬，还是客观陈述？我也还一直糊涂着呢，现在写下来是否有点"政治不正确"？）。

拉杂写来，尽量忠实地记录李先生所说，但不可避免地掺杂了我自己的理解和表达。把记忆的话语转换成文字，再加上细节描述，着实不容易啊，不过真的是再受了一次教育。

润物细无声
——追随李先生的求学岁月

张　兵*

母校要为李德华教授编辑出版文集，我从心底里高兴。不仅仅因为李先生是我的导师，更因为做这样的工作，让我们后辈在重温跟随先生学习的岁月中，再次循着前辈大师的学术足迹，深入地思考他们的学术思想和学术传统——这些思想和传统，更是中国城市规划事业的无价珍宝，未来还将继续深刻影响一代又一代后继者。

一、切实

我是 1985 年 9 月 8 号踏入同济校园的。在文远楼靠近三好坞一侧的一阶梯教室里，我们接受了第一次本科新生教育大课。这么多年来，我不能忘记董鉴泓先生开口讲的第一句话——"你们报城市规划专业报对了！"——这句带着天水口音的话语是那么铿锵有力，至今还萦绕在我的耳畔。幸运的是，从此之后的十年里，在李先生及学院许许多多老师的教导和指点下，我一步步地感受到城市规划学科的迷人之处，一点点品尝出三十年前那句开场白的滋味。

在我本科入学的那个九月，建筑系经历了两件大事：一件是被聘为建筑系荣誉教授的贝聿铭先生来访；另一件是建筑系改为"建筑与城市规划学院"。正是在一·二九礼堂宣布学院成立的师生大会上，我第一次听到李先生的名字。李先生被任命为建筑与城市规划学院第一任院长，并未出席会议，后来才知道那时李先生正在耶鲁大学做访问学者。

1987 年李先生从耶鲁回来，那时我们在学习做电影院和居住组团的设计，专业训练上正处在从建筑设计向城市规划的过渡阶段。我们的辅导老师主要是详细规划教研室的郑正、吕慧珍、邓念祖等老师。分组那天，身为院长的李先生也和其他老师一样分得一个小组，主要是我们规划一班的同学。每一次上设计课，我们都愿意围在李先生边上，看他给同学改图。记得开始时大家的居住组团规划方案全都把组团中间的主路设计得弯弯曲曲，理由是遵循刚从规划原理课上学得的小区道路"通而不畅、避免穿越"的原则。有一次上课，李先生改图的时候轻轻放下铅笔，抬头问同学，周边道路上有多少交通量？真会有很多人想从这个组团里面穿行吗？同学们都被问住了，没有人能答得出，因为没人从这个角度想过。李先生从这个点出发，循循善诱，教导我们下笔设计之前要思考和分析，多问几个为什么，因为规划设计的原则并不绝对，都是有前提条件的。这件事过去快要三十年了，在实际工作中越来越领悟到李先生提问的意义——规划没有教条！时间和空间的转变可能会使规划原则的正确性发生改变。课堂上学到的原理在规划实践当中要根据实际情况辩证分析后方可应用。好的规划本质上一定要做到实事求是，因地制宜。

二、求源

追随李先生攻读硕士、博士研究生的六年时间是从 1989 年 9 月到 1995 年 10 月。李先生言传身教，将我带进规划科学与艺术的殿堂，一点点领略理性和理想的力量，觉悟独立思考的价值。

刚刚踏入师门的时候，我深感专业学习功底太浅，如蹒跚学步的孩童，准确使用概念表达自己的想法有时都感到困难，于是只好耐下心来，一点点地体会专业学习的道理。

记得 1990 年的一个冬日，李先生和我谈话快要结束时，从左边抽屉里拿出半张纸片（李先生很节俭，有许多只用了半页的纸，他会将剩余的白纸裁下，留作便签之用），上面有提前写好的几个专业词条，吩咐我试着写一写。现在只记得其中有一条是"车道"。没想到，这真是一件富有挑战性的工作！像"车道"这样貌似谁都知晓的概念，真要用自己的话写出来却很有难度。去抄道路交通教科书是远远不够的，如果无法用自己的话准确表述，说明并没有真正理解。几轮写下来我便发现自己头脑里对于概念的掌握不扎实，言语逻辑漏洞百出，总不能令自己满意。后来，我把这件没有完成的"工作"带回老家，寒假里又继续修改，终于赶在春节前把自己觉得还拿得出手的"成果"寄给李先生。在写给李先生的信里，我也流露出专业学习中的一些苦恼。没想到一周后我就在家里收到李先生的回信，他在信里鼓励我，宽慰我，让我好好过年。今天回想往事，写这些"名词解释"并不是为了任何具体的课题，但这样的训练对专业学习的意义显而易见。

这又让我想起本科时"城市规划原理三"课上（1988），李先生用整整一堂课的时间为我们这些规划本科生讲解"family"的概念。那是在北楼的教室，课前他就在黑板上用粉笔写好了大英百科中 family 的定义，课上他逐词逐句解释，旁征博引，听起来既像是建筑规划的课程，又像是社会学的课程，其中还有不少与法律相关的内容，里面涉及的专业词汇之多，甚至也可以把这堂课当成专业英文课。总之，看着眼前工整隽秀的粉笔字，你会觉得字里行间跳跃着很多很多的书，皓首苍颜也难以读尽。规划原理课上李先生为什么会拿 family 的概念来讲解呢？用今天的话说，规划要以人为本，理解"家庭"属于城市规划工作需要建立的最基础的认识。在个体的人和社会的人之间，family 有着非常丰富的含义，值得规划工作者仔细推敲。本科"规划原理三"短短一个学期，每一位规划教授只有一两次课的讲授时间，李先生在教学上用了"小中见大"的方式，启发学生认识到规划专业本身应有的深度和广度。翻看当年的笔记，我更体会到李先生当年的深意。

李先生在本科和研究生教学中都高度重视概念的辨析，是在启发和培养我们学生养成做研究的良好习惯，无论对未来的专业实践还是理论研究都有着深远的意义。今天的学术界在概念使用中，还是存在着不少随意或生造的现象：大家表面上共执一词，但公说公的，婆说婆的，各有所指，讨论了半天，其实南辕北辙，到头来规划理论研究的有效积累收效甚微。由此看来，无论做理论研究还是做规划项目，在概念上下功夫推敲，是做到科学理性的基本功。

三、责任

读李先生的研究生，收获最大的是向李先生请教问题的过程。从踏入师门的第一课开始李先生就告诉我，有什么问题尽管可以来讨论，专业的问题可以问，专业之外的也可以谈。李先生是这样说的，也是这样做的。六年时间里，在系馆（红楼）二楼东南角李先生和冯纪忠先生合用的办公室里，隔着那张写字台的桌角，面对李先生，做学生的我静静聆听先生的教诲。谈到尽兴之处，最不愿意听到的是窗外响起同济广播站中午广播的声音，因为这提醒我结束谈话的时间不远了。有时候遇到话题未尽时，我会随着李先生从系馆走到校门口，为的是路上还可以再多听一些李先生的教导。

从今天师兄师姐谈及的话题中，我们可以发现大家和李先生交谈的内容真够丰富的，学生的发问也够"任性"——你可以谈社会，也可以谈美食，你可以谈历史，也可以谈时尚，李先生总是耐心地听，耐心地答。有一次我问起李先生对张艺谋一部热门电影的观感，他的回答简短而有哲理，在我当时读到的影评中没有那样深刻的。还有一次，我这个不爱运动的学生和李先生谈起棒球运动，李先生说着便站起身来，抬起左腿向右旋转身体，做了一个帅气的投球动作。我坐在那里，想象着老师年轻时在棒球场上的矫健身姿，心里好"佩服"啊。

当然，多数时候向李先生求教的内容并不这样轻松。从硕士阶段研究住房制度改革对城市规划工作的影响，到博士阶段从政治、经济、社会的角度对城市规划实效的剖析，研究的工作是艰辛的。李先生鼓励我们从国家和社会发展的需要出发，强调找"真问题"研究，拿出负责任的研究成果。从计划经济向社会主义市场经济转型过渡的大时代里，热点问题很多很多，但哪些属于规划的专业问题，这个判别的过程本身就需要一番研究，而且大多数问题并没有现成的答案，要研究好需要全心地投入。作为初涉规划学科的学生，既缺乏历史的视野，也缺乏专业的深度和广度，此时此刻，李先生的指引更是至关重要。

在1990年初期打算研究住房制度改革对规划工作可能带来的影响时，我对"住房"的认识是很少的，以为住房与住宅没有两样。李先生和我从香港和新加坡的住房（housing）谈起，让我意识到二者的差别。李先生介绍我到上海房管局和南市区政府找人访谈，并指点我到蓬莱路333号去实地调查，到住户家里看设施改造的情况，了解居民的意见。通过这次调研，我感到收获很大，于是自己又跑到南市区和徐汇区的几处回迁小区去调研。那时上海提出每户一套住宅的政策，但由于资金非常有限，政府、单位和个人分摊成本。像蓬莱路333号的案例，区政府很耐心地在弄堂里面改造基础设施，设法保证每户有独立的卫生间。马桶和淋浴虽然安排在很小的空间里，但对于住户来讲，终于告别了合用卫生间的历史，这是质的飞跃。蓬莱路 333 号的住房成套改造并不依靠拆除重建来实现，今天看来，应当是当时有机更新的好案例。正是有了对社会实际的初步认识，进一步的文献阅读才有了比较清晰的方向，研究的思路也随之一点点打开。

二十多年前和李先生讨论时，如城市规划的价值伦理、社会公平正义、公共利益和整体利益等一些规划论题逐渐进入我的视野，许多挑战性的话题在当时出版和发表的中文社会科学文献中也很少正面讨论。当遇到难题时，李先生除了就问题本身给我启发外，还教导我重视调研，多观察实际情况，从社会认识中理解规划的价值和作用。想起学生时代对许多城市问题的思考，处处稚嫩，而在和李先生的交谈中，他给予我们很大的耐心和宽容，尤其鼓励我们年轻的规划学子胸怀理想和抱负，对社会进步抱有热情和责任感。这些言传身教，让我们从校园走向社会后仍受益无穷。"晓看红湿处，花重锦官城"，回头再看跟随李先生学习的岁月，更能体会先生点滴之间弥足珍贵的精神追求。

回忆追随李先生的求学岁月，实在有写不完的内容。我这个年纪的后辈感受到的仅仅是他作为城市规划教育家的风范。每次在同济新村看到教工俱乐部优雅的建筑，我都忍不住想，如果我做了建筑师，还有幸拜李先生为导师，那还会有多少意想不到的收获啊。

我 1995 年 10 月通过博士论文答辩之后，便在当月离开李先生，离开我熟悉的母校，北上中国城市规划设计研究院理论所工作。在中规院 50 周年院庆的时候，李先生给中规院题词"传播真理经验"。这幅 A4 大小的题词悬挂在院会议室里，每次看到，我都觉得是对我的又一次提醒：规划师肩负着对社会的责任，应当是一个有理想、有抱负、知行合一的群体！在今天中国转型发展的关键时期，李先生的题词对我们有非常大的帮助和启发。

在这里，我想借此机会再次感谢李先生对我的教诲！也祝愿我的老师健康长寿！

李德华先生的收与放

周向频 *

　　李德华先生在我当时作学生的眼里是洒脱不羁与严谨自律的结合体，他有时平易有时严肃，有时张扬有时沉稳，他的指导循循善诱，但方式与别人不同，会突然抛出一个反问或提出一个全然不同的视角，常常将专业化的问题联系到日常生活化的场景，打破我们固化的思维与观点。在他看来，一切皆有理由，一切也皆有疑问。

　　我是 1992 年考入李先生门下攻读城市规划博士学位的。由于之前在同济本科和硕士阶段读的都是风景园林专业（当时同济大学还没有独立的风景园林专业或景观规划设计专业博士点），朦胧地觉得园林的感性需要进一步与规划的理性结合，入学后期盼李先生会指出一个以城市规划为主的研究方向。但李先生并没有给出任何明确的指引，他只是在入学后的数次交谈中针对我原有的专业知识体系提出完善建议，温和地指出我的储备不足，开拓我的视野和认知渠道，让我反思质疑惯常的判断。他针对我兴趣比较驳杂的特点，建议我比较性地看书，通过比较形成批判的价值观。至今仍记得某个有阳光的午后，我带着一周看书后的充实和一吐为快的心情，兴奋并忐忑地来到先生的办公室。他斜倚在椅子上，微笑地听我说，让我语速放慢，时不时纠正一下我表述上小错误，有时我突然卡住，他会巧妙地开启另一个话题。现在记不得当时说了什么，只记得透过窗户斜穿在房间里的夕阳光束。室内明暗变化的光线衬托出先生的侧影，空间中似乎充溢着一种智慧的力量。那段时间我大量地看书做笔记，也渐渐形成了自己的表达方式，并把一些自以为成熟的短文和翻译稿给先生看，然后开始给《城市规划汇刊》投稿。记得有一次陈运帷先生和我约谈稿子修改时，转述李先生对我文章的评价，说我写的东西里有一股愤懑之气。我突然觉得说得好准确，也立刻意识到自己需要掌控文字表述，要理性客观，不能逞一时口舌之快。

　　从 20 世纪 80 年代后期到 90 年代，中国许多地方大量开展风景名胜区规划与建设。我从本科和硕士阶段就一直参与李铮生、丁文魁等教授的规划设计团队和相关课题研究。博士阶段李先生仍然允许我参与诸多项目实践。有时连续出差，会担心李先生觉得我没有认真做研究，和他见面时不敢多说，但有一次说漏嘴了，先生呵呵一笑，告诉我要去尝当地的诸多美食和了解有趣的习俗。

　　先生极为支持我们出国学习，说观察加思考可以沉淀知识和创新思维，我曾经有过出国机会，先生也大力推荐，可惜后来没有争取到联合培养的名额放弃了。

　　现在回忆起来，李先生的做学问方式有点像晚明的文人，将生活美学和情趣融入教学之中。言传身教，端正严谨又轻松活泼，使所有正式或非正式的学习交流变得既有

---

*　周向频，1992 届博士研究生，同济大学建筑与城市规划学院教授。

趣又雅致。最令人难忘的是晚上在他办公室放幻灯片，我们师门和罗小未先生师门学生挤坐在一起，有一种家庭般温暖的感觉。李先生基本上放他出国时拍的片子，很少有著名风景或建筑，大多是普通场景和环境、建筑细节。他用独特的视角解释他的感受，平淡中给我们巨大的启发。我印象最深的是他所拍的北欧建筑与环境，让我深刻认识到严谨的现代主义同样能打动人心。

我博士的选题经历了反复的过程，最终决定从景观生态角度研究城市的空间发展策略。但当时对生态的技术了解很少，只有一些之前宏观意义上生态城市的研究可以借鉴。李先生一针见血地指出要在当今如此人工的城市环境中营造好生态必须要回到微观尺度，也需要重新塑造我们的城市文化。我在后续的写作过程中反思了不同地域的生态文明也对中国城市生态环境的改善提出了策略。但对微观生态设计挖掘不够，觉得最终论文没有达到先生的期许。

1997年毕业留校后，我结合教学把研究兴趣慢慢转向传统园林历史和当代景观的批评，尤其是关于上海近代园林的研究。在查阅资料和写作的过程中，常常想起先生过去聊到的关于老上海的记忆，黄浦江上的帆船、南京路上的商店、游乐场中的人流……这些鲜活的印象让我在研究中更关注园林与城市的互动、空间的变迁、人的生活方式……李先生的言行影响了我对待自我和别人的方式，感恩人生道路上有这么一位睿智的导师，他对原则的坚持、自由与深刻的思想、待人处世的方正圆润，中西文化融为一体的海派潇洒、对社会时代变迁的敏锐和对新事物的兴趣，永远让我尊敬、向往、学习和受益。

师 恩 似 海

汤宇卿 *

我 1992 年 7 月同济大学城市规划专业本科毕业，攻读本校城市规划与设计专业硕士研究生，师从李德华先生。

在硕士研究生学习阶段，我经常到先生办公室聆听教诲，接受全方位的指导。先生鼓励我针对所感兴趣的问题追根溯源，广泛涉猎。一些基本概念，先生往往详细介绍其来龙去脉，使我全面理解前后的逻辑关系，先生一丝不苟严谨的治学作风深深熏陶了我。先生还鼓励我多多查阅外文文献，开拓视野，并教导要关注语境，从先生身上所学不仅仅是知识，更多的是学习的方法。

一年多基础课程学习之后，进入了选题阶段，先生更多关注学生的意愿。当时通过文献检索，城市商业设施规划布局的研究不多，也有些想法，征询先生的意见。通过先生的指导，眼界大为拓展，深深懂得不能仅仅就商业设施论其规划布局，需要研究商业的发展历史和运作过程，研究从生产到消费的整体过程，以产业定空间，才能把问题分析清楚。

过了半年，通过中期考核，我获得了硕博连读的资格，向先生汇报，先生很高兴，但按照当时学校的规定先生不再招收博士研究生。他把我推荐给以城市交通研究见长的徐循初先生，并谆谆教导，城市流通的研究首先需要把城市交通分析清楚，两者之间相互依存，密不可分，有些流通问题需要通过交通手段来解决，而流通问题的解决反过来又影响了交通系统。并告诉我城市交通定量分析在规划领域走在前列，鼓励我在研究过程中多多向徐先生学习定量分析的方法。

之后，我的博士论文——《城市流通空间规划研究》，经赵民教授的推荐，获得了 2000 年全国百篇优秀博士论文，并获得了国家教育部纵向资金进行课题"城市流通空间的规划布局和发展趋势"的研究，出版了专著。这实际上是李先生帮我打下的基础，是两位先生的倾心指导的结果。

先生不仅仅在学业上，还在多方面关心学生，先生多次组织师门的聚会，给大家更多的交流机会，从中认识了不少师门兄弟姐妹。聚会充满时尚，记得有一次在专家楼李先生、罗先生和大家还唱起了当时流行的卡拉 OK，在欢愉中交流，其乐融融。我也看到了师门精英荟萃、人才济济。先生组建了师门大家庭，大家互相提携，我经常去张兵、周向频等师兄那里拜访、学习、交流；记得我 1997 年留校任教，刚刚工作的时候，师兄杨贵庆教授还带我参加他的实践项目；吴志强教授刚刚回国时，承接了广州新机场周边的研究，让我一起参与，从中受益匪浅。

---

* 汤宇卿，1992 级硕士研究生，同济大学建筑与城市规划学院教授。

之后，过年如果在上海，我就去先生家拜年，先生与我所叙不仅仅局限在规划领域，有一次先生介绍了他在读的一本英文小说，侃侃而谈，我为先生渊博的知识所折服，使我深深懂得规划与其他领域的相通性，规划源自生活、服务生活。那次，我还在先生家中碰到了吴志强教授，他每年都去先生家拜年，而且很多时候是初一、初二，可见对先生的感情，是我们学习的楷模。

　　转眼我也在讲台旁度过近二十个春秋，先生的循循善诱的治学方法时时影响着我，既授人以鱼，又授人以渔，同济规划也必然在先生等一批泰斗和楷模的指引下，薪火相传，桃李芬芳，从一个辉煌走向新的辉煌。

李先生: 严谨与随和、理性与浪漫、理想与现实的融会

栾　峰 *

　　不知道李先生是否知道，第一次很有印象的见他老人家，其实还真的就是在博士研究生的面试，是由赵民老师带着我去拜见的。那时的李先生之于我们，真的还算是个传说中的权威。因为我就读本科的时候，李先生早已卸任院长也不再担任本科教学工作。当我就读硕士的时候，李先生也已经不再担任研究生导师。知道李先生，除了教材，就是不多的一些传说。这种情况下，虽然为有机会就读李先生门下而有些欣喜，但对于面试也仍然心里略有不安。没想到的是，一见面就感受到了先生的平和与近人，一派的谦谦君子形象。见到我和赵民老师进门，李先生已经站起身来，语调里透着的随和，此后几年里一以贯之，至今仍能在耳边回响。几句轻松的家常话后，李先生看起来很不经意地从案头抽出来一张折叠的卡片——我记得应该是港大的一段介绍短文，让我读一遍并翻译，这就算开始了面试环节。我读后，比较轻松的翻译了一下。原本李先生只是随意一听，没想到等我说完，李先生接过卡片，指着倒数几行的几个单词，又是刚才平常的口吻提醒到，这几个词翻译得还不准确，立刻让我感受到了随和下的严谨。

　　李先生的随和与严谨，等到我入学后，有了越来越多的感受。有段时间，我几乎是比较固定的频率，隔段时间的上午，就到红楼二楼的荣誉院长室拜见李先生。每次的见面，很多时候并不需要专门的准备，带几个小问题，更主要是问个安。所以很多时间的见面，经常是聊到哪里算哪里，那些专业性问题，反倒像是穿插其间的插曲般。这种拜见方式延续了几年，甚至到我博士论文完成后的几年里都如此。事后想起来，印象最为深刻，也是影响最为深刻的，似乎恰恰就是这放松的聊天里，李先生时不时地一些疑问。那些看似经常是不经意提出的疑问，却常常让我有顿悟或者一时语塞的感觉，譬如对某个习以为常的概念，或者某个刚提及的看似太平常不过的现象。至今记忆犹新的，还有李先生对郊区化这个概念的质疑、对我一篇书介中直译的"英国的维多利亚时代"的内涵的疑问，等等。回想起来，正是这种在最平常处的质疑，逐渐让我意识到凡事不能想当然，凡事都可以穷究其意，质疑才是为学最为关键的起始。在我看来，李先生的质疑，早已成为他的乐趣所在，尽管在很多的场所，他都不曾直接的表达。记得在同济绿园的那个下午，与李先生闲聊中，终于没忍住，询问学刊上的一些辨析概念的署名华实的小豆腐块是否就是先生手笔时，李先生很有些开怀的笑意，尽管笑后也未曾给我一个清晰的答案——这种看来没有直接回答的问答交谈，我在为学的多年里已经颇为熟悉了。

　　李先生的为学，还体现在他直到老年都保持着的好奇心或者说好玩之心，对生活充满了探索的情趣。记得在红楼二楼的某天下午，聊了没多久，李先生就饶有兴趣地从

---

*　栾峰，2004 届博士研究生，同济大学建筑与城市规划学院副教授。

柜子里拿出一个小小的盒子，打开来拿出来一个十来厘米长的军绿色小铁盒。只是一拉一推间，小铁盒就伸长了小一倍，推起来的竖板就成了成像用的镜头。李先生一边兴致勃勃地鼓捣，一边跟我解说这是个便携小幻灯机，还颇有些得意地说是他前段时间在南京路逛街时顺手买的，据说来自苏联。于是，那次的会间内容，就变成了折叠了两次这个小投影仪，又顺便交流了下它的优点和缺点。此时的李先生，已经年逾70，居然还能有这样的兴致！再想起来李先生的观点——考试超过60分就可以了，与其花很多精力考些高分，不如多去长些见识、多了解些其他的知识！以及他给我写推荐信和我留校后的交谈时所说的——融会自然贯通！于不学之处积累、于好奇之中为学，无如此！

李先生为学中的开放性和不拘泥的进取性，却是我直到参与李先生和罗先生共同主持老虹口北部地区研究工作时所深深感受到的。对于多伦路街区的发展，我在讨论中主要从兼顾开发资金平衡和尽可能降低破坏的角度提出，不要简单地一味强调保护，应允许相对集中的高强度再开发，以集中的再开发来换取对部分地段的保护，并且高强度的再开发应当放在西北角靠近地铁3号线和东宝兴路站一侧，有利于借助地铁站的输运能力也可以尽量与需要保护的地段保持一定的距离，以免高强度再开发的大体量造成太大压迫感。提出时，我还曾考虑罗先生会否同意这样的想法，没想到两位先生直接肯定。此后，又对我坚决反对甜爱路沿线采取当时流行的开墙透绿主张，以及应当保持封闭围墙以保留特有的静谧氛围的主张，罗先生也直接给予肯定。可以说正是在这样的氛围中，我终于从原来的小心翼翼中逐步解脱，胆子越来越大也越来越自信了。

连我也没有想到的是，甚至在我看来都有些"过分"的，其他几名博士生提出的拆除部分宝安路沿线的里弄，以便增添现代化的服务设施来彻底改善居民的生活环境品质的想法，罗先生也毫不犹豫地给予了肯定，并且提出只要合理控制再开发的高度和形态即可，因为包括建筑在内的物质环境总是会逐渐发生改变的——这些主张也都体现在最终的成果里了。

对于四川北路与山阴路交叉口的现在的东泰休闲广场，大家都觉得刚刚再开发，所以不能改变，没想到居然是李先生明确提出可以不必受现状制约，大胆构思新的地标建筑，因为这块地是基地的focus——这就是后来出现在方案里的塔楼。这样开放的研究氛围，以及两位先生不仅宽容，甚至比我们还要开放、进取的设计构想，至今让我印象深刻。当然这也常常是我此后想起来就有些心痛的地方——倘若时间能够后退二三十年，以李先生、罗先生这样的修为和进取，又当留下多少具有真正现代性的精品，而不仅仅是教师育人！

对于李先生的认识，因为跨度数年到一年多的大上海都市计划访谈而再次升华。从前期构想，到资料准备，再到我开始动笔直至逐渐成文，经历了数年——期间又经历了李先生再次中风和语言出现障碍。然而正是在这个过程中，我一次次地感受到之前未曾了解的李先生的内心世界。围绕着几个版本所呈现出来的功能主义和理性主义，以及该计划以前和以后的一些规划成果中所呈现出的注重形式的问题，与先生谈起他早年学习经历，李先生异常肯定地说，当时在圣约翰就专门上过鲍立克的城市规划课程，在自己的头脑中，对于城市规划从来关注的都是从功能和理性出发，从来没有形式主义主导过自己的思维方式，城市规划必须强调功能和人的需求。

　　谈起这一伟大规划方案中的理想主义甚至浪漫主义，以及经常被批评、甚至被视为贬义词的"乌托邦"，对比当时常常被追捧的所谓"问题导向"的规划思路时，李先生甚至以少有的反问方式质疑道："乌托邦有什么错？！"至今回忆起那个清晰的瞬间——李先生背对着客厅落地阳台玻璃门而坐，外面的阳光洒在他的肩头和银发上，以及先生面容上少有的坚毅，我才真正深深体会到，李先生看似无争无求，其实内心深处却依然坚守着的怎样的理想与情怀。或许正是这种强大而坚强的内心，才是他外表随和无争的重要支撑吧。所谓外圆内方，岂不就是中国传统文化的精髓吗？

从 师 小 记

侯百镇*

　　李德华先生是我八十年代上大学时崇拜的名师，他是遥不可及的学术权威；九十年代工作后我第一次聆听先生的学术见解，他是高屋建瓴的学界巨匠；2000 年我重回校园有幸成为李先生的学生，他是和蔼可亲的邻家长者。

　　2000 年 5 月底，我到学校参加专业课考试后，按学校的安排李先生单独测试我的英语。在学院他那间陈旧但收拾得蛮整洁的办公室，李先生起身和我握手，示意我在他办公桌前落座，先和我拉了几句家常，让我略显紧张的心情平静了些许。李先生随手从旁边书架上取了一本英文原著，翻到其中的一页递给我，让我先阅读一遍。过了几分钟，李先生让我讲述一下文章的内容。我一边讲李先生一边点头，告诉我："大致意思是对的，几个比较偏僻的单词如 tadpole、weedy 你可能不认识。不过没关系，以后慢慢学。"一听到"以后慢慢学"，我心想李先生这一关应该没问题了！顿时浑身感到轻松、舒坦。

　　李先生在指导课程作业、专题研究和论文写作上特别重视思维方法、思维能力的训练，非常善于启发、引导突破思维的惯性和定势。

　　2001 年 3 月，我就一些课题研究向李先生请教，涉及生态城市、城乡一体化等。李先生谈了很多独到见解，如生态城市不是城市的目标，生态是一种观念，一种认识；城乡本非一体，有没有城乡一体化？要不要城乡一体化？还有对城市千篇一律的问题，要问一问千篇一律有什么不好？比如建筑兵营式排列本身并没有错，上海的里弄就是成排的，没有人说不好，现在的文章大多只讲现象；研究的过程就是自我否定，分析对立观点，从而肯定你的研究，你不否定别人会否定。这些开放性思考对我的触动很大。

　　2002 年初，我在做"城市高速增长动力机制"的研究，我把研究重点和目的放在如何实现城市高速增长上。李先生显然有他不同的看法，但并没有直截了当地说出来或反驳我的观点，而是问了我几个问题："高速增长有无限度？什么是恰当的速度？增长的副作用是什么？"我怎么没想到这些问题呢？李先生的提醒让我意识到不经意中自己已落入直向思维的陷阱。李先生讲，城市发展的关键是"要发展好，发展对，不是光发展快""论文的作用是长期的，不要仅为当前一时之需求去写""研究之初要少下结论，否则研究会变窄"。同时，在研究中"对象的问题或问题的对象不要扩得太大"。李先生的一席话，让我悟出我要研究的应该是"城市健康增长的方法"。

　　在论文选定研究城市转型问题后，李先生又问我："城市的型是什么？以什么来分型？型是单一的，还是复合的？是否有不同的归类法来分城市的类别？""要说清楚研究的对象——城市的型,然后转型。""城市为什么要转型？为什么会转型？靠什么来转？

304　　* 侯百镇，2005 届博士研究生，雅克设计有限公司董事长、首席规划师。

怎么才能转型？转了有什么好处？有什么负面影响？城市规划又如何去顺应、促进？并为负面影响做好准备？"李先生的这些点拨，如醍醐灌顶，让人茅塞顿开。

在经过了两年多的研究和论文写作后，2004 年 11 月底，李先生就我修改后的论文和我作了一次长谈，完了很欣慰地说："论文通过没问题，可算'大功告成'！"这句话从治学严谨、学贯中西的李先生嘴里说出来，让我无比兴奋，几年寒窗，换得先生此番评价，知足！

李先生时常提醒我，思考问题要让大脑清零，让思维回到原点，让研究回到起点；要多运用逆向思维、多向思维和创新思维，从合理中发现不合理，从常态中发现非常态；要克服思维惯性，保持思维弹性。对很多问题，一般人只是"看见"，部分人可以"看懂"，而李先生却能"看透"。

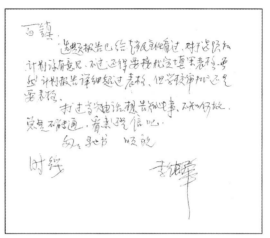

李先生给侯百镇的信件

同济大学九十周年华诞，李先生为 1957 届城市规划专业校友纪念册题字

四载共窗坛
情谊久长
四十年翱翔
成就出你辈

一九九七年九月　李德华

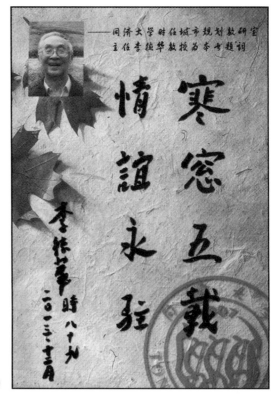

——同济大学时任城市规划教研室主任李德华教授为本书题词

寒窗五载
情谊永旺

李德华时八十九
二〇一三年七月

李先生 89 岁高龄时题字（2013 年）

附录

附录一　李德华先生年谱

1924 年 2 月 1 日（甲子十二月二十七日）
生于上海大沽路诸家宅 411 弄 10 号

1930 年 9 月入贞一小学，初在成都路，后
迁至大沽路诸家宅内，学校女校长周姓，常
熟人

1934 年迁至苏州，入宴成附小，属浸礼会

1936 年入苏州桃坞中学，属圣公会

1937 年抗战，供读于麦伦中学，校长沈体
兰为进步人士

1936 年加入学校京剧社学京剧"女起解"
唱青衣

1938 年复入桃坞中学迁至上海

1941 年考入上海私立圣约翰大学工学院土
木工程系学习

1942 年转入新成立的建筑系。在大学挑战
期间，由于黄作燊先生的关系，到由进步人
士黄佐临、丹尼等组成的"苦干剧团"做布
景设计与制作

1925 年 3 月第一张照片

青年时期

与同学在郊游途中（左一）

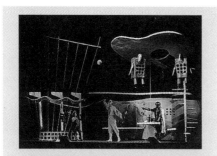
1945 年随黄作燊参与"机器人"舞台设计

在 Paulick & Paulick 事务所工作

1949 年与罗小未女士结婚

1952 年院系调整前夕圣约翰大学师生合影（右一站立者为李德华先生）

1945 年 7 月获建筑工程理学士

1945 年黄作燊建筑设计事务所工作

1945—1946 年进入上海市政府工务局上海市都市计划委员会，以技士身份参与了大上海都市计划编制工作

1946 年 1 月获土木工程理学士

1945—1947 年南京中央无线电厂筹备委员会建厂工务工作

1947—1950 年供职于上海鲍立克建筑设计事务所（Paulick & Paulick，Architect and Civil Engineers）及时代室内设计公司（Mordern Homes）从事设计工作

1949—1952 年在母校圣约翰大学建筑工程系担任助教

1949 年与罗小未女士结婚

1950—1952 年工建建筑设计事务所工作

1951 年与黄作燊、王吉螽合作设计山东省中等技术学校（初名山东工业干部学校）校舍

1952 年加入中国民主同盟

1952 年华东政法学院筹备处校舍修建委员会副主任委员

1952 年 10 月随国家院系调整进入同济大学建筑系任教

1953 年参与嘉兴市总体规划

1954 年 1 月升为同济大学讲师

1954 年与邓述平合作完成杭州浙江师范大学规划与设计

1954 年参与同济大学中心大楼设计

1955 年参加 19 人联合签名，上书周恩来总理，反对同济大学南北楼建大屋顶，浪费国币

1956 年加入中国共产党

1956 年与王吉螽合作设计同济大学教工俱乐部

1957 年上海市大连西路实验居住区规划

1957 年 9 月波兰华沙人民英雄纪念建筑国际竞赛第二名（第一名空缺）

1958 年负责参加了莫斯科市政府举办的莫斯科西南区规划设计国际竞赛，并担任主要构思者，该作品获三等奖

1958 年 9 月赴青浦指导青浦县及红旗人民公社规划

1959—1961 年担任同济大学建筑设计院副院长兼第四设计室主任，并担任城市建设系、建筑系副系主任

1961 年参加《城乡规划》教材的编纂，由中国工业出版社出版，并获教材二等奖

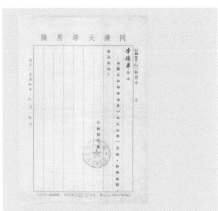

一九五四年一月起升为讲师通知书

1955 夏留影

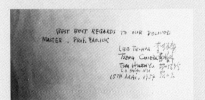

1957 年李德华教授等人寄给理查德·鲍立克的明信片

德国专家雷台儿来访（由左至右：金经昌、李德华、雷台儿，1958 年）

1978 年同济大学城市规划首届工农兵学员毕业（一排右五为李德华先生）

《辞海》获得（一九七九——一九八五）上海市哲学社会科学特等奖

1981 年文革后首届研究生答辩（二排左一）

1981 年文革后首届研究生答辩（二排左一）

1963 年与何德铭、陈久崑合作完成杭州市孤山、湖滨规划与设计方案

1965 年指导的首届硕士研究生邓继来获硕士学位，论文《从上海市几个住宅群内居民户外活动与室外用地的调查谈室外用地与居住密度大小问题》

1976 年《居住区规划》出版

1978 年担任同济大学建筑系副系主任

1979 年被聘为同济大学副教授

1979 年收入方万林、俞汝珍、柯建民为硕士研究生

1979 年参加《辞海》中"城市规划"类条目的编纂，该书于 1982 年 4 月由上海辞书出版社出版，并荣获 1979—1985 年度上海市哲学社会科学特等奖

1980 年被聘为同济大学教授

1980—1985 年担任同济大学建筑系主任

1980 年 11 月赴联邦德国达姆斯达特等地考察建筑系教学工作

1981 年与陶松龄、朱锡金共同指导方仁林、俞汝珍、柯建民获硕士学位。方仁林论文《试论城市用地结构与城市环境容量的关系》，俞汝珍论文《城镇居住区选址的经济分析——兼论加速旧城改建的可能性》，柯建民论文《旧城居住区环境质量评价——居住效用指数方法》

1981 年主编全国高教教材《城市规划原理》试用教材，中国建工出版社出版

1982 年春赴丹麦哥本哈根，应聘为皇家艺术学院建筑学院建筑学访问教授，并讲学

1982 年招收吴志强为硕士研究生

1982 年担任上海市城乡建设规划委员会委员

1982 年担任上海市城市艺术委员会主任委员

1982 年获同济大学执教三十年荣誉证书

1983 年 4 月至 6 月，出访美国（Portman Organization Atlanta）、菲律宾等国考察各地城市建设

1983 年招收朱介鸣、陈伟明为硕士研究生

1984 年 为 *Oxford Companion to Gardens* 撰写有关"中国园林"的条目，该书由英国牛津大学出版社出版。

1984 年 8 月，被任命为上海市城乡建设规划委员会委员

1984 年 11 月应聘担任香港大学城市研究及城市规划中心客籍研究员

1984 年 12 月担任中国建筑学会城市规划学术委员会第三届委员

1984 年为《中国大百科全书（建筑卷）》（中国大百科全书出版社）撰写"城市及城市规划"类条目。该书于 1988 年 5 月由中国大

1983 年 05 月，李德华先生在美国亚特兰大，参加波特曼组织

1984 年上海都市计划考察团（后排左六为李德华先生）

1984 年 1 月中国城市科学研究会通知书

1984 年上海市政府任命书

1985 年任中国赴阿尔及利亚城市规划专家组组长

同济大学建校八十周年（1987 年）

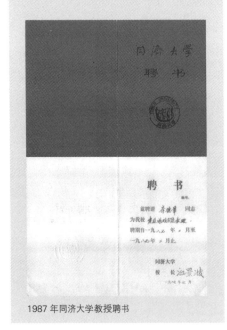
1987 年同济大学教授聘书

百科全书出版社出版

1984 年担任"山东胜利油田孤岛新镇规划"顾问，该规划获得建设部颁发的城市规划设计优秀奖

1984 年接待上海都市计划考察团

1985—1986 年担任中国赴阿尔及利亚城市规划专家组组长

1985 年指导吴志强获硕士学位，论文《上海城市土地开发基础研究——开发量分布价值观与开发机制》

1985 年收入杨燕为硕士研究生

1985 年 4 月至 12 月，率城市规划专家组赴阿尔及利亚杰勒法（Djelfa）和布格佐尔（Bougzoul）进行新城规划工作

1986 年被评为同济大学博士生导师，收入张庭伟为首届博士研究生

1986 年—1988 年担任同济大学建筑与城市规划学院首任院长

1986 年指导朱介鸣、陈伟明获硕士学位，朱介鸣论文《城市居住人口分布级再分布的基础研究》，陈伟明论文《城市形态与居民出行》

1986 年收入金云峰、汤黎明、潘志伟、段险峰为硕士研究生

1986 年秋赴美国耶鲁大学讲学

1986 年 11 月　担任城市经济学奖励基金委员会（上海市城市经济学会）委员

1987 年收入张晓炎、刘奇志、胡智清为硕士研究生

1987 年参加同济大学建校八十周年庆祝活动

1987 年 12 月被评为中国建筑总公司对外经营先进工作者

1988 年至今担任同济大学建筑与城市规划学院名誉院长

1988 年收入杨贵庆、孙施文、聂雄辉、赵广辉为硕士研究生

1988 年 7 月担任《中国土木建筑百科辞典》（中国建筑工业出版社）常务编委，城乡规划与园林绿化卷主编

1989 年 3 月由上海市土地学会理事转任顾问

1989 年与李铮生联合指导金云峰获硕士学位，论文《城市滨河绿地研究》；指导汤黎明获硕士学位，论文《地方城市规划法规》；与陈秉钊联合指导潘志伟获硕士论文，论文《城市规划管理专家系统的一些基础与应用研究》

1989 年收入刘勇为博士研究生，伍江梅、张兵为硕士研究生

1989 年任《城市规划原理》新一版主编，该教材已于 1991 年 11 月由中建出版社出版

甪直考察（由左至右：赵秀恒、李德华、童勤华、余敏飞，1987 年）

同济大学建校八十周年（1987 年）

张晓炎硕士论文答辩（左一黄承元　左二张晓炎　左三李德华　左四徐景猷　右三陈业伟　右二陶松龄　右一金云峰，1990 年）

衡水市总体规划方案讨论。前排从左至右：董鉴泓、李德华、陶松龄、杨贵庆；后排从左至右：郭清栗、张兵，1991 年

315

接待外国专家

指导弟子孙施文

海南考察（左三）

指导研究生（从左至右：邹晖、吴昕、吴琼、周向频、李德华，张兵摄影）

1990年2月由上海市建筑学会理事转任顾问（第七届）

1990年指导张晓炎、刘奇志、胡智清获硕士学位，张晓炎论文《购买场所使用者需求的影响研究》、刘奇志论文《公众参与城市规划的基础研究》、胡智清论文《城市土地使用制度与城市发展》，段险峰论文《冲突与变革——建立功能性的城市规划工作体系》

1990年5—6月参加国际建协UIA第十七届大会（加拿大蒙特利尔）

1990年收入周晓红、陈方、丁凯为硕士研究生

1990年12月获得国务院授予的"从事高教科技工作四十年证书"

1991年新一版《城市规划原理》出版

1991年3月担任上海市计划委员会国土办顾问

1991年指导杨贵庆、孙施文、聂雄辉、赵广辉、张兵获硕士学位，杨贵庆论文《为城市旧住区居民建造低价实用型住宅的系统住宅》、孙施文论文《城市土地使用规划》、聂雄辉论文《现代城市广场空间与艺术》、赵广辉论文《人文性城市空间及其设计——现代城市广场规划设计研究》、张兵论文《城市住房制度改革——城市规划发展的契机》

1991年收入张兵、孙施文为博士研究生，王唯山为硕士研究生

1991 年参与衡水市总体规划

1991 年 11 月 参 加 International Congress of City and Regional Planning Schools，Department of Asian University

1992 年享受国务院政府特殊津贴

1992 年 3—4 月，应德国外交部之邀考察原东西德若干城市的旧城保护

1992 年 7 月，赴日本考察城市建设

1992 年收入周向频、恩东古为博士研究生、汤宇卿、卫明为硕士研究生

1992 年 4 月担任《城市规划》（英文版）编委

1992 年 7 月担任上海市城市科学研究会副理事长；建设部城乡规划顾问委员会委员

1992 年 11 月担任上海市土地学会顾问（第二届）

1993 年收入吴欣、吴琼为硕士研究生
1993 年 2 月担任浙江真空包装机厂金泰房地产公司顾问

1993 年指导周晓红、陈方、丁凯获硕士学位，周晓红论文《城市步行交通与步行空间的规划设计》、陈方论文《住宅商品化与居住用地综合开发》、丁凯论文《中国大城市边缘区建设开发研究初论》

1993 年 9 月担任上海市人居研究会顾问（第一届）

沈阳市总体规划修订专家评审会（1993 年）

建设部优秀规划设计评审会（1993 年）

厦门考察（由左至右：周维钧、李德华、郑正，1993 年）

孙施文博士论文答辩会（由左至右：陶松龄、陈运帷、柴锡贤、朱自暄、孙施文、李德华、陈秉钊、杨贵庆，1994 年）

1994年乌鲁木齐城市交通规划评审会

北部湾广场地下停车与配套商场

与外籍研究生恩东古合影（1997）

1993年参加沈阳市总体规划修订专家评审会

1993年—1994年担任浦东软件园发展公司高级建筑顾问

1994年2月获得同济大学93年研究生教学二等奖

1994年指导孙施文获博士学位，孙施文论文《城市规划哲学》

1994年指导王唯山获硕士学位，论文《旧区改造城市设计理论方法》

1994年9月担任浦东新区城建科技委员会顾问

1994年同济大学教工俱乐部获得"中国建筑学会优秀建筑创作奖"

1994年北部湾广场地下停车与配套商场规划设计

1995年2月担任上海市城市规划管理局总体规划修编顾问

1995年指导张兵获博士学位，论文《城市规划实效论：城市规划实践的分析理论》

1995年指导卫明、吴欣、吴琼获硕士学位，卫明论文《城市人口金字塔在城市规划中的应用研究》、吴欣论文《一种非设计的设计观——人的活动与公共空间的创造》、吴琼论文《面对可持续发展的城市规划》

1995年3月退休

1995 年 5 月担任《城市规划》编委

1995 年上海普通高等学校优秀教材一等奖

1995 年获上海市决策咨询研究成果三等奖
（1990/01—1994/12）

1995 年 11 月担任上海投资咨询公司专家组
成员

1995 年 12 月担任上海市土地学会顾问

1995 年 12 月担任厦门市城市规划设计研究
院顾问

1996 年 5 月担任上海市建筑学会顾问（第
八届）

1996 年 6 月担任上海市建委科技委城乡规
划委员会副主任

1996 年 8 月获教师资格证书

1996 年 10 月担任同济大学建筑与城市规划
学院顾问

1997 年指导周向频、恩东古（Abraham
N'dungu）获博士学位，周向频论文《城市
自然环境的塑造——基于保护和发掘自然
城市环境的规划研究》，恩东古论文 *Public
Participation in Urban Planning : A Case
Study of Nairobi Kenya*

1997 年获得国家教育委员会颁发的"国家
级教学成果奖"

国家级教学成果奖（1997）

1997 年 10 月，同济大学建校九十华
诞庆典

2001 年参加首届世界城市规划院校大会（由
左至右：杨贵庆、张庭伟、李德华、吴志强、
张兵）

319

2002年同济大学95周年校庆活动(前排左七)

学术伉俪

获得中国城市规划学会突出贡献奖(2006年)

1998年担任上海市城市经济学会副会长

1998年5月担任上海市示范区开发建设评估专家

1998—2000年担任上海化工区专家咨询委员会成员

1999年3月担任静安区城市规划顾问团专家

1999年8月担任上海市城市规划协会顾问

2000年1月担任上海市房产经济学会学术委员会副主任委员

2000年收入栾峰、高玉芬、候百镇为博士研究生,金群智为硕士研究生

2000年担任上海市土地学会顾问

2000年10月担任上海市建筑学会顾问(第九届)

2000年1月—2002年6月担任上海市建设工程招标评标定标委员会专家

2000年4月担任《规划师》编委、主编

2001年《城市规划原理》(第三版)出版

2001年 *Oxford Companyto Gardens*(Oxford University Press)有关条目撰稿

2001年收入何丹、李阎魁为博士研究生

2001年与罗小未教授共同主持了"上海老

虹口北部保护、更新与发展规划研究"

2003年在课题研究基础上出版了《上海老
虹口北部昨天·今天·明天——保护、更新
与发展规划研究》专著

2004年指导栾峰获博士学位，论文《改革
开放以来快速城市空间形态演变的成因机
制研究——深圳和厦门案例》

2005年指导侯百镇获博士学位，论文《城
市转型——一种城市发展分析的新视角》

2006年荣获我国城市规划领域最高荣誉"中
国城市规划学会突出贡献奖"

2006年9月荣获中国建筑学会颁发的"第
二届中国建筑学会建筑教育奖"

2006年指导李阎魁获博士学位，论文《城
市规划与人的主体论》

2006年参加同济大学建筑与城市规划学院
院史馆开幕仪式

2007年参加同济大学百年校庆活动

2010年《城市规划原理》（第四版）出版

2014年5月18日"李德华教授城市规划建
筑教育思想"研讨会在同济大学文远楼举
行，曾受业于李德华教授的历届弟子及李教
授的同事、建筑城规学院师生约200余人与
会；同日，"李德华教授城市规划建筑教育
思想图片展"揭幕。

第二届中国建筑学会建筑教育奖颁奖

同济大学百年校庆

2014年参加李德华规划教育思想研讨会

附录二　学术与社会团体职务

上海市土地学会理事至 1989 年，顾问，1992 年、1995 年、2000 年

上海市建筑学会理事至 1990 年，顾问，1996 年、2000 年

上海市计划委员会国土办顾问，1991 年

上海市土地学会二届顾问，1992 年

上海市人居研究会一届顾问，1993 年

浙江真空包装机厂金泰房地产公司顾问，1993 年

浦东新区城建科技委员会顾问，1994 年

厦门市城市规划设计研究院顾问，1995 年

上海市城市规划管理局总体规划修编顾问，1995 年

上海市城市规划协会顾问，1999 年

上海市城市经济学会副会长至 1998 年

上海市房地产经济学会副会长

中国城市规划学会副理事长至 1999 年，资深会员

上海市城市科学研究会副理事长至 1999 年，顾问

中国雕塑学会会员

上海市太平洋区域经济发展研究会会员

上海市城乡建设规划委员会委员，1989 年

上海市城市艺术委员会主任委员，1982 年

上海市城市雕塑委员会艺术委员会委员，顾问

浦东软件园发展公司高级顾问，1993—1994 年

上海投资咨询公司专家组，1995 年

上海化工区专家咨询委员会成员，1998—2000 年

上海市建设工程招标评标定标评委会专家，2000—2002 年

静安区城市规划顾问团专家，1999 年

上海市示范区开发建设评估专家，1998 年

上海市经济研究中心特约研究员

中国建筑学会城市规划学术委员会第三届委员，1984 年

城市经济学奖励基金委员会（上海市城市经济学会），1986 年

《中国土木建筑百科辞典》常务编委，城市规划卷主编

《英汉土木建筑大辞典》副主编

《城市规划》英文版编委，1992 年

上海市建委科技委城市规划委员会副主任，1996 年

《城市规划》编委，1995 年

《规划师》编委、主编，2000 年

上海市城市科学研究会二届副理事长，1992 年

建设部城乡规划顾问委员会委员

上海市房地产经济学会学术委员会副主任，2000 年

附录三　指导研究生论文目录

（1）硕士研究生

指导硕士研究生名录

邓继来　方仁林　俞汝珍　柯建民　吴志强　陈伟明　朱介鸣　杨　燕　金云峰
汤黎明　潘志伟　段险峰　张晓炎　刘奇志　胡智清　杨贵庆　孙施文　聂雄辉
赵广辉　伍江梅　张　兵　周晓红　陈　方　丁　凯　王唯山　卫　明　汤宇卿
吴　欣　吴　琼　金群智

硕士研究生论文目录

入学时间	姓　名	论文题目
1965 年	邓继来	从上海市几个住宅群内居民户外活动与室外用地的调查谈室外用地与居住密度大小问题
1981 年	方仁林	试论城市用地结构与城市环境容量的关系
1981 年	俞汝珍	城镇居住区选址的经济分析——兼论加速旧城改建的可能性
1981 年	柯建民	旧城居住区环境质量评价——居住效用指数方法
1985 年	吴志强	上海城市土地开发基础研究——开发量分布价值观与开发机制
1986 年	陈伟明	城市形态与居民出行
1986 年	朱介鸣	城市居住人口分布级再分布的基础研究
1989 年	金云峰	城市滨河绿地研究
1989 年	汤黎明	地方城市规划法规
1989 年	潘志伟	城市规划管理专家系统的一些基础与应用研究
1990 年	段险峰	冲突与变革——建立功能性的城市规划工作体系
1990 年	张晓炎	购买场所使用者需求的影响研究
1990 年	刘奇志	公众参与城市规划的基础研究
1990 年	胡智清	城市土地使用制度与城市发展
1991 年	杨贵庆	为城市旧住区居民建造低价实用型住宅的系统住宅

1991 年	孙施文	城市土地使用规划
1991 年	聂雄辉	现代城市广场空间与艺术
1991 年	赵广辉	人文性城市空间及其设计——现代城市广场规划设计研究
1991 年	张　兵	城市住房制度改革——城市规划发展的契机
1993 年	周晓红	城市步行交通与步行空间的规划设计
1993 年	陈　方	住宅商品化与居住用地综合开发
1993 年	丁　凯	中国大城市边缘区建设开发研究初论
1994 年	王唯山	旧区改造城市设计理论方法
1995 年	卫　明	城市人口金字塔在城市规划中的应用研究
1995 年	吴　欣	一种非设计的设计观——人的活动与公共空间的创造
1995 年	吴　琼	面对可持续发展的城市规划

（2）博士研究生论文目录

指导博士研究生名录

张庭伟　刘　勇　张　兵　孙施文　周向频　恩东古（Abraham N'dungu）
栾　峰　高玉芬　侯百镇　何　丹　李阎魁

博士研究生论文目录

入学时间	姓　名	论文题目
1994 年	孙施文	城市规划哲学
1995 年	张　兵	城市规划实效论：城市规划实践的分析理论
1997 年	周向频	城市自然环境的塑造——基于保护和发掘自然城市环境的规划研究
1997 年	恩东古（Abraham N'dungu）	Public Participation in Urban Planning：A Case Study of Nairobi Kenya
2004 年	栾　峰	改革开放以来快速城市空间形态演变的成因机制研究——深圳和厦门案例
2005 年	侯百镇	城市转型——一种城市发展分析的新视角
2005 年	李阎魁	城市规划与人的主体论

鸣谢

　　本文集的构思最早起意于 1980 年代，作为李德华先生的弟子，我手写完成了一套 6 册的《李德华作品集》，详细收录了李德华先生的经历、建筑规划作品、研究生指导成果和担任职务，并收藏于规划教研室。后来手稿遗落，但是围绕李德华先生教育思想和为人为学的研讨与回忆却不曾停止。经过这许多年来的积累和酝酿，《李德华文集》的编辑工作于 2015 年 9 月正式启动。至此良机，杨贵庆教授将当年抢救回来并收藏了十余年的《李德华作品集》手稿交回到我的手中，这套跨越 30 个年头的手稿成为本书的坚实基础。经过半年多的紧张工作，全书终于成稿。在即将出版之际，我们衷心感谢所有对本书给予支持和帮助的人们。

　　首先要感谢董鉴泓教授、邓述平教授、陶松龄教授、朱锡金教授、宗林教授、阮仪三教授、黄承元教授、吕慧珍教授、郑正教授、王仲谷教授和郑时龄教授，他们与李先生共事多年，合作编著了多本教材、共同完成了多项教学任务和规划项目，结下了深厚的情谊。他们为本文集提供了很多关键的一手材料和信息，使得文集可以较为全面的展现李先生的学人特点风格。感谢罗先生和他们的女儿李以藻女士的热心帮助，协助李先生进行了多个关键问题的核实，并提供了宝贵的材料。

　　感谢卢永毅教授、钱锋副教授为本文集撰写了精彩的文章，深刻介绍了李德华先生设计思想的渊源、演进和体现，学术研究价值重大。感谢栾峰副教授提供了"李德华教授城市规划建筑教育思想图片展"的资料，为本书提供了坚实基础。感谢上海同济城市规划设计研究院王新哲副院长、张尚武副院长，为本书提供了珍贵的项目资料。

　　感谢杨贵庆教授、朱介鸣教授、施văn文教授和栾峰副教授，对文稿进行了通篇校对，张兵先生、金云峰教授、胡智清女生、赵贵林老师和干靓老师，对历史事件和照片人物识别提供了重要信息。

　　感谢同济大学城市规划系博士生杨婷，她为本文集的出版工作付出了大量精力，在整理李德华先生办公室的过程中，找到了多篇绝版文章和资料，并联络作者、采访老先生，统筹负责出版事宜。感谢马春庆老师、田丹老师，及王雅桐、朱明明、吕浩、古嘉诚、韦寒雪、刘帅民、周志强和叶星星等多位同学，完成了大量的文字录入、图片处理和书稿校对工作。感谢博士生胥星静在海外提供了原版 *Oxford Companion to Gardens* 书籍，姚雪艳老师、唐晓薇老师进行了英文校对，提高了收录文章的准确性。

感谢张微、高博、邓晴，他们的匠心独运，将《罗小未文集》与《李德华文集》进行了精心的装帧设计。

特别感谢同济大学出版社华春荣社长和江岱副总编的大力支持，感谢责任编辑由爱华的细心工作，正是通过他们的努力，文集出版才能在有限的时间内得以最终实现。

感谢所有为本文集参与付出过的同仁。由于很多资料时间跨度较长，出处难查，难免有疏漏之处，还望大家包涵。

《李德华文集》的出版，是对同济大学 109 年校庆、建筑与城市规划学院 64 周年庆典的一份献礼。李德华先生教书育人，师恩天重，他本人淡泊名利，本文集旨在彰显李先生所确立的学术研究传统，并将其发扬光大。对于我们后辈而言，充分担当起继往开来的责任，是对李德华先生的最好回报。

吴志强
2016 年 4 月于同济大学